U0801510

Berge-Fulkerson 猜想及其相关问题的研究

刘思妍　著

中国原子能出版社

图书在版编目（CIP）数据

Berge-Fulkerson 猜想及其相关问题的研究 / 刘思妍著. -- 北京 ：中国原子能出版社，2025. 6. -- ISBN 978-7-5221-3992-0

Ⅰ. O157.5

中国国家版本馆 CIP 数据核字第2025AJ0109号

Berge-Fulkerson 猜想及其相关问题的研究

出版发行	中国原子能出版社（北京市海淀区阜成路 43 号　100048）
责任编辑	赵　艳
责任校对	刘　铭
责任印制	赵　明
装帧设计	邢　锐
经　　销	全国新华书店
印　　刷	北京厚诚则铭印刷科技有限公司
开　　本	787 mm×1092 mm　1/16
印　　张	10. 75
字　　数	224 千字
版　　次	2025 年 6 月第 1 版　2025 年 6 月第 1 次印刷
书　　号	ISBN 978-7-5221-3992-0　　　**定　价　68. 00 元**

发行电话：010-88828678
版权所有　侵权必究

前言

匹配理论是图论领域中一个重要的研究方向，通过分析图中顶点与边之间的关联，揭示了图的内在结构特性. 在匹配理论的研究范畴中，图的匹配覆盖是一个备受关注的方向. 早在20世纪初，物理学家和化学家就开始利用完美匹配的计数问题来探索分子结构与化学性质之间的关联. 例如，通过分析分子图的完美匹配，可以推断分子的稳定性及化学反应的可能机制. 直至今天，图的完美匹配存在性及其相关性质仍然是学术界研究的焦点. 图的匹配覆盖不仅深化了人们对图结构与性质的理解，还为计算机科学、组合优化以及信息论等领域的发展提供了重要推动力.

在这样的背景下，Berge-Fulkerson 猜想作为图论中一个重要的未解决问题，引起了广泛的关注. 该猜想主要涉及图的匹配覆盖问题. 具体而言，Berge-Fulkerson 猜想指出，对于任意一个无割边的三正则图，存在 6 个完美匹配，使得每条边恰好被两个完美匹配覆盖. 这一猜想不仅在图论理论研究中具有重要意义，还在实际应用中展现了其潜在的价值. 例如，在通信网络设计中，Berge-Fulkerson 猜想的解决可能为优化网络拓扑结构提供新的思路；在化学分子结构研究中，该猜想可能为预测分子稳定性提供新的方法.

本书旨在系统地介绍 Berge-Fulkerson 猜想的研究背景、理论基础以及最新进展. 通过对该猜想的深入探讨，希望能够为读者提供一个全面的视角，理解这一猜想在图论中的重要地位及其在多个领域中的潜在应用. 此外，本书还探讨了与该猜想密切相关的其他研究方向，如偶子图双覆盖（双圈覆盖）猜想及最短偶子图（最短圈）覆盖猜想等内容. 希望通过本书的出版，能够激发更多学者对这些问题的研究兴趣，推动图论及其相关领域的进一步发展.

本书系统呈现了作者及其合作者近年来在 Berge-Fulkerson 猜想及其相关

问题上的部分研究成果. 全书共分为 7 章：第 1 章概述了 Berge-Fulkerson 猜想及其相关圈覆盖问题的研究背景与现状；第 2 章介绍了书中使用的基本符号、核心概念以及关键引理；第 3~5 章分别针对具有交错圈结构的置换图、圈 6-边连通图以及圈 5-边连通的无穷类叠合蛇鲨图，深入探讨了 Berge-Fulkerson 猜想的成立性；第 6 章提出了图存在 5-偶子图双覆盖的充分条件，并证明了某些高奇分支数的蛇鲨图满足这一条件；第 7 章则证明了弱奇分支数为 2 的 3-正则图在存在 3 条特殊路径时满足最短偶子图覆盖猜想，同时进一步证明了围长至少为 30 且奇分支数为 2 的 3-正则图也满足该猜想.

笔者首先向恩师郝荣霞教授致以最深切的感激之情. 多年来，郝老师以其渊博的学识、严谨的治学态度和无私的奉献精神，给予了作者精心的指导和热情的鼓励. 她的教诲，不仅为笔者的学术研究指明了方向，更在人生的道路上给予了无尽的启迪与支持. 还要特别感谢西弗吉尼亚大学的张存铨教授和罗荣教授. 在两位老师的悉心指导下，笔者不仅学到了丰富的专业知识，更深刻体会到了学术研究的严谨与创新精神. 他们的言传身教为作者的学术成长奠定了坚实的基础. 此外，笔者还要衷心感谢北京工商大学的周艳杰书记、黄雪源老师、岳美玲老师、王丽娜老师、王健老师以及涂建华老师. 在他们的热心支持与帮助下，本书得以顺利完成. 最后，要对中国原子能出版社的赵艳编辑表示诚挚的谢意，感谢她在本书出版过程中提供了真诚而专业的协助，她细致的编校工作为本书的顺利面世提供了重要保障. 在此，笔者向所有关心、支持与帮助过自己的人致以最崇高的敬意与感谢!

尽管在撰写过程中力求严谨、追求完美，但限于学识与能力，书中难免存在疏漏、不当乃至错误之处. 在此，诚挚地恳请各位专家学者和广大读者不吝批评指正. 您的宝贵意见不仅是对本书的完善，更是对笔者学术成长的莫大帮助.

本书得到国家自然科学基金青年科学基金项目（12401444）及北京工商大学“双一流”学科建设项目（19008024041）的支持，在此特致谢意!

目录

1 绪论

1.1 引言

图论作为组合数学中内容丰富且应用极为广泛的一个分支，与矩阵论、拓扑学、群论等诸多其他数学分支存在着紧密的联系．图论不仅在理论研究中占据重要地位，其应用范围也极为广泛，涵盖了建筑学、交通管理、物理化学、社会科学等诸多学科领域．在建筑学中，图论可用于优化建筑设计的结构布局，分析建筑网络的连通性；在交通管理领域，图论模型能够有效模拟交通流量，优化道路网络设计；在物理化学中，图论可用于研究分子结构的稳定性；在社会科学中，图论可用于分析社会网络的复杂关系．这些应用充分展示了图论作为一种强大工具的多面性．

匹配理论是图论中一项极为重要的研究内容．通过一系列图的分析技术，研究图中顶点与边之间的关系．匹配理论起源于一个古老的问题——婚配问题，这一问题的提出为解决类似资源分配问题提供了最初的思路．为解决此类问题，相应的数学理论与有效算法得以发展．随着研究的不断深入，匹配理论逐渐从理论走向应用，被广泛应用于市场分配、物流分析、会议安排、信息处理以及最优路线开发等诸多领域．例如，在市场分配中，匹配理论可用于优化供需匹配，提高市场效率；在物流分析中，它可用于优化货物配送路线，降低运输成本；在会议安排中，匹配理论可用于合理分配会议资源，提高会议效率．这些应用使得匹配理论成为一个具有广阔发展空间的理论体系．

图的匹配覆盖是匹配理论中的一个重要研究方向．早在 20 世纪初期，物理学家与化学家便利用完美匹配计数问题来研究分子的组合性质与化学性质之间的紧密联系．例如，通过研究分子图的完美匹配，可以预测分子的稳定性以及化学反应的可能路径．时至今日，图的完美匹配存在性及完美匹配图的相关性质，依然是众多学者的研究重点．图的匹配覆盖不仅对认识图的性质与结构具有重要作用，还推动了计算机科学、组合最优化及信息论等领域的发展. 在计算机科学中，图的匹配覆盖可用于优化算法设计，提高计算效率；在组合最优化中，它可用于解决资源分配问题，寻找最优解；在信息论中，图的匹配覆盖可用于优化信息传输网络的设计. 它可以用于解决各种实际问题，如最小生成树问题、多智能体系统的资源分配问题、旅行商问题以及仓库对象调度问题等. 这些应用不仅展示了图的匹配覆盖的理论价值，也体现了其在实际问题中的强大实用性.

1.2 研究背景

四色问题是图论领域中一个极具挑战性且历史悠久的经典问题. 它主要探讨平面图的面着色问题，即是否可以用 4 种颜色对平面图的面进行着色，使得相邻的面颜色不同. 这一问题自提出以来，便吸引了无数学者的关注，并激发了大量深入的研究. 在四色问题的研究历程中，1949 年，Tutte 在文献 [1] 中引入了整数流的概念，为四色问题的研究开辟了全新的视角. 整数流的概念不仅极大地丰富了图论的理论体系，还为解决四色问题提供了一种全新的、富有启发性的方法. 基于这一概念，1954 年，Tutte 在文献 [2] 中证明了一个关键定理：无割边平图是 4 面可染的，当且仅当其存在处处非零 4-流. 这一结果表明，四色问题可以巧妙地转化为判断无割边平图是否存在处处非零 4-流的问题. 这种转化不仅简化了问题的形式，还为后续的研究提供了重要的理论基础和新的研究方向. 关于四色定理与整数流之间深刻而复杂的联系，可参见文献 [3]，其中详细探讨了两者之间的内在联系以及整数流在解决四色问题中的关键作用.

整数流问题本身也具有重要的理论价值. 它与图的匹配覆盖和圈覆盖问题紧密相关，这些概念之间的联系不仅进一步丰富了图论的理论框架，还为解决图论中的其他问题提供了新的思路和方法. 具体而言，整数流与匹配覆盖和圈覆盖之间的关系在文献 [4] 中得到了深入探讨，为图论的多个研究方向提供了重要的理论支持和方法论指导.

此外，Cayley 在文献 [5] 中进一步研究了四色问题，并取得了重要的成果. 他证明了每个无割边平图是 4 面可染的，当且仅当每个无割边 3-正则平图是 4 面可染的. 这一结果为四色问题的研究提供了一个重要的等价条件，使得研究者可以将注意力集中在 3-正则平图这一特殊类别上，从而大大简化了研究的复杂性. 随后，Tait 在文献 [6] 中给出了四色定理的充要条件，即如下定理 1. 2. 1. 这一条件进一步明确了四色问题的数学本质，为后续的研究提供了重要的理论依据和方向指引. 综上所述，四色问题及其相关研究不仅在图论领域具有深远的理论意义，还推动了数学方法和思想的创新与发展.

定理 1.2.1：每个无割边平图是 4 面可染的当且仅当每个无割边平面 3-正则图是 3-边可染的 .

每个无割边平面 3-正则图 G 是 3-边可染的说明 G 中存在 3 个完美匹配使得 G 的每条边恰好在其中的一个完美匹配中，根据定理 1.2.1，可知 3-正则图的匹配覆盖问题和四色问题有密切的联系．判定图的完美匹配存在性是匹配覆盖理论中重要的问题之一 . Petersen 在文献［7］中给出了著名的 Petersen 定理：每个无割边的 3-正则图都存在完美匹配．关于一般图完美匹配的存在性引起了诸多学者的思考 . 1947 年 Tutte 在文献［8］给出了图存在完美匹配的充分必要条件 . 根据这一充要条件，可以推出无割边的 3-正则图的每条边都包含在一个完美匹配中，因此，所有的无割边 3-正则图都存在完美匹配覆盖．进一步学者开始思考如果覆盖无割边的 3-正则图的每条边，需要多少个完美匹配？Berge-Fulkerson 猜想与此问题紧密相关 .

1.3 Berge-Fulkerson 猜想

在 1971 年，著名数学家 Fulkerson 在研究图论中的匹配问题时，发现了一个非常有趣的性质：在经典的 Petersen 图中，存在 6 个完美匹配，使得图中的每条边恰好被覆盖两次，即每条边恰好出现在其中的两个完美匹配中．这一发现为后续的图论研究提供了重要的启示．基于这一发现，著名的 Berge-Fulkerson 猜想（猜想 1.3.1）被提出（见文献［9］）．该猜想可以表述如下：每个无割边的 3-正则图都可以被 6 个完美匹配覆盖，使得每条边恰好被覆盖两次．这个猜想不仅在图论领域具有深远的意义，还与许多其他重要的图论问题密切相关，如 3-边着色问题和整数流理论．具体来说，如果一个 3-正则图是 3-边可着色的，那么它显然满足 Berge-Fulkerson 猜想，因为可以将每种颜色的边集视为一个完美匹配，每个边恰好属于两个颜色．然而，对于那些不是 3-边可着色的图（如 Petersen 图），这个猜想的验证就变得非常复杂和具有挑战性 . Petersen 图作为一个经典的非 3-边可着色图，成为验证该猜想的重要案例 .

猜想 1.3.1（Berge-Fulkerson 猜想[9-11]）：每个无割边的 3-正则图都存在 6 个完美匹配使得图的每条边恰在其中的两个完美匹配中 .

尽管 Fulkerson 公开提出了上述关于无割边 3-正则图的完美匹配覆盖问题的猜想，但 Seymour 在进一步研究中发现，这一猜想实际上最早是由 Berge 提出的，只不过当时并未公开发表．因此，为了更准确地反映这一猜想的历史渊源，学术界将其命名为 Berge-Fulkerson 猜想（可见文献［10］）．Berge 猜想是关于无割边 3-正则图的完美匹配覆盖问题，即如下猜想 1.3.2，见文献［12］．

猜想 1.3.2（Berge 猜想[12]）：*每个无割边的 3-正则图至多被 5 个完美匹配覆盖．*

在图论的研究中，无割边的 3-正则图（即每个顶点的度数为 3 且不存在割边的图）是一类具有特殊性质的图．为了深入研究这类图的结构和性质，我们可以通过一种特殊的方法来构造一个新的图．具体来说，将无割边 3-正则图 G 的每条边复制一次，形成一对平行边，从而得到一个新的图，记作 $2G$．这种构造方式在图论中被称为“边的二倍化”，它为研究图的边覆盖和边着色问题提供了新的视角．

如果图 $2G$ 是 6-边可染的，即可以使用 6 种颜色对图 $2G$ 的边进行着色，使得任意两条相邻的边（即有公共顶点的边）颜色不同，那么我们称原图 G 是 Berge-Fulkerson 可染的．这种着色方式与 Berge-Fulkerson 猜想密切相关．换句话说，每条边恰好出现在其中的两个完美匹配中．从边着色的角度来看，这 6 个完美匹配可以对应到图 $2G$ 的 6-边着色．具体来说，每个完美匹配可以看作是一种颜色，而每条边在 $2G$ 中恰好被覆盖两次，对应于它被着色两次．因此，Berge-Fulkerson 猜想的一个等价命题是：图 $2G$ 是 6-边可染的．换句话说，无割边 3-正则图 G 满足 Berge-Fulkerson 猜想当且仅当图 $2G$ 是 6-边可染的．这意味着，如果能够证明图 $2G$ 是 6-边可染的，那么也就证明了原图 G 满足 Berge-Fulkerson 猜想；反之，如果能够证明原图 G 满足 Berge-Fulkerson 猜想，那么也就证明了图 $2G$ 是 6-边可染的．

这种等价关系为研究 Berge-Fulkerson 猜想提供了一个新的途径．通过研究图 $2G$ 的边着色性质，我们可以间接地研究原图 G 的完美匹配覆盖性质．这一方法不仅在理论上具有重要意义，还为解决这一长期未决的猜想提供了新的思路和方法．

在研究 Berge-Fulkerson 猜想的过程中，我们发现猜想 1.3.1 和猜想 1.3.2 之间存在着紧密的逻辑联系．具体来说，如果猜想 1.3.1 成立，那么它必然能够推出猜想 1.3.2 的成立．这种逻辑上的推导关系表明，猜想 1.3.1 在某种程度上可以被视为一个更一般或更强大的命题．

Hou 等研究者在文献［13］中对这种关系进行了深入探讨．他们指出，对于某个特定的图，如果它满足 Berge-Fulkerson 猜想，那么它一定也满足 Berge 猜想．然而，他们也强调了这种关系的单向性，即如果一个图满足 Berge 猜想，并不一定意味着它也满足 Berge-Fulkerson 猜想．这表明，Berge-Fulkerson 猜想在某些情况下可能是一个更严格或更具体的条件．进一步地，Mazzuoccolo 在文献［11］中提出了一个重要的证明，即定理 1.3.1. 他指出，如果所有无割边的 3-正则图都满足猜想 1.3.2，那么这些图也必然满足猜想 1.3.1.

定理 1.3.1[11]：如果对于每个无割边 3-正则图都有 Berge 猜想成立，则每个无割边 3-正则图都满足 Berge-Fulkerson 猜想．

证明： 令 G 是一个无割边的 3-正则图，并且其满足 Berge 猜想，我们要证明 G 存在满足 Berge-Fulkerson 猜想的 6 个完美匹配．记 $\{e_1, \cdots, e_m\}$ 为图 G 的边集．考虑一个图 G'，G' 是由以下方法构造得到的：G 的每条边和 Petersen 图的拷贝做一个 2-边割连接得到，2-边割的连接方法见图 1.1.

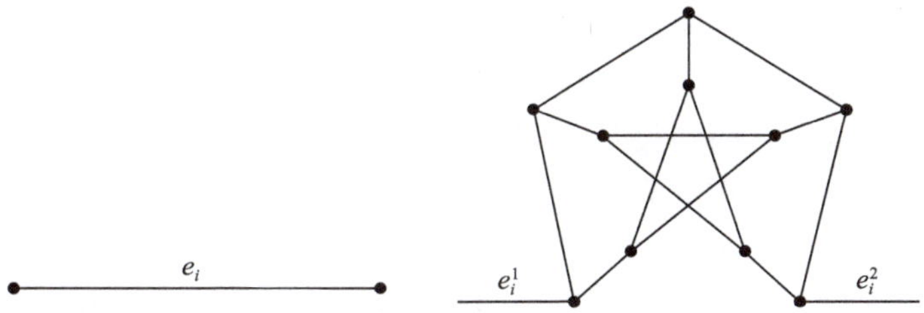

图 1.1　图 G' 的构造方法

一方面，根据 2-边割这种连接方法，可知图 G' 的完美匹配覆盖指数至少为 5. 另一方面，根据定理条件假设假设所有的无割边 3-正则图都满足 Berge 猜想，即图 G' 的完美匹配覆盖指数至多为 5，可知 G' 的完美匹配覆盖指数恰好为 5. 令 F' 为 G' 的一个最小的完美匹配覆盖．用 e_i^1 和 e_i^2 表示两条在 G 的 2-边割接上的边. 因为 e_i^1 和 e_i^2 形成了 G' 的一个 2-边割，我们知道，要么它们都属于 F' 中给定的 1-因子，要么两者都不是．而 Petersen 图的一个最小的完美匹配覆盖由其 6 个完美匹配中的任意 5 个组成，那么至少有 3 个 1-因子不包含任何给定的边．特别是，有 3 个 Petersen 图的 1-因子不包含在 2-边割连接中删除的 Petersen 图的边．从上可以得知，对于每个 i，两个边 e_i^1 和 e_i^2 最多属于 F' 中 1-因子中的两个. 设 F'_j（$j=1, \cdots, 5$）为 F' 的 1-因子．从 F'_j 中移除 Petersen 图拷贝中具有两个顶点的每条边，只要用边 e_i 替换这两条边 e_i^1 和 e_i^2：这就产生了 G 的 1-因素 F_j．集合 $F=\{F_1, F_2, F_3, F_4, F_5\}$ 是 G 的一个满足 Berge 猜想的完美匹配覆盖，并且每条边至多被覆盖两次；又对于图 G 的每一个满足 Berge 猜想的完美匹配覆盖，若图 G 的每条边至多被覆盖两次，则存在 G 的一个 1-因子使得添加后可以和前面的五个完美匹配形成满足 Berge-Fulkerson 猜想的 6 个完美匹配，故定理得证． □

这一结果不仅为两个猜想之间的关系提供了更明确的数学证明，还揭示了它们在逻辑上的一种等价性．换句话说，如果猜想 1.3.2 对所有无割边的 3-正则图都成立，那么猜想 1.3.1 也必然成立，反之亦然．根据 Mazzuoccolo 的这一结果，我们可以得出结论：在某种意义下，Berge-Fulkerson 猜想和 Berge 猜想是等价的．这意味着，如果我们能够证明其中一个猜想对所有无割边的 3-正则图都成立，那么另一个猜想也必然成立．这种等价性为图论研究者提供了一个重要的视角，使得他们可以通过研究一个猜想来间接地验证另一个猜想的正确性．这种相互关联的研究方法不仅有助于简化问题的复杂性，还可能为解决这两个长期未决的猜想提供新的思路和方法．

已知对于 3-边可染的 3-正则图，Berge-Fulkerson 猜想是成立的．然而，对于许多蛇鲨图（snarks），这一猜想仍然是一个公开问题．本书中蛇鲨图是指非 3-边可染的、圈 4-边连通且围长至少为 5 的无割边 3-正则图（snarks 的由来与翻译见文献［14］）．蛇鲨图（snarks）是图论中一类具有特殊性质的图，因其复杂的结构和丰富的理论内涵而备受关注．它的研究起源于 20 世纪中叶，与图的着色问题、正则图理论以及图的结构分析密切相关．Snark 不仅是纯数学研究的对象，还在计算机科学、网络设计和编码理论等领域展现了潜在的应用价值．这类图在图论中的匹配覆盖问题、圈覆盖问题以及流值问题中起着至关重要的作用，可参见文献［4］．蛇鲨图中最为经典的一个例子是 Petersen 图，这是最小的蛇鲨图，具有 10 个顶点和 15 条边．Petersen 图因其对称性和丰富的性质而成为图论中的经典研究对象，本书在后续部分给出了 Petersen 图的几种画法．Blanuša 在 1946 年发现了 Blanuša 蛇鲨图，大概的构造方法是：选择两个相同的 3-正则图，并在每个图中标记若干条边；将标记的边进行交叉连边形成新的图．这类蛇鲨图为后续众多学者构建新的蛇鲨图奠定了坚实的基础．本书第 4 章和第 6 章的研究与花形蛇鲨图紧密相关．

还可以通过图运算（如图的并、交、补等）构造新的蛇鲨图．例如，图的拼接法和图的膨胀法是两种常用的图运算方法：

（1）图的拼接法：将两个蛇鲨图通过共享某些顶点或边进行拼接，生成新的蛇鲨图．

（2）图的膨胀法：将蛇鲨图中的某些顶点替换为特定的子图（如三角形或多边形），从而构造新的蛇鲨图．

蛇鲨图的研究不仅具有理论意义，还为图论中的许多重要问题提供了新的视角．以下是蛇鲨图图在理论上的几个重要应用：

（1）四色定理的关联：蛇鲨图的边着色问题与四色定理密切相关，尤其是其在平面图和非平面图中的表现．

（2）图的结构分析：蛇鲨图的无桥性和正则性使其成为研究图的结构和连

通性的理想对象．

（3）复杂性理论：蛇鲨图的构造和性质研究推动了图论中复杂性理论的发展．

（4）组合优化问题：蛇鲨图在组合优化问题中也有广泛应用．例如，通过研究蛇鲨图的性质，可以为网络流问题、路径规划问题等提供新的解决方案．

Tutte（见文献［15］）曾推测，每个蛇鲨图都包含 Petersen 图的细分．这一推测在后续的研究中得到了证实，相关证明可见文献［16］和［17］．此外，为了深入研究蛇鲨图的结构和性质，许多学者构造了复杂的蛇鲨图模型，相关构造方法读者可参考文献［18~31］．在文献［32~41］中，诸多学者对蛇鲨图的其他性质进行了刻画，例如通过亏数和抑制数等指标来描述其与 3-边可染的接近程度．此外，对于具有特殊生成树的蛇鲨图的分析，可参考文献［42］和［43］．

虽然 Berge-Fulkerson 猜想的陈述非常简单，但在过去的 50 年里仍然进展缓慢．分析蛇鲨图的结构与性质成为研究 Berge-Fulkerson 猜想的关键．Celmins 在文献［44］中证明了 Petersen 图、双星图、广义的 Blanuša 蛇鲨图、Szekeres 蛇鲨图和非平凡的花形蛇鲨图满足 Berge-Fulkerson 猜想．Hao 等在文献［45］中给出了 Berge-Fulkerson 猜想的充分必要条件，即引理 2. 3. 1. 且根据引理 2. 3. 1，进一步证明了 Goldberg 蛇鲨图和花形蛇鲨图满足 Berge-Fulkerson 猜想．Chen 等在文献［46］中结合处处非零 4-流将引理 2. 3. 1 推广至非 3-正则图，并且证明了某些超哈密顿图类满足 Berge-Fulkerson 猜想．一些超哈密顿图类可见文献［47~51］．Fouquet 等在文献［52］中给出了引理 2. 3. 1 的不同证明方法，并且证明了如果图 G 存在 2-因子满足 2-因子的每个分支都是无弦 5-圈，且将 2-因子中的每个 5-圈收缩成一个顶点后得到的图是 5-边可染的或者是二部图，则图 G 满足 Berge-Fulkerson 猜想．

Koram 等在文献［53］中对用 Loupekine 方法构建的无穷类蛇鲨图证明了 Berge-Fulkerson 猜想成立，并在文献［54］中对由广义 Blanuša 蛇鲨图构造的 Loupekine 蛇鲨图证明了 Berge-Fulkerson 猜想成立．Brinkmann 等在文献［20］中对所有阶数不超过 36 的蛇鲨图证明了 Berge-Fulkerson 猜想成立．Esperet 等在文献［55］证明了如果 G_0，G_1，G_2 是 3 个满足 Berge-Fulkerson 猜想的图，则基于 G_0，G_1，G_2 由风车（windmill）方法构造的任何图 G 都满足 Berge-Fulkerson 猜想．Hägglund 等在文献［23］中构造了图 Blowup（K_4，C）和 Blowup（Prism，C_4）．在 Blowup（K_4，C）的基础上，Esperst 等在文献［55］中构造了圈 4-边连通的无穷类蛇鲨图，Chen［56］构造了圈 4-边连通的无穷类蛇鲨图 $M_{\{0,1,2,\cdots,k-2,k-1\}}$．Chen 证明了每个 $M_{\{0,1,2,3\}}$ 满足 Berge-Fulkerson 猜想，并提出是否全部 $M_{\{0,1,2,\cdots,k-2,k-1\}}$ 满足 Berge-Fulkerson 猜想的公开问题．Zheng 等在文献［57］中解决了这一公开问题，对 $M_{\{0,1,2,\cdots,k-2,k-1\}}$ 图类中的每个图证明了 Berge-

Fulkerson 猜想成立．

Chen 也在文献［56］中证明了如果满足下列条件之一，则 G 满足 Berge-Fulkerson 猜想．

（1）存在某个顶点 $v \in V(G)$，使得 $\overline{G \setminus v}$ 是 Kotzig 图，并且对于与 v 相关联的每条边 e，图 $G \setminus e$ 都无 Petersen 图作为子式．

（2）存在某条边 $e \in E(G)$，使得 $\overline{G \setminus e}$ 是 Kotzig 图．

（3）对于每条边 $e \in E(G)$，$G \setminus e$ 无 Petersen 图作为子式．

Manuel 等在文献［58］中给出了 Loupekine 蛇鲨图和 Watkins 蛇鲨图的 6 个满足 Berge-Fulkerson 猜想的完美匹配．Miao 等在文献［59］中证明无 Petersen 子式的图 G 存在唯一的 6 个满足 Berge-Fulkerson 猜想的完美匹配当且仅当图 G 是由 K_4 通过 $Y-\Delta$ 运算得到，这里 $Y-\Delta$ 运算是指将一个顶点扩充成一个 3-圈．同时作者也证明了无 Petersen 子式的图 G 存在唯一的 3-边染色当且仅当图 G 是由 K_4 通过 $Y-\Delta$ 运算得到．文献［60］证明了如果无割边图 G 的交叉数至多为 1，则图 G 存在处处非零 4-流．Hao 等人在文献［61］中证明了具有交错 8-圈的 3-正则图满足 Berge-Fulkerson 猜想．Máčajová 和 Mazzuoccolo 在文献［62］中证明了如果 Berge-Fulkerson 猜想存在反例，则最小反例一定是圈 5-边连通的．关于 Berge-Fulkerson 猜想的其他结果，读者可见文献［63~65］．

在本书中，笔者关于 Berge-Fulkerson 猜想的所作工作总结如下．

在第 3 章中，我们专注于研究具有交错圈结构的置换图．置换图是一类特殊的 3-正则图，其结构由置换群的性质决定．本书特别关注了具有交错 12-圈结构的置换图，并通过详细的数学证明，验证了这类图满足 Berge-Fulkerson 猜想．这一结果不仅为 Berge-Fulkerson 猜想的验证提供了新的证据，还扩展了文献［61］中的相关结论．作为主要定理的推论，我们进一步证明了 Hägglund 等在文献［23］以及 Brinkmann 等在文献［20］中构造的无穷类蛇鲨图也满足 Berge-Fulkerson 猜想．这些蛇鲨图是图论研究中的重要对象，它们的结构复杂且具有独特的性质，因此验证这些图满足 Berge-Fulkerson 猜想对于理解猜想的普遍性具有重要意义．

在第 4 章中，我们转向了另一类具有更高圈边连通度的蛇鲨图．已知满足 Berge-Fulkerson 猜想的图通常是圈边连通度至多为 5 的蛇鲨图．然而，我们首次对用叠合方法构造的圈 6-边连通的无穷类蛇鲨图进行了研究，并成功证明了这类圈边连通度大于 5 的图也满足 Berge-Fulkerson 猜想．这一突破性的结果不仅扩展了 Berge-Fulkerson 猜想的适用范围，还为研究更高圈边连通度的图提供了一个新的视角和方法．

在第 5 章中，我们继续深入研究了圈 5-边连通的无穷类旋转蛇鲨图．旋转蛇鲨图是一类具有特定对称性和结构的蛇鲨图，它们在图论中具有重要的地位．通过对这类图的详细分析，我们证明了它们也满足 Berge-Fulkerson 猜想．这一结果进一步丰富了满足猜想的部分相关图类，并为后续的研究提供了更多的实例和理论支持.

1.4 Berge-Fulkerson 猜想的相关问题

下面考虑与 Berge-Fulkerson 猜想相关的问题，其一是如果覆盖无割边 3-正则图的每条边，需要多少个完美匹配？例如 Berge 猜想（猜想 1.3.2）. Hou 等人在文献［13］中证明了如果 3-正则图 G 中存在某个顶点 w 使得 $\overline{G\setminus\{w\}}$ 是 Kotzig 图，则图 G 满足 Berge 猜想.（如果 3-正则图 G 存在一个 3-边染色，使得每对颜色形成 G 的哈密顿圈，则称图 G 为 Kotzig 图，见文献［66］.）

Steffen 在文献［67］中研究了无割边且无非平凡 3-边割的 3-正则图. 他证明，若图中存在 3 个完美匹配，使得至多有 4 条边未被这些完美匹配覆盖，则该图满足 Berge 猜想. 这一结果为 Berge 猜想在特定图类中的成立提供了重要支持. Hägglund 在文献［40］中进一步扩展了 Berge 猜想的适用范围. 他证明了 Blowup 图满足 Berge 猜想，这一结果不仅丰富了 Berge 猜想的验证范围，也为后续研究提供了新的思路. Sun 在文献［68］中研究了超哈密顿图以及 2-因子中恰好包含两个圈的 3-正则图. 他证明这些图均满足 Berge 猜想. 此外，Sun 和 Wang 在文献［69］中进一步证明，所有奇分支数为 2 的 3-正则图可以被 11 个完美匹配覆盖. 这一结果为 Berge 猜想在更广泛图类中的成立提供了理论依据. 在文献［70］中，Sun 和 Wang 进一步研究了无割边的 3-正则图. 他们证明，若图中存在两个完美匹配，且这两个匹配至多有一条共同边，则该图满足 Berge 猜想. 这一结果为 Berge 猜想的验证提供了新的判定条件. Máčajová 等在文献［29］中从流的角度研究了 3-正则图的完美匹配覆盖问题. 他们证明，一个 3-正则图可以被 4 个完美匹配覆盖，当且仅当该图存在四面体流（tetrahedral flow）. 这一结果将图的流理论与完美匹配问题联系起来，为 Berge 猜想的研究提供了新的视角. Fouquet 等在文献［71］中研究了置换图的完美匹配覆盖问题. 他们证明，除了 Petersen 图之外，所有置换图都可以被 4 个完美匹配覆盖. 然而，这些图是否满足 Berge-Fulkerson 猜想仍是一个开放问题，值得进一步研究. Abreu 等在文献［72］中研究了树形蛇鲨图（tree-like snarks）的完美匹配覆盖问题. 他们证明，树形蛇鲨图至少可以被 5 个完美匹配覆盖. 此外，Zheng 在其硕士论文［73］中进一步证明，树形蛇鲨图满足 Berge-Fulkerson 猜想. 这一结果为 Berge-Fulkerson 猜想在树形蛇鲨图中的成立提供了重要支持.

基于 Kaiser 等在文献［74］中的定义，用 $m_t(G)$ 表示某个 3-正则图 G 中被 t

个完全匹配覆盖的边与图 G 边数的最大比值，用 m_t 表示所有 3-正则图 G 中 $m_t(G)$ 的下界．通过观察 Petersen 图的结构，可知 $m_2(P_{10})=\frac{3}{5}$，$m_3(P_{10})=\frac{4}{5}$，$m_4(P_{10})=\frac{14}{15}$，$m_5(P_{10})=1$，并且 Berge 猜想等价于 $m_5=1$. Patel 在文献［75］提出猜想：对于每个 $1\leqslant t\leqslant 5$，$m_t=m_t(P_{10})$，并且证明 Berge-Fulkerson 猜想成立可以推出此猜想成立．Kaiser 等在文献［74］中证明 $m_2=\frac{3}{5}$，$\frac{27}{35}\leqslant m_3\leqslant\frac{4}{5}$．Mazzuoccolo 在文献［76］中证明 $m_5\geqslant\frac{215}{231}$．Esperet 等在文献［77］中证明 $m_4=\frac{14}{15}$ 可以推出 $m_3=\frac{4}{5}$．若给无割边 3-正则图的每条边赋一个正的权值 $\omega(e)$，可得到一个带权函数的图 $\omega(G)$．若图 G 存在 t 个完美匹配 M_1，M_2，…，M_t，设 m_t^* 是使得 $\omega(\cup_{i=1}^{t}M_i)\geqslant m_t^*\omega(G)$ 的最大有理数，其中 $\omega(G)$ 是图 G 在给定权值 ω 时所有边的权值之和．Zhu 等在文献［78］中提出猜想：$m_3^*=\frac{4}{5}$，$m_4^*=\frac{14}{15}$，$m_5^*=1$，此猜想被称为加权完美匹配覆盖猜想，并且证明了 $m_1^*=m_1^*(P_{10})=\frac{1}{3}$，$m_2^*=m_2^*(P_{10})=\frac{3}{5}$，$\frac{27}{35}\leqslant m_3^*\leqslant\frac{4}{5}$，$m_4^*\geqslant\frac{55}{63}$，$m_5^*\geqslant\frac{215}{231}$．Zhu 等在文献［78］中也说明了 Berge-Fulkerson 猜想可以推出加权完美匹配覆盖猜想．

在匹配覆盖这方面的猜想研究中，Berge-Fulkerson 猜想是一个极具挑战性且尚未完全解决的问题．由于其研究难度较大，且目前取得的成果相对较少，许多学者开始转向研究一些相对较弱的猜想，以期通过这些弱猜想的突破来为解决 Berge-Fulkerson 猜想提供新的思路和方法．Fan 等学者在文献［79］中提出了一个相对较弱的猜想，即 Fan-Raspaud 猜想．该猜想指出：每个 2-边连通的 3-正则图中存在 3 个完美匹配，且这 3 个完美匹配两两之间没有公共边．这一猜想比 Berge-Fulkerson 猜想弱，因为如果一个图满足 Berge-Fulkerson 猜想，即存在 6 个完美匹配使得每条边恰好被覆盖两次，那么显然可以从中选出 3 个互不相交的完美匹配．然而，Fan-Raspaud 猜想的提出为研究图的完美匹配覆盖问题提供了一个新的切入点．在 Fan-Raspaud 猜想中，这 3 个互不相交的完美匹配被称为 FR-三元组（FR-triple）．这一术语的引入可以为描述相关性质提供了便利．

猜想 1.4.1（Fan-Raspaud 猜想[79]）：每个无割边的 3-正则图都存在 3 个完美匹配 M_1，M_2，M_3 使得 $M_1\cap M_2\cap M_3=\varnothing$．

简单分析可知，如果3-正则图满足 Berge-Fulkerson 猜想，则此6个完美匹配中任意3个完美匹配的交集都是空集，因此 Berge-Fulkerson 猜想成立可以推出 Fan-Raspaud 猜想成立．Fan-Raspaud 猜想也可以从 Fano 染色角度考虑，关于 Fano 染色的相关内容，参见文献［80～83］．Fano 染色是利用 Fano 平面的点给3-正则图的边进行染色，使得关联同一个顶点的3条边的颜色在 Fano 平面上共线．3-正则图的 Fano k-线（k-line）染色是指至多用到 Fano 平面的 k 条线就可以给3-正则图的边进行染色，此时也称图是 Fano k-线可染的．显然，3-正则图是 Fano 1-线可染的当且仅当其是3-边可染的．Máčajová 等在文献［80］中证明每个无割边的3-正则图都是 Fano 6-线可染的，且提出以下猜想1.4.2和猜想1.4.3.

猜想 1.4.2（Fano 4-线猜想[80]）：每个无割边3-正则图是 Fano 4-线可染的．

猜想 1.4.3（Fano 5-线猜想[80]）：每个无割边3-正则图是 Fano 5-线可染的．

在文献［80］中，Máčajová 等表明猜想1.4.2与猜想1.4.1等价．Kaiser 等人在文献［84］和［85］中证明了所有奇分支数为2的3-正则图存在 Fano 5-线染色．Máčajová 和 Škoviera 在文献［86］和［87］中对以上结果进行改进，进一步证明了所有奇分支数为2的3-正则图存在 Fano 4-线染色，这说明 Fan-Raspaud 猜想对所有奇分支数为2的3-正则图成立．Chen 在其硕士论文［88］中证明了具有特殊结构的无割边3-正则图存在 FR-三元组，即图 G 的2-因子仅由4个奇圈构成，且其中一个奇圈无弦，同时也证明了1-哈密顿图和2-哈密顿图存在 FR-三元组．Song 在文献［89～91］中研究了限制2-因子中奇圈或偶圈数目下的 Fan-Raspaud 猜想．Esperet 等在文献［77］中证明 $m_3=\frac{4}{5}$（已知 m_t 为所有3-正则图 G 中 $m_t(G)$ 的下界）可以推出 Fan-Raspaud 猜想成立．Zhu 等在文献［78］中证明了如果 $m_3^*=\frac{4}{5}$ 或者 $m_4^*=\frac{14}{15}$，则 Fan-Raspaud 猜想成立．

Fan-Raspaud 猜想作为图论中一个重要的开放性问题，多年来受到了广泛关注．除了从图的结构和匹配性质角度进行研究外，该猜想还可以从 G 的完美匹配多面体（perfect matching polytope）这一角度进行深入探讨．完美匹配多面体是图论与凸几何结合的一个重要研究对象，其定义为图 G 的所有完美匹配的特征向量的凸包，记为 $P(G)$．相关定义和性质可参考文献［92］和［93］．Wang

等在文献［92］中通过研究完美匹配多面体的性质，证明了当图 G 的完美匹配多面体 $P(G)$ 的维数不超过 9 时，Fan-Raspaud 猜想成立．这一结果将 Fan-Raspaud 猜想的研究与凸几何理论联系起来，为猜想的验证提供了新的视角和方法．此外，Wang 等在文献［94］中进一步研究了完美匹配多面体的核指数（core index）．对于一个向量 $x^c=\left(\frac{1}{3}, \frac{1}{3}, \cdots, \frac{1}{3}\right)$，完美匹配多面体 $P(G)$ 的核指数 $\varphi(P(G))$ 定义为包含 x^c 的 $P(G)$ 的最少顶点数．他们证明，在一定维数条件下，核指数的性质可以保证图 G 满足 Fan-Raspaud 猜想．这一结果为 Fan-Raspaud 猜想的成立提供了新的判定条件．Lin 等在文献［95］中从图的双细分（bisubdivision）角度出发，给出了 Fan-Raspaud 猜想成立的充要条件．他们通过分析图的双细分结构，刻画了 Fan-Raspaud 猜想在某些特定图类中的适用性，例如，Halin 图和 4-正则图．这些结果不仅丰富了 Fan-Raspaud 猜想的理论体系，还为实际应用提供了理论支持．

Mkrtchyana 等在文献［96］中提出了两个猜想，其一是对于任何无割边 3-正则图 G，对于每个 $i\in\{0, 1, 2\}$ 和 G 的每条边 e，图 G 中存在 3 个完美匹配 M_1，M_2，M_3，使得 $M_1\cap M_2\cap M_3=\varnothing$ 且边 e 恰好在 i 个完美匹配中．第二个猜想和图的顶点有关，对任何无割边 3-正则图 G 和任意顶点 $v\in V(G)$，图 G 中存在 3 个完美匹配 M_1，M_2，M_3，使得 $M_1\cap M_2\cap M_3=\varnothing$ 且和点 v 相关联的 3 条边分别属于其中的 i 个，j 个和 k 个完美匹配，其中 $0\leqslant i, j, k\leqslant 2$ 且 $i+j+k=3$. 在文献［96］中，作者证明第一个猜想与 Fan-Raspaud 猜想等价，且第二个猜想的最小反例是圈 4-边连通的，并提出第二个猜想是否与 Fan-Raspaud 猜想等价的问题．Mazzuoccolo 等在文献［97］中证明解决了文献［96］中的问题，证明第二个猜想也与 Fan-Raspaud 猜想等价．Formanowicz 等在文献［98］中给出了寻找给定 3-正则图的 FR-三元组的随机算法，基于计算机结果，试图找到并描述某些给定的 3-正则图类的 FR-三元组．关于 Fan-Raspaud 猜想与核（core）相关的结果可参见 Jin 等的文献［99］和［100］．

前面也提到，在图论的研究中，3-正则图（即每个顶点的度数均为 3 的图）的结构和性质一直是研究的重点之一．一个重要的观察是，对于 3-正则图，其完全匹配（也称为 1-因子）的补图是一个 2-因子．具体来说，如果一个 3-正则图 G 有一个完全匹配 M，那么 G 中不在 M 中的边形成的子图是一个 2-因子，即每个顶点的度数均为 2 的子图．这一观察为研究 3-正则图的匹配和子图结构提供了重要的视角．基于这一观察，Berge-Fulkerson 猜想也可以从圈覆盖的角度进行描述，见猜想 1.4.4，这里的偶子图是指图 G 的每个顶点都为偶数度的图的子图．在猜想 1.4.4 中，引用了偶子图的概念．偶子图是指图 G 的一个子图，其中每个顶点的度数均为偶数．这一概念在图论中具有重要意义，因为它与图的欧拉性质和流值问题密切相关．例如，一个图是欧拉图当且仅当它的每个顶点的度数均为偶数．因此，偶子图的研究不仅有助于理解图的结构，还为解决图论中的其他问题提供了重要的工具．

猜想 1.4.4：每个无割边 3-正则图 G 都存在 6 个偶子图组成的集合，使得图的每条边恰属于其 4 个偶子图中．

猜想 1.4.5：每个 2-边连通图 G 都存在 6 个偶子图组成的集合，使得图的每条边恰属于其 4 个偶子图中．

猜想 1.4.4 和猜想 1.4.5 在图论研究中被证明是等价的，这一结论可见文献［101］和［102］．这种等价关系为研究者提供了一个新的视角，使得可以从不同的角度去理解和验证这两个猜想．在这一方面，Bermond 等在文献［103］中取得了重要进展．他们证明了对于每一个无割边图，都存在一个由 7 个偶子图组成的集合，使得图中的每条边恰好被这些偶子图覆盖 4 次．这一结果不仅为图的圈覆盖问题提供了新的见解，还为进一步研究图的结构和性质奠定了基础. Fan 在文献［101］和［104］中进一步扩展了这一研究，他证明了对于每一个无割边图，都存在一个由 10 个偶子图组成的集合，使得图中的每条边恰好被覆盖 6 次．此外，Fan 和 Steffen 分别在文献［67］和［79］中对 Berge-Fulkerson 猜想和圈覆盖问题进行了深入研究，并提出了相关的必要条件．这些必要条件为验证 Berge-Fulkerson 猜想提供了重要的理论基础，并为后续的研究工作提供了清晰的方向．这一发现进一步深化了对图的偶子图覆盖性质的理解，并为解决相关图论问题提供了更有力的工具．

1.4.1 偶子图双覆盖猜想

偶子图双覆盖猜想（也称双圈覆盖猜想，Even Subgraph Double Cover Conjecture）是圈覆盖理论中最著名的公开问题之一．在提出后的几十余年时间里，随着研究的进展，人们逐渐发现这个猜想的重要性．它的形式看似简单，却与图论中其他重要领域密切相关，如染色问题、整数流问题、最小覆盖问题等，因此吸引越来越多的数学工作者从各个角度尝试对其进行攻克，在专著［4］和［105］中给出了较为全面的概述和分析．

猜想 1.4.6（偶子图双覆盖猜想[28,106]）：每个无割边图 G 都存在偶子图的集合，使得图的每条边都被此集合中的偶子图覆盖两次．

如果猜想 1.4.6 的偶子图集合阶至多为 k，则称此集合为 G 的 k-偶子图双覆盖．猜想 1.4.6 被 Preissmann 和 Celmins 进一步独立引申为 5-偶子图双覆盖猜想，参见文献［107］和［108］．

猜想 1.4.7（5-偶子图双覆盖猜想[107-108]）：每个无割边图 G 都存在 5-偶子图双覆盖．

猜想 1.4.6 的最小反例（如果存在）是 3-正则图（见文献［109］），由于割边不能在任何的圈中，本论文主要讨论无割边的 3-正则图．实际上猜想 1.3.1、猜想 1.3.2、猜想 1.4.6 和猜想 1.4.7 对 3-边可染的 3-正则图都是成立的，对很多蛇鲨图仍然是公开问题．Jaeger 在文献［109］中将处处非零 4-流和偶子图双覆盖联系起来，得到如下的等价命题．

定理 1.4.1[109]：设图 G 无割边，则下列描述是等价的．

（1）G 存在处处非零 4-流（或者如果 G 是 3-正则图，则 G 是 3-边可染的）．

（2）G 存在 3-偶子图双覆盖．

（3）G 存在 4-偶子图双覆盖．

偶子图双覆盖猜想（猜想 1.4.6）已对多个图类证明成立，如无 Petersen 子式的图[110]，局部连通图[111]，具有哈密顿路的图[112]和具有某些特殊生成子图的图[66,113-116]．对于 5-偶子图双覆盖猜想（猜想 1.4.7）已知的结果很少．Huck 和 Kochol 在文献［117］中对所有奇分支数为 2 的 3-正则图证明猜想 1.4.7 成立．

定理 1.4.2[117]：每个奇分支数为 2 的 3-正则图存在 5-偶子图双覆盖．

Huck 在文献［118］中借助计算机证明了奇分支数为 4 的 3-正则图存在 5-偶子图双覆盖．Häggkvist 等在文献［119］中对奇分支数为 4 的 3-正则图证明了猜想 1.4.6 的正确性．对于奇分支数较大的图，猜想 1.4.6 和猜想 1.4.7 还没有结果．

如果偶子图双覆盖猜想存在最小反例，其潜在的最小反例结构方面刻画了关于图的连通性、围长、图子式等性质．若图 G 是偶子图双覆盖猜想的最小反例，则

- G 一定是简单的 3-边连通的 3-正则图[106]．
- G 没有非平凡的 2-边割或 3-边割[106]．
- G 没有哈密顿路[112,117,120-121]．

· G 中存在 Petersen 图的细分[110,122].

· G 的围长至少是 12[123].

诸多学者探索猜想 1.4.6 和猜想 1.4.7 的充分或必要条件 . Jaeger 在文献［102］中证明如果 3-正则图 G 中存在一条边 e，使得隐图 $\overline{G\setminus e}$ 是 3-边可染的，则 G 存在 5-偶子图双覆盖 . Hoffmann-Ostenhof 在文献［124］给出猜想 1.4.7 的充要条件 .

定理 1.4.3[124]：设 G 是无割边 3-正则图，C_0 是 G 的偶子图 . 则 G 存在 5-偶子图双覆盖当且仅当 G 中存在匹配 M，使得 $G\setminus M$ 存在处处非零 4-流且 G 中存在两个偶子图 C_1 和 C_2 满足 $E(C_1)\cap E(C_2)=M$.

Celmins 在文献［108］中证明了图 G 存在 5-偶子图双覆盖且其中某个偶子图是 2-因子当且仅当图 G 可以被 4 个完美匹配覆盖 . Abreu 等在文献［72］中证明所有树形蛇鲨图存在 5-偶子图双覆盖 . 考虑 3-正则图 G 中圈的长度，也可以得到关于猜想 1.4.6 的充分条件 . Fleischner 等在文献［125］中证明如果图 G 存在长度至少为 $n-4$ 的圈 C 且 $G\setminus C$ 是连通的，则图 G 存在包含 C 的偶子图双覆盖 . Ye 在文献［126］中将这一结果改进到圈 C 的长度至少为 $n-7$，且舍弃了 $G\setminus C$ 连通这一条件，证明了图 G 存在偶子图双覆盖 . Häggkvist 等在文献［127］中将上述圈 C 的长度改进到 $n-9$. Brinkmann 等在文献［20］中用计算机的方法把上述结果改进到 $n-10$，且证明当圈 C 的长度至少为 $n-8$ 时，图 G 存在 6-偶子图双覆盖 . Wang 等在文献［128］中证明如果图 G 存在长度至少为 $n-3$ 的圈，则图 G 存在 5-偶子图双覆盖，改进了文献［20］的结果 .

关于符号图的偶子图双覆盖，Shi 等在文献［129］中证明了偶子图双覆盖猜想的弱版本：所有无割边图存在符号偶子图双覆盖 . Miao 等在文献［130］中给出了图 $G\setminus C$ 存在某些结构时图 G 存在包含偶子图 C 的偶子图双覆盖. Fleischner 等在文献［131］中考虑了基于 Lollipop 方法和 2-因子中圈数不同情形下的偶子图双覆盖 . Hušek 等在文献［132］中介绍了偶子图双覆盖和凯莱图之间的关系 . Fleischner 等在文献［133］中给出了如果图 G 存在一个生成子图 F，满足 F 的每个分支都有偶数个顶点，F 的每个分支都是一个圈或一个 Kotzig 图的细分，并且 F 的分支之间以某种一般的方式相互连接，则图 G 存在偶子图双覆盖 . Miao 等在文献［134］中分析了圈可扩与偶子图双覆盖之间的关系，且基于圈可扩，给出了图存在偶子图双覆盖的充分条件 . 更多偶子图双覆盖猜想方面的工作，请参考文献［135~137］和专著［4］和［105］.

针对猜想 1.4.7，本书在第 6 章展开了系统而深入的研究与分析 . 通过严谨的理论推导和细致的论证，第 6 章给出了图存在 5-偶子图双覆盖的一个充分条件．这一充分条件的提出为后续的理论探索提供了重要的理论支撑和工具基础．基于这一充分条件，本书进一步拓展了研究范围，深入探讨了特定图结构的性质，并成功证明了某些具有高奇分支数的叠合蛇鲨图确实存在 5-偶子图双覆盖．这一结果不仅验证了猜想 1.4.7 在特定图类中的正确性，也为更广泛的图类研究提供了新的思路．

在第 6 章的证明过程中，Catlin 的归约方法和整数流理论发挥了核心作用．Catlin 的归约方法为图的分解和简化提供了强有力的工具，使得复杂图结构的分析得以转化为对更简单图的研究；而整数流理论则为图的双覆盖问题提供了深刻的理论框架，使得我们能够通过整数流的性质来刻画图的结构特征．这两种方法的结合不仅简化了证明过程，还揭示了图的双覆盖问题与整数流之间的内在联系，为相关领域的研究开辟了新的方向．

1.4.2 最短偶子图覆盖猜想

1.4.1 节提及了偶子图双覆盖猜想，本节讨论另外一个圈覆盖中著名的猜想之一——最短偶子图覆盖猜想．其核心问题是寻找覆盖图中所有边的最短圈集合，具体来说，是在图 G 中找到一个偶子图集合 F，使得 G 的每条边至少包含在 F 的一个成员中，并且集合 F 中所有偶子图的总长度最短．

结合 1.4.1 节，无割边图 G 的 t 个偶子图双覆盖（或 t 个偶子图覆盖）称为 t-偶子图双覆盖（或 t-偶子图覆盖）．G 的偶子图覆盖（或 t-偶子图覆盖）的最短总长度用 $SCC(G)$（或 $SCC_t(G)$）表示．

Alon 和 Tarsi 提出了以下猜想[155]，称为最短偶子图覆盖猜想（SCC 猜想）．Jamshy 和 Tarsi[156]证明了 SCC 猜想蕴含猜想 1.4.6.

猜想 1.4.8（最短偶子图覆盖猜想[155]）：每个无割边图都存在一个总长度不超过 $\frac{21}{15}|E(G)|$ 的偶子图覆盖．

已知 Petersen 图可以达到猜想 1.4.8 中的界 $\frac{21}{15}|E(G)|$．关于图 G 的最短偶子图覆盖问题，最早由 Itai 和 Rodeh 在 1978 年[157]提出，与灌溉系统的优化有关，并迅速引起了广泛关注．Thomassen 证明了最短偶子图覆盖问题是 NP 完全问题，见文献［158］．通过 Fleischner[159]的分裂引理，猜想 1.4.6 和猜想 1.4.8 可以限制在无割边 3-正则图 G 上，因此关于最短偶子图覆盖猜想部分，依然主要讨论 3-正则图．关于猜想 1.4.8 的部分结果由 Bermond 等[103]得到，并且由 Alon 和 Tarsi 独立得到[155]，他们均证明了每个无割边图 G 都存在一个长度不超

过 $\frac{22}{15}|E(G)|$ 的偶子图覆盖. Kaiser 等证明了每个无割边 3-正则图 G 存在一个长度不超过 $\frac{34}{21}|E(G)|$ 的偶子图覆盖，此外还证明了每个最小度为 3 的无割边图 G 存在一个长度不超过 $\frac{44}{27}|E(G)|$ 的偶子图覆盖.

最短偶子图覆盖猜想也与图论中的流问题（或整数流问题）息息相关. Tutte 的一个著名的猜想断言：每个无割边图都存在一个处处非零 5-流.（关于流的相关定义，本书在第 7 章进行简单介绍）. Jamshy 等[160]证明 Tutte 的 5-流猜想可以推出每个无割边图 G 存在一个长度不超过 $\frac{24}{15}|E(G)|$ 的偶子图覆盖. Tutte 还提出一个猜想，即每个 4-边连通图都存在处处非零 3-流，Fan[161]指出这个猜想可以推出 G 存在一个长度不超过 $\frac{44}{27}|E(G)|$ 的偶子图覆盖.

Tarsi[162]对最短 3-偶子图覆盖提出了以下猜想（见文献［105］中的猜想 14.3.3）.

猜想 1.4.9（最短 3-偶子图覆盖猜想[162]）：每个无割边 3-正则图 G 都存在一个总长度不超过 $\frac{22}{15}|E(G)|$ 的 3-偶子图覆盖.

猜想 1.4.9 也与 Berge-Fulkerson 猜想相关，Fan 和 Raspaud[79]证明如果 Berge-Fulkerson 猜想成立，则猜想 1.4.9 也成立，他们还表明，存在无限多个无割边图，并且这些图不能被总长度小于 $\frac{22}{15}|E(G)|$ 的 3-偶子图所覆盖. 几乎所有关于 $SCC_t(G)$ 的文献都是针对 $SCC_3(G)$ 的，读者可以参考文献［103，155］［160~163］和［105］中的第 14.3.4 节.

如果 G 的每个边最多被覆盖两次，则称 G 的 t-偶子图覆盖为 t-偶子图（1，2）-覆盖. t-偶子图（1，2）-覆盖的最短总长度用 $SCC_t^*(G)$ 表示. 已知一个图存在处处非零 4-流当且仅当它存在一个 3-偶子图双覆盖[109]，这同时也意味着它存在一个 2-偶子图（1，2）-覆盖. 因此，如果图 G 存在处处非零 4-流，则 $SSC_2^*(G)=\frac{20}{15}|E(G)|$. 迄今为止，关于 $SCC_4^*(G)$ 的结果不是很多，一种估计 $SCC_4^*(G)$ 的方法是 5-偶子图双覆盖猜想（见 1.4.1 节猜想 1.4.7），它比偶子图双覆盖猜想（猜想 1.4.6）更强，限制了偶子图的个数.

值得注意的是，5-偶子图双覆盖猜想与另一个命题等价：每一个无割边的图都存在一个 4-偶子图（1，2）-覆盖．这一等价关系的发现为研究猜想 1.4.8 提供了新的视角和工具．基于此，解决猜想 1.4.8 以及估计相关参数的一种有效方法是构造或证明图 G 存在一个包含较多边或顶点的 5-偶子图双覆盖．具体而言，如果我们能够找到图 G 的一个 5-偶子图双覆盖，并且该覆盖中包含的边或顶点的数量较多，那么这将为参数 $SSC_4^*(G)$ 和 $SSC(G)$ 提供一个较好的上界估计．

这种方法的优势在于，它不仅能够直接验证猜想 1.4.8 的正确性，还能通过构造具体的覆盖结构为相关参数提供定量化的估计．此外，这一思路还为研究其他图覆盖问题提供了启发，例如通过优化覆盖结构中的边或顶点数量来改进现有的理论结果．因此，探索图 G 的 5-偶子图双覆盖的性质及其构造方法，不仅对猜想 1.4.8 的研究具有重要意义，也为图论中其他覆盖问题的解决提供了新的思路和工具．

在本书的第 7 章中，我们深入研究了奇分支数为 2 以及弱奇分支数为 2 的 3-正则图的最短偶子图覆盖猜想．通过对这些特定图类的结构性质进行系统性分析，我们得到了若干重要的理论结果，并提出了新的证明方法．具体而言，我们证明了在某些条件下，这些图类的最短偶子图覆盖猜想成立，并给出了详细的证明过程．这些结果不仅丰富了最短偶子图覆盖猜想的理论体系，还为相关图类的研究提供了新的工具和视角．

在第 7 章中，我们首先对奇分支数为 2 和弱奇分支数为 2 的 3-正则图进行了分类和刻画，揭示了其与偶子图覆盖之间的内在联系．随后，通过引入新的组合技术和图分解方法，我们成功构造了满足猜想条件的偶子图覆盖．详细的证明过程展示了如何通过逐步分析和优化覆盖结构来解决这一复杂问题．具体结果及其详细证明过程详见第 7 章．

2 基本概念

为了确保讨论的严谨性和一致性，本书对所涉及的图进行了明确的定义和限定．除非有特别说明，本书所讨论的图均为无向非平凡简单图．具体来说，这类图具有以下特点：图中的边没有方向，即边是两个顶点之间的无序对；图中至少包含一个顶点，且图不是空图；图中不含环（即没有顶点到自身的边）和平行边（即任意两个顶点之间最多只有一条边），且图中不存在孤立点（即每个顶点至少与一条边相连）．

为了更好地展开研究，本章将系统地介绍一些在文中频繁使用的符号、概念和基本引理．这些内容为后续章节的讨论提供了必要的理论基础和工具．一些特殊且专用的概念和引理可能仅在特定的上下文中使用．因此，这些特殊的概念和引理将在首次使用时进行详细说明和定义，以确保读者能够准确理解其含义和应用．此外，为了保持文本的简洁性和连贯性，文中并未对所有符号进行定义．对于那些未在文中明确给出定义但被引用的符号，建议读者参考文献［139~141］．这些文献提供了图论领域的标准术语和符号定义，能够帮助读者更好地理解本书中的相关内容．

2.1 图的基本概念和符号

定义 2.1.1：设 $G=(V(G), E(G))$（或 $G=(V, E)$）为一个图，其中 $V(G)$ 是 G 的顶点集（vertex set）或点集，$E(G)$ 是 G 的边集（edge set）．图 G 的顶点数用 $|V(G)|$ 表示，称为图 G 的阶（order），图 G 的边数用 $|E(G)|$ 表示．

定义 2.1.2：对于图 G 的任意一条边 $e\in E(G)$，设 e 的两个端点分别为 u 和 v，用 $e=uv$ 表示这条边 e，称点 u 和 v 在 G 中相邻（adjacent），它们互为彼此的邻点（neighbor），也称边 e 与点 u 和 v 在 G 中相关联（incident）．

若图 G 中任意两个顶点相邻，则称 G 为完全图（complete graph），通常用 K_n 表示含有 n 个顶点的完全图．

定义 2.1.3：图 G 中由顶点 v 的所有邻点构成的集合称为 v 在 G 中的邻域(neighborhood)，记为 $N_G(v)$，在无混淆的情况下，简记为 $N(v)$．顶点 v 的度是指在 G 中与 v 相关联的边的条数，用 $d_G(v)$ 表示．其中：

（1）度为 0 的顶点称为孤立点（isolated vertex）．

（2）图 G 的最大度（maximum degree）用 $\Delta(G)$ 表示，即 $\Delta(G)=\max\{d_G(v):v\in V(G)\}$．

（3）图 G 的最小度（minimum degree）用 $\delta(G)$ 表示，即 $\delta(G)=\min\{d_G(v):v\in V(G)\}$．

定义 2.1.4：若图 G 中所有顶点都有相同的度 k，则称图 G 是 k-正则的(k-regular)，简称为正则的（regular）．

定义 2.1.5：图 G 的途径（walk）是相交替地为顶点和边的有限非空序列 $W=v_0e_1v_1e_2v_2\cdots e_kv_k$，使得对于 $1\leqslant i\leqslant k$，e_i 的端点是 v_{i-1} 和 v_i．称 W 是 (v_0, v_k) 途径，点 v_0 和 v_k 分别称为 W 的起点和终点，而 $v_1, v_2, \cdots, v_{k-1}$ 称为途径 W 的内部顶点，整数 k 称为途径 W 的长．

（1）若途径 W 的边 $e_1, e_2, \cdots, e_k$ 各不相同，则称 W 为迹（trail）．

（2）若途径 W 的点 $v_0, v_1, \cdots, v_k$ 也各不相同，则称 W 为路（path）．

一条路上边的数量称为这条路的长度（length）．用 $d(u, v)$ 表示顶点 u 和 v 之间的距离，它是图 G 中连接 u 和 v 的最短路径的长度．

定义 2.1.6：若一条途径的起点和终点相同，则称其是闭的．若一条闭迹的起点和内部顶点互不相同，则它称为圈（circuit）．长度为 k 的圈称为 k-圈(k-circuit)，根据 k 是奇数或偶数，称 k-圈为奇圈（odd circuit）或偶圈(even circuit)．

在本书中，圈是 2-正则连通子图，偶图（even graph）是每个顶点都为偶数度的图，并且偶图可能不连通．图 G 中最短的圈的长度称为 G 的围长（girth），G 中最长的圈的长度称为 G 的周长（circumference），不含圈的连通图称为树(tree)．

定义 2.1.7：包含图 G 的每个顶点的路称为 G 的哈密顿路（Hamilton path），G 的哈密顿圈（Hamilton circuit）是指包含 G 的每个顶点的圈．若图 G 包含哈密顿圈，则称 G 是哈密顿的（Hamiltonian）或 G 是哈密顿图．

定义 2.1.8：设 G 和 H 是两个图．若图 H 满足 $V(H) \subseteq V(G)$ 且 $E(H) \subseteq E(G)$，则称 H 是 G 的子图（subgraph），用 $H \subseteq G$ 表示．若 $H \subseteq G$ 且满足 $V(H) \subset V(G)$ 或 $E(H) \subset E(G)$，则称 H 是 G 的真子图（proper subgraph），记为 $H \subset G$．若 $H \subseteq G$ 且 $V(H) = V(G)$，则称 H 是 G 的生成子图或支撑子图（spanning subgraph）．

定义 2.1.9：设 V' 是 $V(G)$ 的非空子集，以 V' 为顶点集，同时以两端点均在 V' 中的边的全体为边集所构成的子图，称为图 G 的由顶点集 V' 导出的子图，记为 $G[V']$，$G[V']$ 也称为 G 的导出子图（induced subgraph）．设 E' 是 $E(G)$ 的非空子集，以 E' 为边集，同时以 E' 中边的端点全体为顶点集所构成的子图称为图 G 的由边集 E' 导出的子图，记为 $G[E']$，$G[E']$ 也称为 G 的边导出子图（edge induced subgraph）．

定义 2.1.10：设 M 为 $E(G)$ 的子集，如果 M 中的任意两条边在 G 中均不相邻，则称 M 为 G 的匹配或对集（matching）；若匹配 M 的某条边和顶点 v 关联，则称 M 饱和（saturated）顶点 v，反之称 v 是 M 非饱和的．若图 G 的每个顶点都被 M 饱和，则称 M 是 G 的完美匹配（perfect matching）．

定义 2.1.11：图的 k-正则生成子图称为图的 k-因子．特别地，图 G 的 1-因子是图 G 的完美匹配，图 G 的 2-因子是 G 的 2-正则生成子图．

定义 2.1.12：设 G 和 H 是两个图．若存在从 $V(G)$ 到 $V(H)$ 的双射 ψ 使得 $V(G)$ 中的顶点 u 和 v 满足 $uv \in E(G)$ 当且仅当 $\psi(u)\psi(v) \in E(H)$，则称图 G 和 H 是同构的（isomorphic），记为 $G \cong H$．图 G 的自同构是 $V(G)$ 的置换 φ 使得 $uv \in E(G)$ 当且仅当 $\varphi(u)\varphi(v) \in E(G)$．

定义 2.1.13：对于给定的集合 X，若 X_0，X_1，…，X_{k-1} 为集合 X 的 k 个两两不交的非空子集，且满足 $\cup_{i\in[k]} X_i = X$，则称 $\{X_0, X_1, \cdots, X_{k-1}\}$ 为 X 的 k 部划分，简称为划分（partition）．

定义 2.1.14：若图 G 的顶点集 $V(G)$ 存在划分 $\{U, V\}$ 使得每条边的两个端点分别在 U 和 V 中，则称 G 是二部图（bipartite graph），集合 U 和 V 称为 G 的两个部（parts）．若 U 中的任意一个顶点与 V 中的任意一个顶点都相邻，则称 G 为完全二部图（complete bipartite graph）．若完全二部图的两个部分别有 n 和 m 个顶点，可用 $K_{m,n}$ 或 $K_{n,m}$ 表示．

定义 2.1.15：若图 G 中任意两个不同的顶点 u，v 都存在一条连接 u 和 v 的路，则称 G 是连通的（connected）或 G 是连通图，否则，称 G 是不连通的（disconnected）．图 G 的极大连通子图称为 G 的连通分支（connected component），简称为分支（component）．

定义 2.1.16：设 V' 是 $V(G)$ 的非空子集，导出子图 $G[V \setminus V']$ 是指在 G 中删去 V' 中的顶点以及与 V' 相关联的边所得到的子图，也可以用 $G \setminus V'$ 表示．若 $V' = \{v\}$，为了方便，将 $G \setminus \{v\}$ 简记为 $G \setminus v$．

定义 2.1.17：设 E' 是 $E(G)$ 的非空子集，边导出子图 $G[E \setminus E']$ 是指在 G 中删去 E' 中所有的边所得到的子图，也可以用 $G \setminus E'$ 表示．若 $E' = \{e\}$，为了方便，将 $G \setminus \{e\}$ 简记为 $G \setminus e$．

定义 2.1.18：设边 $e = uv$ 是图 G 的一条边，在图 G 中收缩边 e 是先删除这条边，再黏合它的端点 u 和 v，用 G/e 表示．对于 G 的子图 H，图 G 通过收缩 H 中的所有边得到的图用 G/H 表示．

定义 2.1.19：若 $V(G)$ 的子集 V' 使得 $G \setminus V'$ 不连通，则 V' 称为 G 的顶点割（vertex-cutset）．k 顶点割（k vertex cut）是指含有 k 个元素的顶点割．若 G 中至少存在一对不相邻顶点，则 G 所具有的 k 顶点割中最小的 k 称为 G 的连通度，用 $\kappa(G)$ 表示．若 $\kappa(G) \geqslant k$，则称 G 为 k 连通的．

定义 2.1.20：设图 G 是连通图且 e 是图 G 的一条边，若 $G \setminus e$ 的连通分支数大于 G 的连通分支数，则称 e 是 G 的割边（bridge 或 cut edge）．设 E' 为 $E(G)$ 的非空子集，若 $G \setminus E'$ 不连通，则 E' 称为 G 的边割集（edge-cut set），若 E' 有 k 条边，则称 E' 为 G 的 k 边割（k edge cut）．G 的所有 k 边割中最小的 k 称为 G 的边连通度，用 $\lambda(G)$ 表示．若 $\lambda(G) \geqslant k$，则称 G 为 k 边连通的．

边 e 是图 G 的割边当且仅当 e 不包含在 G 的一个圈中．一个连通图是树当且仅当它的每条边都是割边．

定义 2.1.21：设 E' 为 G 的边割集，若 $G\setminus E'$ 的每个连通分支的阶至少为 2，则称 E' 是非平凡的边割集，否则称 E' 是平凡的．

定义 2.1.22：若 $G\setminus E'$ 是不连通的且至少 $G\setminus E'$ 的两个连通分支包含圈，则称边割集 E' 是圈可分的（circuit-separating）．使图 G 圈可分的最小边割集的边数称为 G 的圈边连通度（cyclic edge connectivity）．若图 G 的圈边连通度至少为 k，则称 G 是圈 k-边连通（cyclically k-edge-connected）的．

定义 2.1.23：无环图 G 的 k-边染色是指用 k 种颜色 1，2，…，k 对图 G 的各边进行染色．若任何相邻的两条边染不同的颜色，则称染色是正常的或真的．若图 G 存在正常的 k-边染色，则称图 G 是 k-边可染色的或 k-边可染的．无环图 G 的边色数 $\chi'(G)$ 是使得 G 为 k-边可染的所有 k 的最小值．

定义 2.1.24：设 G 是 3-正则图，$\mathscr{F}$ 是 G 的 2-因子，$\mathscr{F}$ 的奇分支数是 $\mathscr{F}$ 中奇连通分支的个数，用 $o(\mathscr{F})$ 表示．图 G 的奇分支数是 G 的所有 2-因子中含奇连通分支最少的奇连通分支数，用 $o(G)$ 表示．图 G 的弱奇分支数是 G 的所有生成偶子图（spanning even subgraph）中含奇连通分支最少的奇连通分支数．

图 G 的奇分支数和弱奇分支数不同，分析上述定义可知，弱奇分支的定义比奇分支的定义稍加广一些．所有生成偶子图中的奇连通分支可能含有单点，但是所有 2-因子中的奇连通分支一定是奇圈．一个 3-正则图是 3-边可染的当且仅当其（弱）奇分支数为 0. 并且每个 3-正则图的（弱）奇分支数一定是偶数．

定义 2.1.25：图 G 的隐图是将 G 中每个最大细分边替换为单个边（或者抹去图 G 的所有 2-度顶点），所得到的图记为 $\bar{G}$．

定义 2.1.26：令 G 是一个图．如果一个生成子图 P 满足对于每个 $v\in G$，有

$$d_P(v)\equiv d_G(v)\ (\mathrm{mod}\ 2)$$

则 P 称为 G 的同余子图．

有了同余子图的定义，可以相应定义同余 3-边染色（parity 3-edge-coloring）和同余子图分解（parity subgraph decomposition）：

（1）一个边染色 $c: E(G) \to Z_3$，如果每个 $c^{-1}(i)$ 都是 G 的一个同余子图，则称 c 是一个同余 3-边染色.

（2）图 G 的一个分解称作同余子图分解，如果这个分解中的每个元素都是 G 的同余子图；如果这个分解中仅仅含有一个元素，则称此分解为平凡的.

定义 2.1.27：令 G 是一个图. G 的有限个子图 $\{H_1, \cdots, H_t\}$ 的对称差是由那些被 H_i 覆盖奇数次的边导出的 G 的子图.

结合对称差的定义，分析可知下列两个结论.

（1）令 $\{H_1, \cdots, H_t\}$ 为 G 的子图，并且 $H = H_1 \Delta \cdots \Delta H_t$. 则

$$d_H(v) \equiv \sum_{i=1}^{t} d_{H_i}(v) \pmod 2 .$$

（2）令 $\{C_1, \cdots, C_t\}$ 是图 G 的偶子图所组成的集合，则 $C_1 \Delta \cdots \Delta C_t$ 也是偶子图.

定义 2.1.28：无圈（acyclic）：一个图如果不包含圈则称其为无圈的.

定义 2.1.29：控制圈（dominating circuit）：设 C 是图 G 的一个圈，则如果满足 $G - V(C)$ 是一个独立集，则称 C 为图 G 的一个控制圈.

定义 2.1.30：欧拉图（eulerian graph）：一个连通的偶子图称作欧拉图.

定义 2.1.31：欧拉权（eulerian weight）：设权 $w: E(G) \to Z^*$，则如果每个边割的总权（total weight）是偶的，称 $w: E(G) \to Z^*$ 是欧拉的.

定义 2.1.32：偶 2-因子（even 2-factor）：如果图 G 的 2-因子的每个分支都是偶长的，则称这个 2-因子为偶的.

定义 2.1.33：均匀生成偶子图（evenly spanning even subgraph）：图 G 的一个均匀生成偶子图 S 是一个偶子图使得 S 的每个分支包含 G 的偶数个奇度顶点，并且每个不在 S 中的点是 G 偶度顶点.

定义 2.1.34：可靠偶子图覆盖（faithful even subgraph cover）：设权 $w: E(G) \to Z^*$. 如果 G 的每条边都恰好包含在偶子图覆盖 F 的 $w(e)$ 个元素中，则称 $\mathscr{F}$ 为基于权 w 可靠的（faithful）.

定义 2.1.35：哈密顿覆盖和哈密顿权（Hamilton cover and Hamilton weight）：令 w 为 3-正则图 G 的一个欧拉（1，2）-权（eulerian（1，2）-weight）. 如果一个可靠的圈覆盖 F 是两个哈密顿圈的集合，则这个圈覆盖 $\mathscr{F}$ 称作哈密顿的. 如果 (G, w) 的每个可靠圈覆盖都为哈密顿的，则 G 的欧拉（1，2）-权 w 称为哈密顿的.

定义 2.1.36：hypohamiltonian：如果对于每个点 $v \in V(G)$，$G - v$ 都包含一个哈密顿圈，则称图 G 是 hypohamiltonian.

定义 2.1.37：细分（subdivision）：设 G 为一个图. 用 G 的每条边替换为一个细分的边得到的图称为 G 的细分. Petersen 图的一个细分可以见图 2.1.

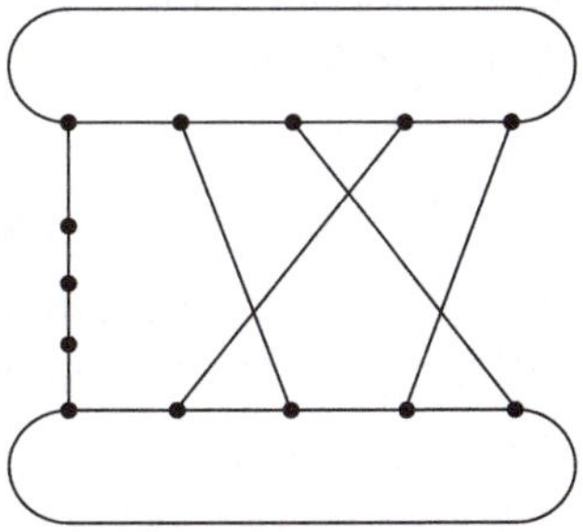

图 2.1　Petersen 图的一个细分

2.2　多极和叠合的定义

在图论研究中，多极（multipole）与叠合（superposition）在复杂图结构的理论构建与性质分析中发挥着关键作用. 这一研究范式可追溯至早期图论文献中关于图类构造的奠基性思想. Kochol 在文献［142］和［143］中首次对这些概念进行了系统化的形式化定义与理论阐述，为后续图论研究奠定了严谨的理论基础. Kochol 的研究工作不仅确立了多极与叠合的数学定义，更重要的是揭示了这些概念在复杂图结构构造与分析中的普适性应用价值.

从方法论的角度来看，多极概念与物理学中的多极展开理论具有深刻的类比关系. 这种类比体现在两者都采用了一种将复杂系统分解为若干简单子结构的分析范式. 具体而言，在图论框架下，多极可被形式化定义为一种特殊的图结构，其通过将若干称为“极”（pole）的较小图结构进行特定方式的组合，从而构造出更为复杂的图结构. 这种构造方法的重要意义在于：它提供了一种基于局部性质推导整体性质的系统性研究方法，使得研究者能够通过分析各“极”的性质及其相互作用关系，进而推导出整个图结构的全局性质. 这种分解-重构的研究范式不仅丰富了图论的研究方法，也为复杂网络的分析提供了有力的理论工具.

叠合的概念则类似于物理学中的叠加原理，它允许将多个图结构组合在一起，形成一个新的图. 这种组合方式在图论中被广泛应用于构造具有特定性质的图，例如在研究图的连通性、匹配问题和圈覆盖问题时. Kochol 在文献［142］和［143］中详细描述了叠合的数学定义和操作规则，为后续的研究提供了重要的理论支持.

除了 Kochol 的工作，文献［144］和［145］进一步发展了多极与叠合的理论框架，提出了若干具有重要理论价值的构造方法. 这些研究不仅深化了对多极与叠合概念的理解，更重要的是拓展了这些方法在图论研究中的应用边界. 研究表明，多极与叠合作为强有力的理论工具，在解决图论中的若干复杂问题上展现出显著优势. 具体而言，这些方法为构造和分析具有特定性质的图类提供了系统化的研究范式，特别是在无割边图（bridgeless graphs）和 3-正则图（cubic graphs）的研究中取得了突破性进展.

值得注意的是，3-正则图作为本书的核心研究对象，在图论研究中具有特殊的理论地位. 如第 1 章所述，许多重要的图论猜想最终都可归结为对 3-正则图性质的深入分析. 这种归约性不仅体现了 3-正则图的基础性地位，同时也凸显了多极与叠合方法在研究此类图结构中的独特价值. 通过运用多极与叠合的理论框架，研究者能够建立更为精细的图结构分解方法，从而为攻克相关猜想提供新的研究思路.

定义 2.2.1[138,142-143,146]：多极（multipole）M 是一个三元组（V, E, S），它由顶点集 $V=V(M)$、边集 $E=E(M)$ 和半边集合 $S=S(M)$ 组成，其中每条半边与一个顶点或另一条半边相关联. 两条相关联的半边形成的边称为独立边（isolated edge）.

该定义为后续的多极分类与性质研究奠定了理论基础．在明确多极的基本结构后，我们进一步系统性地探讨了其分类体系及相关性质．

定义 2.2.2：设 $M=(V, E, S)$ 为多极．

(1) 当 $|S(M)|=k$ 时，称 M 为 k-极（k-pole）；当 $S(M)=\varnothing$ 时，此时 M 为普通图，用 $M=(V, E)$ 表示．

(2) 如果半边集合 S 被划分为互不相交的非空集合 S_i，且对于 $i=1, 2, \cdots, m$，每个 S_i 的阶为 k_i，此时称 k-极 M 为 $(k_1, k_2, \cdots, k_m)$-极，用 $M=(V, E, S_1, S_2, \cdots, S_m)$ 表示，其中 $k=k_1+k_2+\cdots+k_m$．每个 S_i 称为 M 的连接器（connector）．

(3) 超边（superedge）是指含有两个连接器的多极，超点（supervertex）是指含有 3 个连接器的多极．

(4) 如果连接器 S 含有 1 条半边，则称此连接器为平凡的，否则称为非平凡的．

基于上述理论框架，本节将系统阐述从 3-正则图出发构造特定多极结构的方法体系．

定义 2.2.3：设 G 为 3-正则图，u_1 和 u_2 是 G 的两个不相邻顶点．

(1) 对于 $i\in\{1, 2\}$，$(G)_{u_1, u_2}$ 是通过在 G 中删除点 u_1 和 u_2，用 S_i 的半边替换与 u_i 相关联的边得到的 $(3, 3)$-极 (V, E, S_1, S_2)．

(2) 如果 G 是蛇鲨图，则称 $(3, 3)$-极 $(G)_{u_1, u_2}$ 为真超边（proper superedge）．

(3) 顶点 u_1 和 u_2 称为超边 $(G)_{u_1, u_2}$ 的连接顶点（connector-vertices）．

在系统研究多极的构造方法及其性质特征的基础上，本节将引入一种基于多极的图构造范式——叠合（superposition）．这一方法的核心在于通过拓扑变换，将给定图中的边和顶点分别替换为超边（superedge）和超点（supervertex），从而构造出具有特定性质的 3-正则图．从理论层面来看，这种构造方法具有以下两个显著特征：其一，它能够保持原图的若干关键性质（如图的连通性、对称性等）；其二，通过引入超边和超点的层级结构，可以生成具有新拓扑特征的图结构．这种双重特性使得叠合方法不仅成为一种有效的图构造工具，更重要的是为研究图的结构性质提供了新的理论视角和分析框架．

定义 2.2.4：设 $G=(V, E)$ 为 3-正则图，将每条边 $e\in E$ 替换为超边 $\mathscr{E}(e)$，将每个顶点 $v\in V$ 替换为超点 $\mathscr{V}(v)$．假设 $v\in V$ 与 $e\in E$ 相关联，则 $\mathscr{V}(v)$ 的某个连接器伴随 $\mathscr{E}(e)$ 的某个连接器，且这两个连接器具有相同的基数．连接相伴随的连接器的半边，得到的 3-正则图称为图 G 基于 $\mathscr{V}$ 和 $\mathscr{E}$ 的叠合（superposition），用 $G(\mathscr{V}, \mathscr{E})$ 表示．如果对于每条边 $e\in E$，超边 $\mathscr{E}(e)$ 是真的（proper），称 $G(\mathscr{V}, \mathscr{E})$ 为图 G 真叠合（proper superposition）．

需要特别指出的是，在叠合过程中可能存在某些边被“平凡”（trivial）超边替换的情形，即边被其自身所替换．这种平凡替换在特定条件下是被允许的，其理论依据在于它保持了图的局部结构不变性，同时不违反叠合操作的一般性定义．

2.3 基本引理

Berge-Fulkerson 猜想作为图论领域中极具挑战性的未解决问题之一，其研究价值不仅在于猜想本身的理论深度，更在于其与图着色理论、整数流理论等多个图论分支的深刻联系．为系统研究这一猜想，本书在主要结果的证明过程中构建了一个完整的理论框架，其中多个关键引理为该猜想的性质分析和验证提供了重要的理论支撑．特别地，Hao 等学者在文献［45］中提出的关于 Berge-Fulkerson 猜想的充要条件（以引理 2.3.1 的形式引入本书），为该猜想的研究提供了新的理论视角．鉴于该结论在本书研究框架中的基础性地位，我们完整呈现了文献中的证明过程，以确保理论体系的完备性．

基于引理 2.3.1 所建立的理论基础，本书发展了一套系统的方法来分析和验证 Berge-Fulkerson 猜想在不同图类中的适用性．这一方法不仅深化了我们对猜想本身的理解，更重要的是为相关图类的研究提供了新的分析工具．在后续章节中，我们将详细阐述本节所建立的引理体系在具体图类中的应用，通过严格的数学证明展示这些理论工具在 Berge-Fulkerson 猜想验证过程中的核心作用，从而为这一经典猜想的最终解决提供新的研究思路．

引理 2.3.1[45]：无割边 3-正则图 G 满足 Berge-Fulkerson 猜想当且仅当 G 中存在一对边不交的匹配 M_1 和 M_2 满足下列条件（1）和（2）：

（1）$M_1\cup M_2$ 是图 G 的偶子图；

（2）对于 $G\setminus M_i$ 的每个分支 X，其中 $i\in\{1, 2\}$，或者隐图 $\bar{X}$ 是 3-边可染的，或者 $\bar{X}$ 是圈．

证明：⇒：因为每一个3-边可染的3-正则图都满足Berge-Fulkerson猜想，故我们只关注非3-边可染的3-正则图．假设图G满足Berge-Fulkerson猜想，故图$2G$存在一个Berge-Fulkerson染色$c: E(2G) \to \{a_1, b_1, c_1, a_2, b_2, c_2\}$．设$G_1$为一个由颜色$\{a_1, b_1, c_1\}$导出的图$2G$的3-正则子图，$G_2$为一个由颜色$\{a_2, b_2, c_2\}$导出的图$2G$的3-正则子图．如果图$G_1$和$G_2$中都不存在平行边，则$G_1$和$G_2$都同构于图$G$，故图$G$是3-边可染的．故我们假设$G_1$和$G_2$中存在平行边．设$E_p$为对应于$G_1$或$G_2$平行边对应图$G$中的边．

设M_j是边e的集合，使得对于每个$j=1, 2$，e对应于$E_p=M_1 \cup M_2$的G_j的平行边．因为G_j是3-正则的，M_j是一个匹配且$M_1 \cap M_2 = \varnothing$．此外，每个与$M_i$的边关联的顶点必须与$M_j$的边相关联．故$E_p$是一些边不交的偶圈所组成的集合．

现在，对每个$\{i, j\} = \{1, 2\}$，我们可以用颜色$\{a_j, b_j, c_j\} - \{x_j, y_j\}$给每条边$e \in M_j$染色，其中，$x_j$，$y_j$是三次图$G_j$中边$e$对应的平行边的颜色．所以，对于每个$\{i, j\} = \{1, 2\}$，目前的染色是3-正则隐图$\overline{G \setminus M_i}$的一个正常（真）3-边染色．（注意到，3-正则图$\overline{G \setminus M_i}$也可以看成从图$G_j$中将每对平行边换成一条单边并且抹去2度顶点所得．）

⇐：假设$\overline{G \setminus M_1}$的每个非平凡分支都是3-边可染的，并且颜色为$\{a_1, b_1, c_1\}$，$\overline{G \setminus M_2}$的每个非平凡分支也是3-边可染的，并且颜色为$\{a_2, b_2, c_2\}$，对于$i=1, 2$ $\overline{G \setminus M_i}$的平凡分支（无顶点的环loop，如果它们存在）用$a_i$染色．通过插入那些被抹去的2度顶点的颜色，用相同的颜色对每个与2度顶点相关联的边进行着色可以相应的得到图$G \setminus M_i$的一个染色．

图$2G$的一个6-边染色可以由下面得到．设图$2G$中一对顶点u，v之间的平行边记为e_1，e_2.

情况1：如果每个$G \setminus M_1$和$G \setminus M_2$中都有一条边的顶点u，v，那么对于每个$i=1, 2$，e_i与$G \setminus M_i$中的对应边的颜色相同．

情况2：如果$G \setminus M_1$和$G \setminus M_2$中的只有一条端点u，v的对应边，则e_1，e_2用$\{a_i, b_i, c_i\} \setminus \{x_i\}$染色，其中$x_i$是$G \setminus M_i$中对应边的颜色．

综上，以上引理证明完毕． □

Tutte在其开创性工作中建立了一个重要的等价关系：对于任意3-正则图，其存在处处非零4-流（nowhere-zero4-flow）与图具有3-边可染性（3-edge-colorable）这两个性质是等价的．这一深刻的理论结果不仅揭示了图的流值与边着色之间的内在联系，更重要的是为图的整数流理论和着色理论建立了统一的理论框架．基于Tutte的这一奠基性工作，我们进一步推导出以下引理，该引理将作为后续理论分析的基础．

引理 2.3.2[2]：无割边 3-正则图 G 存在处处非零 4-流当且仅当图 G 是 3-边可染的.

引理 2.3.3[46]：无割边 3-正则图 G 满足 Berge-Fulkerson 猜想当且仅当 G 中存在一对边不交的匹配 M_1 和 M_2 满足下列条件（1）和（2）：

（1）$M_1 \cup M_2$ 是图 G 的偶子图；

（2）隐图 $\overline{G \setminus M_i}$ 存在处处非零 4-流，其中 $i \in \{1, 2\}$.

基于引理 2.3.2 的理论框架，我们可以深入分析引理 2.3.1 与引理 2.3.3 之间的等价关系. 具体而言，引理 2.3.2 确立了无割边 3-正则图中处处非零 4-流的存在性与 3-边可染性之间的充要条件. 这一等价关系不仅深化了我们对图的整数流理论与边着色理论之间内在联系的理解，更重要的是构建了连接引理 2.3.1 与引理 2.3.3 的理论桥梁. 通过这一理论联系，我们得以从流值理论和边着色理论两个不同视角对 Berge-Fulkerson 猜想的条件进行交叉验证，从而为该猜想的解决提供了更为坚实的理论基础.

在 Berge-Fulkerson 猜想的研究过程中，Catlin 提出的归约方法（reduction method）发挥了关键作用. 这一方法的核心在于通过系统化的图结构简化技术，将复杂的图论问题逐步转化为更易处理的基本结构. 具体而言，Catlin 的归约方法通过定义一系列保持图性质的简化操作，为研究 3-正则图的匹配覆盖（matching cover）和边着色问题提供了强有力的分析工具. 本书在研究过程中多次运用了这一方法，其理论基础主要来源于文献［147～149］中的系统性论述. 这些理论成果不仅为我们的研究提供了方法论指导，同时也验证了归约方法在研究复杂图论问题中的普适性和有效性.

蛇鲨图（snark）的分解理论与可归约性研究构成了图论领域的一个重要研究方向. 作为一类具有特殊性质的 3-正则图，蛇鲨图在匹配覆盖问题、圈覆盖问题及整数流理论研究中占据着核心地位. 这类图不仅为研究图的结构性质提供了丰富的实例，更重要的是，它们作为“最小反例”的候选者在诸多图论猜想的验证过程中发挥着关键作用.

通过运用分解理论和归约技术，学者能够深入分析蛇鲨图的层次化结构特征，并系统性地验证其是否满足 Berge-Fulkerson 猜想等重要的图论命题. 在这一领域，文献［150］和［151］的作者们提出的分解框架和可归约性判据，为蛇鲨图的系统性研究奠定了坚实的理论基础. 这些研究成果不仅深化了我们对蛇鲨图结构特征的理解，更为本书的研究提供了重要的方法论指导和理论支撑. 特别地，文献中建立的分解技术使得我们能够将复杂的蛇鲨图结构逐步简化为基本构件，从而为验证其满足 Berge-Fulkerson 猜想等性质提供了可行的分析路径 .

引理 2.3.4（文献［147］或［4］中引理 3.8.11）：设 G 为 2-边连通图且包含长度至多为 4 的圈 C，则图 G/C 存在处处非零 4-流当且仅当图 G 存在处处非零 4-流 .

在本书的研究框架中，我们将通过不断收缩图中长度不超过 4 的圈这一过程定义为 Catlin 归约方法（亦称 Catlin 收缩方法），具有这一性质的图被称为 Catlin 可归约图 . 这一方法的核心在于通过系统性地简化图结构，将复杂图论问题转化为更易处理的形式 . 为了进一步拓展 Catlin 归约方法的应用范围并提高其可操作性，Hoffmann-Ostenhof 等学者在文献［113］中引入了“围长-可退化”（girth-degenerate）这一概念 . 该定义通过结合圈序列和图序列的结构特征，为 Catlin 归约方法的应用提供了更为精细的理论框架 .

定义 2.3.1[113]：令 G 和 H 为两个图，G 称作 (k, H)-围长-可退化的（(k, H)-girth-degenerate）$G_0 = G$，G_1，…，G_m 和圈序列 C_0，C_1，…，C_{m-1} 使得：

（1）对于每个 $i = 0, 1, 2, \cdots, m-1$ 有 $C_i \subseteq G_i$ 且 $|E(C_i)| \leqslant k$；

（2）对于每个 $i = 0, 1, 2, \cdots, m-1$ 有 $G_{i+1} = G_i/E(C_i)$；

（3）$G_m = H$.

特别的，如果图 G 是 (k, K_1)-围长-可退化的，则称图 G 为 k-围长-可退化的 .

引理 2.3.4 作为本研究的关键性中间结果，其理论价值在于为相关性质的深入探索和系统验证提供了必要的理论基础 . 基于引理 2.3.4 所建立的理论框架，我们可以通过严格的数学推导得到两个具有重要理论意义的结果：引理 2.3.5 和引理 2.3.6. 这两个引理不仅拓展了引理 2.3.4 的应用范围，更重要的是为后续的理论分析构建了完整的逻辑链条 .

引理 2.3.5：设 G 和 W 是两个图且图 G 是 $(4, W)$-围长-可退化的，则 G 存在处处非零 4-流当且仅当 W 存在处处非零 4-流 .

在探讨图的流值性质时，我们已经通过引理 2.3.5 建立了两个图之间的流值关系 . 接下来，我们将进一步探讨单个图的流值性质，特别是对于具有特定围长可退化性质的图 .

引理 2.3.6：每个4-围长-可退化的图 G 存在处处非零4-流.

下面的引理是文献［113］中的核心结论之一，其在研究 Berge-Fulkerson 猜想中发挥了重要作用．本书第4章结合了该引理（引理2.3.7），并在此基础上进行了深入的理论分析和扩展，得到了一系列关于某些图类满足 Berge-Fulkerson 猜想的重要推论．具体而言，我们通过引理2.3.7揭示了图的结构性质与 Berge-Fulkerson 猜想之间的内在联系，并利用这些性质构造了满足猜想的特定图类．

在第4章中，将首先回顾引理2.3.7的主要内容，该引理为研究图的边覆盖和匹配问题提供了关键的理论工具．随后，通过引入新的图分解技术和组合方法，将引理2.3.7应用于若干具有特殊性质的图类．通过对这些图类的系统性分析，证明了它们在特定条件下满足 Berge-Fulkerson 猜想，并给出了详细的证明过程．

引理 2.3.7[113]：设 G 为2-边连通图，其中 U 是图 G 的点集满足 $G\setminus U$ 是无圈的，且对于每个点 $v\in V(G)\setminus U$，有 $d_G(v)>2$.

假设 $|U|\leqslant 3$，则有下列结果成立：

(1) 如果 $|U|=1$，G 是2-围长-可退化的；

(2) 如果 $|U|=2$，G 是4-围长-可退化的；

(3) 如果 $|U|=2$，G 是4-围长-可退化的．

文献［152］中的一项重要结果表明，每一个4-边连通图 G 均存在处处非零4-流．这一结果在图论中具有深远意义，因为它将图的连通性与整数流的存在性紧密联系起来，为研究图的流覆盖问题提供了新的视角和工具．

这一发现不仅深化了我们对图流理论的理解，还为相关领域的研究提供了重要的理论支持．例如，在图的着色问题中，处处非零4-流的存在性可以直接用于证明某些图类的边着色性质；在网络流问题中，这一结果为设计高效的网络流算法提供了理论依据．此外，文献［152］中的证明方法也极具启发性，其通过巧妙地结合图的连通性条件和整数流的构造技术，为后续研究提供了新的思路．

引理 2.3.8[152]：每个4-边连通图 G 存在处处非零4-流．

在图的谱理论研究中，Petersen 图作为一个重要的研究对象，具有许多独特的性质．已知在所有蛇鲨图中，Petersen 图是点数最少的图例．具体而言，Petersen 图具有10个顶点和15条边，这一特性使其成为3-正则图（即每个顶点的度数均为 3）中的典型代表．根据图论中著名的婚姻定理，我们可以推导出 3-正则图的一个重要性质：其顶点个数必为偶数．这一结论可以通过对图的边集进行完美匹配的分析得到验证．综合 Petersen 图的结构特征和婚姻定理的理论结果，我们可以得出以下重要结论，详见引理 2.3.9. 这一发现不仅深化了我们对 Petersen 图的理解，也为研究更一般的 3-正则图提供了理论基础．

引理 2.3.9[105]：每个阶数不超过 8 的无割边 3-正则图都存在处处非零 4-流．

2.4 常见蛇鲨图的构造方法

在本节中，我们将系统介绍几种常见的蛇鲨图构造方法，并深入分析通过这些方法构造的图类成为蛇鲨图的条件．作为理论基础，首先给出一个关于无割边 3-正则图 3-边染色的重要引理．

引理 2.4.1（文献［105］中引理 B.1.3）：设 G 是一个 3-正则图．如果 G 存在一个 3-边染色 $c: E(G) \to \{1, 2, 3\}$，则对于每个边割 T 和每个 $i \in \{1, 2, 3\}$，有

$$|T \cap c^{-1}(i)| \equiv |T| \pmod 2 .$$

方法一：$\oplus_2$-和法（$\oplus_2$-sum）

令 G_1 和 G_2 为两个无割边的 3-正则图，其中 $e_1 = uv \in E(G_1)$，$e_2 = xy \in E(G_2)$．通过下列方法构造一个新的图：

$$G_1 \oplus_2 G_2 = [G_1 - \{e_1\}] \cup [G_2 - \{e_2\}] \cup \{ux, vy\} .$$

如图 2.2 所示．

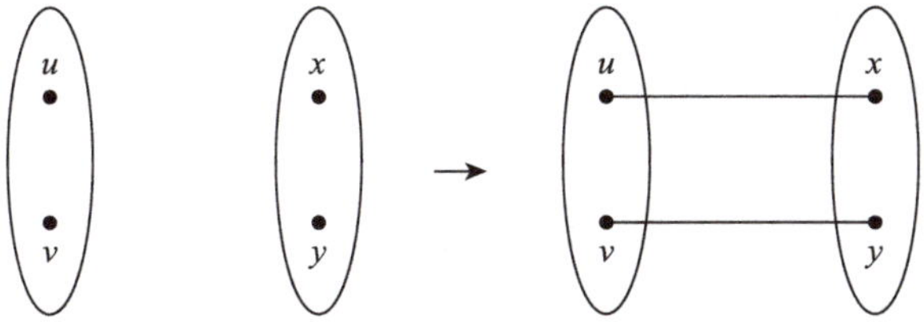

图 2.2　$\oplus_2$-和法构造新图

命题 2.4.1：令 G_1 和 G_2 为两个无割边的 3-正则图．则 G_1 和 G_2 中一个是蛇鲨图当且仅当由方法一构造的新图 $G = G_1 \oplus_2 G_2$ 是蛇鲨图．

证明：假设图 G 是 3-边可染的，则根据引理 2.4.1，边 ux 和 vy 染相同的颜色．通过将 G 的颜色限制在 G_1 和 G_2 上，可以看到 G_1 和 G_2 都不是蛇鲨图．

类似可以得到另一方向的证明． □

方法二：$\oplus_3$-和法（$\oplus_3$-sum）

令 G_1 和 G_2 为两个无割边的 3-正则图，其中 $u \in V(G_1)$，$v \in V(G_2)$ 为 G 的两个 3 度顶点，并且 $N(u) = \{u_1, u_2, u_3\}$，$N(v) = \{v_1, v_2, v_3\}$．通过下列方法构造一个新的图：

$$G_1 \oplus_3 G_2 = [G_1 - \{u\}] \cup [G_2 - \{v\}] \cup \{u_1v_1, u_2v_2, u_3v_3\}.$$

如图 2.3 所示．

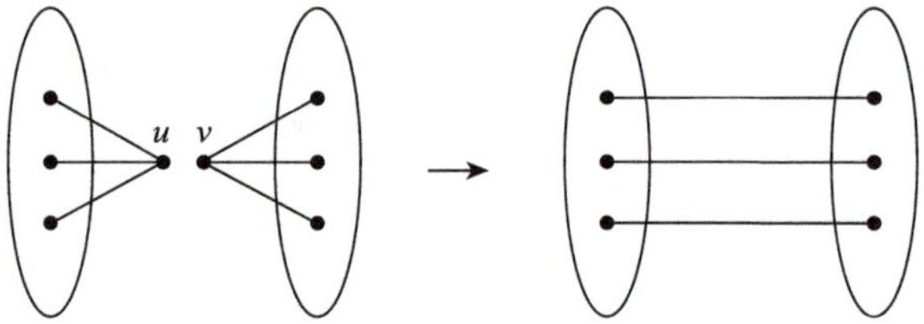

图 2.3 $\oplus_3$-和法构造新图

命题 2.4.2：令 G_1 和 G_2 为两个无割边的 3-正则图．则 G_1 和 G_2 中一个是蛇鲨图当且仅当由方法二构造的新图 $G = G_1 \oplus_3 G_2$ 是蛇鲨图．

证明：假设图 G 是 3-边可染的，则根据引理 2.4.1，3 条边 u_1v_1，u_2v_2 和 u_3v_3 染不同的颜色．通过将 G 的颜色限制在 G_1 和 G_2 上，可以看到 G_1 和 G_2 都不是蛇鲨图．

类似可以得到另一方向的证明． □

方法三：Isaacs 乘积法

令 G_F 和 G_M 为两个 3-正则图，并且 $e_1 = u_1u_2$，$e_2 = v_1v_2 \in E(G_F)$，$e_3 = x_1x_2 \in E(G_M)$，

$N(x_1) = \{y_1, y_2, x_2\}$，$N(x_2) = \{z_1, z_2, x_1\}$．通过下列方法构造一个新的图：

$$G = [G_F - \{e_1, e_2\}] \cup [G_M - \{x_1, x_2\}] \cup \{u_1y_1, u_2y_2, v_1z_1, v_2z_2\}.$$

如图 2.4 所示，这种构造方法称为 Isaacs 乘积，见文献［24］．

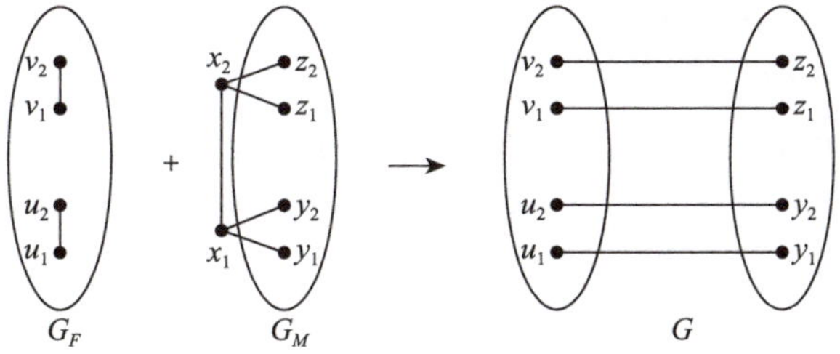

图 2.4　Isaacs 乘积法构造新图

命题 2.4.3：如果 G_F 和 G_M 都是蛇鲨图，则 G_F 和 G_M 由 Isaacs 乘积法构造的图 G 也是蛇鲨图．

证明： 设 $T_1=\{u_1y_1,\ u_2y_2\}$，$T_2=\{v_1z_1,\ v_2z_2\}$ 并且设 $T=T_1\cup T_2$. 假设 G 存在一个 3-边染色 $c: E(G)\to\{1,\ 2,\ 3\}$．根据引理 2.4.1，对于每个 $i\in\{1,\ 2,\ 3\}$，有 $|c^{-1}(i)\cap T|=0$，2 或 4. 因此，我们假设 T 中没有边被染颜色 3. 即，$c^{-1}(3)\cap T=\phi$. 则有下列 3 种情况：

(1) $|c^{-1}(1)\cap T|=4$，并且 $c^{-1}(2)\cap T=\phi$；

(2) 对于每个 $i\in\{1,\ 2\}$，有 $|c^{-1}(i)\cap T|=2$，$|c^{-1}(1)\cap T_1|=|c^{-1}(2)\cap T_2|=2$；

(3) 对于每个 $i\in\{1,\ 2\}$，有 $|c^{-1}(i)\cap T|=2$，并且对于每个 $i,\ j\in\{1,\ 2\}$，有 $|c^{-1}(i)\cap T_j|=1$.

在前两种情况中，$c(u_1y_1)=c(u_2y_2)$，并且 $c(v_1z_1)=c(v_2z_2)$．则颜色 c 导出 G_F 的一个 3-边染色，与 G_F 是一个蛇鲨图矛盾．在第三种情况中，颜色 c 导出 G_M 的一个 3-边染色，与 G_M 是一个蛇鲨图矛盾． □

本节列举了 Petersen 图的一些属性．作为图论研究中的经典范例，Petersen 图在本书的理论分析中具有特殊地位. 为全面展示其结构特征，我们在图 2.5～图 2.9 中呈现了 Petersen 图的多种表示形式．其中，图 2.5 展示了 Petersen 图最为经典的对称表示：该表示由两个 5 长圈构成，分别位于图的内部和外部区域，并通过一组完美匹配边相互连接，这种表示方式直观地体现了 Petersen 图的高度对称性．图 2.6 则采用了置换图的表示方法，通过上下两个无弦 5 长圈的排列，突出了图的循环结构特征．

进一步地，图 2.7 展示了一种基于 8 长圈的表示形式，其中通过添加一条关键边完成图的构造，这种表示揭示了 Petersen 图与较长圈结构之间的联系．图 2.8 则呈现了一个包含 6 长圈的外部结构，内部嵌入了一个 $K_{1,3}$ 形子结构，这种表示方式有助于理解 Petersen 图的层次化特征．最后，图 2.9 展示了一个包含 9

长圈的表示形式，其中内部仅包含一个中心顶点，这种极简的表示方式凸显了 Petersen 图的结构复杂性．

通过对这些不同表示形式的分析，我们可以得出一个重要结论：Petersen 图具有丰富的圈结构，其中包含 5、6、8、9 长圈．这一结构特征不仅解释了 Petersen 图在图论研究中的特殊地位，同时也为理解其组合性质提供了重要的几何视角．

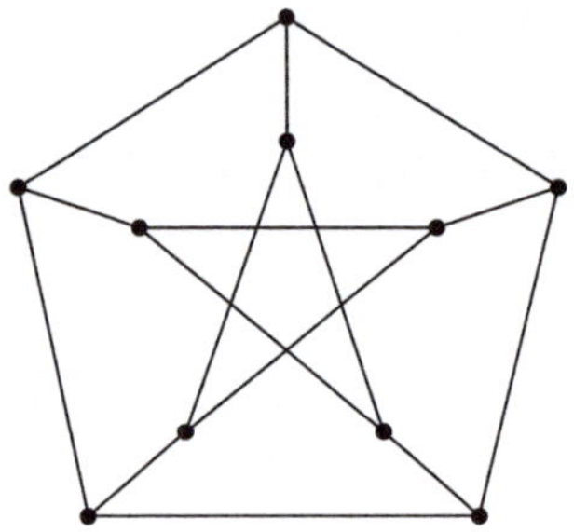

图 2.5　Petersen 图的第一种经典画法

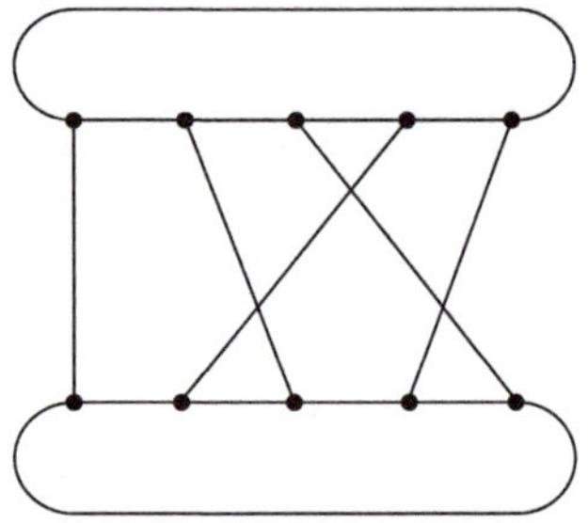

图 2.6　Petersen 图的第二种画法

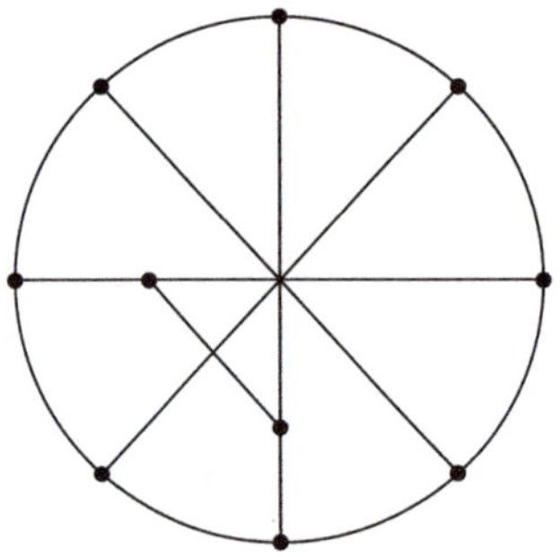

图 2.7　Petersen 图的第三种画法

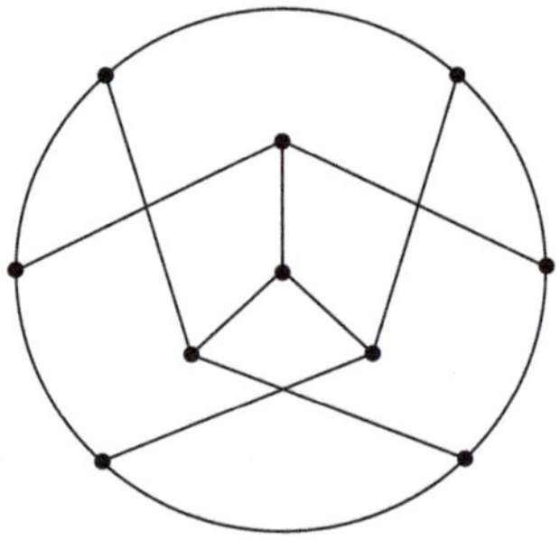

图 2.8　Petersen 图的第四种画法

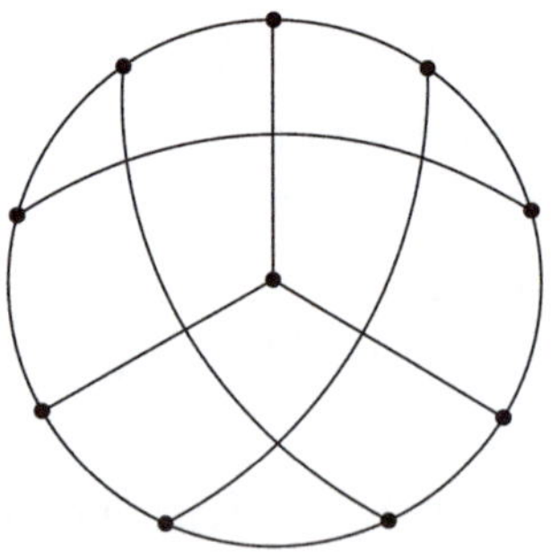

图 2.9　Petersen 图的第五种画法

除上述几种典型的表示形式外，Petersen 图还可在投影平面（projective

plane）等拓扑空间上实现非平凡嵌入，这些表示形式进一步揭示了其丰富的几何特性．鉴于本书的研究重点和篇幅限制，我们在此不再对这些表示形式进行详细展开．

我们将 Petersen 图的一些相关结果和证明列举如下，部分结果见文献［10］．

命题 2.4.4：Petersen 图中不含有长度小于等于 4 的圈，以及长度为 7 长圈和 10 的圈．

命题 2.4.5：设 C_1 和 C_2 分别 Petersen 图中两个长度相等的圈，则在 Petersen 图中存在一个自同构 π 使得 $\pi(C_1)=C_2$.

命题 2.4.6：对于 Petersen 图中一个给定的点 $x\in V(P_{10})$，图 $P_{10}-x$ 仅仅包含两个哈密顿圈，并且 $\bigcup_{v\in N(x)}[E(v)-\{vx\}]$ 中所有的 6 条边都在这些哈密顿圈中使用．

证明：见图 2.8 和图 2.9，$P_{10}-x$ 抹去 2 度顶点的图是 $K_{3,3}$．因为所有 $N(x)$ 的顶点都一定包含在每个 $P_{10}-x$ 的哈密顿圈中，六边形 $P_{10}-x-N(x)$ 的完美匹配数与 $P_{10}-x$ 的哈密顿圈数相等． □

命题 2.4.7：对于 Petersen 图中的每个六边形 C_1 和 C_2，都有 $|E(C_1)\cap E(C_2)|\geqslant 2$.

证明：反证法．假设 $|E(C_1)\cap E(C_2)|\leqslant 1$，则或者 Petersen 图有 12 个顶点或者 Petersen 图存在哈密顿圈，矛盾． □

命题 2.4.8：对于 Petersen 图中的每个 6 长圈 C，$P_{10}-V(C)$ 是一个星图．

命题 2.4.9：对于 Petersen 图中的每条边 e，$P_{10}-V(e)$ 存在一个唯一的哈密顿圈（相当于 Petersen 图的一个 8 长圈）．

命题 2.4.10：对于 Petersen 图中每对不同的完美匹配 M_1 和 M_2，有 $|E(M_1)\cap E(M_2)|=1$，并且 $M_1\Delta M_2$ 是一个 8 长圈．

证明： 因为 Petersen 图非 3-边可染的，$E(M_1)\cap E(M_2)\neq\varnothing$. 由于 $M_1\Delta M_2$ 是不相交的偶长圈的并集，而 Petersen 图的每一个偶长圈的长度都是 6 或 8，故 $M_1\Delta M_2$ 是一个 6 长圈或者 8 长圈. 假设 $M_1\Delta M_2$ 是一个 6 长圈，根据命题 2.4.8，$P_{10}-V(M_1\Delta M_2)$ 是一个星图，这与 $E(M_1)\cap E(M_2)$ 是 $P_{10}-V(M_1\Delta M_2)$ 的一个完美匹配矛盾. 因此 $M_1\Delta M_2$ 是一个 8 长圈. □

命题 2.4.11：对于 Petersen 图中的每条边 e，存在 2 个包含边 e 的完美匹配.

证明： 假设 M_1，M_2，M_3 是 Petersen 图中包含边 $e=xy$ 的 3 个完美匹配. 根据命题 2.4.10，对于每对不同的 i，$j\in\{1,2,3\}$，$M_i\Delta M_j$ 是 $P_{10}-\{x,y\}$ 的一个哈密顿圈. 可以看到图 $P_{10}-\{x,y\}$ 仅仅有一个哈密顿圈. 因此，$M_1\Delta M_2=M_1\Delta M_3$，故 $M_2=M_3$，这与 M_1，M_2，M_3 互不相同矛盾. □

命题 2.4.12：Petersen 图中不存在覆盖其每条边奇数次的完美匹配集合.

证明： 假设 F 是 Petersen 图中一组覆盖每条边奇数次完美匹配的集合，并且假设 $|F|$ 尽可能的小. 如果 M_i 是 F 中多次出现的完美匹配，则我们可以从 F 中删除两个 M_i 的拷贝，得到的完美匹配集合仍然覆盖 Petersen 图的每条边. 这与 $|F|$ 尽可能的小矛盾. 故 F 的每个元素互不相同. 根据命题 2.4.11，Petersen 图的每条边仅被 F 的一个元素覆盖. 可以推出 $|F|=3$ 与 Petersen 图是 3-边可染相矛盾. □

命题 2.4.13：Petersen 图恰好存在 6 个不同的完美匹配.

证明： 在 $E(P_{10})$ 与下列集合 $\{\{M_i,M_j\}:M_i$ 和 M_j 是 Petersen 图的两个不同的完美匹配$\}$ 之间存在一个一一对应关系，使得如果 $E(M_i)\cap E(M_j)=\{e\}$，则 $\{M_i,M_j\}$ 对应于这条边 e. 又注意到 $|E(P_{10})|=15$ 且 $15=\binom{2}{6}$，故 Petersen 图恰好存在 6 个不同的完美匹配. □

命题 2.4.14：Petersen 图存在 9 个完美匹配恰好覆盖每条边 3 次.

证明： 可根据命题 2.4.12 推出得知.

命题 2.4.15：Petersen 图存在一个双圈覆盖 F_1，其中 F_1 包含5个圈，圈长分别为：5，5，5，9，6. Petersen 图存在另一个双圈覆盖 F_2，其中 F_2 包含5个圈，圈长分别为：5，5，6，6，8.

命题 2.4.16：Petersen 图不存在一个双圈覆盖仅仅包含5个六边形.

证明： 假设 $\{C_1, \cdots, C_5\}$ 是 Petersen 图的一个仅仅包含5个六边形的双圈覆盖. 根据命题2.4.7，对于每个 $\alpha, \beta \in \{1, \cdots, 5\}$，$|E(C_\alpha) \cap E(C_\beta)| \geq 2$. 所以对于每个 $i \in \{1, \cdots, 5\}$，C_i 的边必须有一个划分，使得划分成4个不相交的部分，每个部分被双圈覆盖中其他4个圈覆盖，并且至少覆盖2次. 这可以推出 C_i 的长度至少为8. 与假设矛盾. □

命题 2.4.17：设 C_0 和 C_1 分别为 Petersen 图两个不同的2-因子，则 $P_{10} - (E(C_0) - E(C_1))$ 存在一条割边.

证明： 令 $M_1 = P_{10} - E(C_1)$ 为一个完美匹配. 因为 $|E(C_0) \cap M_1| = 4$，故 $M_1 - E(C_0)$ 是 $P_{10} - (E(C_0) \cap M_1) = P_{10} - (E(C_0) - E(C_1))$. □

3 具有交错 12-圈结构置换图的 Berge-Fulkerson 猜想

本章聚焦于一类特殊的图结构——具有交错圈结构的置换图，对其展开深入研究，旨在探讨完美匹配覆盖方面著名的 Berge-Fulkerson 猜想．在研究过程中，首先给出了置换图中 $\mathscr{F}$-交错圈（$\mathscr{F}$-alternating circuit）的明确定义，其中 $\mathscr{F}$ 是图的 2-因子．通过严谨的理论推导与论证，证明了在任意置换图中，均存在长度为 $4k$ 的 $\mathscr{F}$-交错圈．进一步地，在此基础上，又证明了当置换图包含长度为 12 的 $\mathscr{F}$-交错圈时，该置换图将满足 Berge-Fulkerson 猜想．作为本章主要研究成果的自然推论，对于 Hägglund 等在文献［23］中精心构造的及 Brinkmann 等在文献［20］中所构建的某些无穷类蛇鲨图，本研究有力地证明了 Berge-Fulkerson 猜想在其上的成立性，这一发现为相关领域的研究提供了重要的理论支撑与拓展方向．

3.1 预备知识

本节着重探讨了一类特殊的图结构——置换图，并对其相关概念进行了严谨的定义与阐述．具体而言，本节给出了 $\mathscr{F}$-交错圈以及 $C_{(\lambda)}$ -关联的置换图的定义，其中 $\mathscr{F}$ 为图的 2-因子．通过对置换图结构特征的深入分析与理论推导，我们证明了在每一个置换图中，都必然包含长度为 $4k$ 的 $\mathscr{F}$-交错圈．这一结论的得出，对于本章主要定理的证明过程而言，具有不可替代的重要作用，是整个理论体系构建的关键环节之一．此外，为了便于在后续的研究论述中进行简洁而准确的表述，对于一个正整数 n，本节采用符号 $[n]$ 来表示集合 $\{1, \cdots, n\}$，在本书的后续章节中，也延续这种记号方式．这种符号表示方法的引入，有助于简化复杂的数学表达，使研究内容的呈现更为清晰明了，便于读者理解和把握．

3.1.1　置换图中交错圈的定义

若一个 3-正则图 G 的 2-因子中包含两个长度相等且无弦的圈 C_1 和 C_2，则称图 G 为置换图．通过分析可知，置换图的某个完美匹配恰好由连接圈 C_1 和 C_2 之间的边构成．

定义 3.1.1：设 G 是置换图．

(1) 设 $\mathscr{F}=\{C_1, C_2\}$ 是图 G 的无弦 2-因子，且 C_0 是图 G 的圈．如果满足 $E(C_0)\setminus(E(C_1)\cup E(C_2))$ 是 C_0 的完美匹配，则圈 C_0 称作 $\mathscr{F}$-交错的（$\mathscr{F}$-alternating），并且 $\mathscr{F}$-交错圈 C_0 称作关联圈（linked circuit）．

(2) 如果图 G 包含无弦 2-因子 $\mathscr{F}$ 和长度至多为 λ 的 $\mathscr{F}$-交错圈，则称图 G 是 $C_{(\lambda)}$-关联的（$C_{(\lambda)}$-linked）．

首先，我们证明下列事实：对于正整数 k，每个置换图都含有长度为 $4k$ 的 $\mathscr{F}$-交错圈．

性质 3.1.1：设图 G 是置换图，且 $\mathscr{F}=\{C_1, C_2\}$ 是图 G 的无弦 2-因子，其中 $|V(C_1)|=|V(C_2)|\geqslant 3$. 则图 G 含有长度为 $4k$ 的 $\mathscr{F}$-交错圈，其中 k 为正整数．

证明：设图 G 是置换图，其中 $|V(C_1)|=|V(C_2)|\geqslant 3$. 设 $\mathscr{F}=\{C_1, C_2\}$ 是图 G 无弦 2-因子，其中 $C_1=v_1\cdots v_n v_1$，$C_2=u_1\cdots u_n u_1$. 不失一般性，假设点 v_n 与 u_n 相邻．设 $M=E(G)\setminus(E(C_1)\cup E(C_2))$ 是图 G 完美匹配．

如果 $n=2t$，令 $\hat{G}=G$；如果 $n=2t+1$，令 $\hat{G}=\overline{G-\{v_n u_n\}}$. 设 $\hat{\mathscr{F}}=\{\hat{C}_1, \hat{C}_2\}$ 是图 $\hat{G}$ 中对应于 G 的 2-因子，其中 $\hat{C}_1=v_1\cdots v_{2t}v_1$，$\hat{C}_2=u_1\cdots u_{2t}u_1$.

给定某个 3-边染色的映射 σ：$E(\hat{G})\to\{$红，蓝，黄$\}$ 使得：

(1) 圈 $\hat{C}_1$ 和 $\hat{C}_2$ 中的边交替染红色和蓝色，满足边 $u_{2t}u_1$ 和 $v_{2t}v_1$ 染红色，以及

(2) $E(\hat{G})\setminus(E(\hat{C}_1)\cup E(\hat{C}_2))$ 中的边染黄色．

由此可知，任一蓝黄双色交错圈都是图 G 中长度为 $4k$ 的 $\mathscr{F}$-交错圈． □

尽管置换图的结构在表面上看似简单，但其内在的复杂性使得 Berge-Fulkerson 猜想在该类图上的普遍性仍未得到完全证明．这一问题的研究吸引了众多图论学者的关注．

Ellingham 在文献［165］中证明以下关于置换图的结果．

命题 3.1.1[165]：如果图 G 是不含 Petersen 图细分的一个置换图，则有如下结论：

(1) G 包含一个长度为 4 的圈；

(2) G 包含一个哈密顿圈；

(3) G 是 3-边可染的．

3.1.2 具有交错 12-圈结构置换图的 Berge-Fulkerson 猜想

在文献［61］中，Hao 等对 Berge-Fulkerson 猜想的研究取得了重要进展，他们证明了对于每一个不含割边的 3-正则图，如果其与某个特定结构相关联，那么该猜想是成立的．这一结论为后续研究奠定了坚实的基础．在此基础上，本章进一步拓展了这一研究方向．通过对置换图的深入分析，我们证明了如果一个置换图中存在长度为 12 的特定交错圈，那么该图也满足 Berge-Fulkerson 猜想．这一结果不仅丰富了 Berge-Fulkerson 猜想在特殊图类中的验证范围，还为理解该猜想在更广泛图结构中的适用性提供了新的视角和思路．

定理 3.1.1：每个 $C_{(12)}$ -关联的置换图满足 Berge-Fulkerson 猜想．

证明：假设结论不成立，设图 G 是条件成立但结论不成立的反例．设 $\mathscr{F}=\{C_1, C_2\}$ 是图 G 的无弦 2-因子，其中 $C_1=v_1\cdots v_n v_1$，$C_2=u_1\cdots u_n u_1$，则

$$M=E(G)\setminus(E(C_1)\cup E(C_2))$$

是图 G 完美匹配．

如果 n 是偶数，则图 G 是 3-边可染的，与图 G 是条件成立但结论不成立的反例矛盾．因此，不妨假设 n 是奇数．令 π：$\{1, \cdots, n\}\rightarrow\{1, \cdots, n\}$ 为在集合 $\{1, \cdots, n\}$ 上的置换满足：$M=\{v_i u_{\pi(i)}: i\in[n]\}$．

设 C_0 是长度至多为 12 的 $\mathscr{F}$-交错圈．基于文献［61］中的结果：$C_{(8)}$ -关联的置换图满足 Berge-Fulkerson 猜想．因此，根据性质 3.1.1，我们有以下断言：圈 C_0 长度为 12，且图 G 中无长度为 4 或 8 的 $\mathscr{F}$-交错圈．

令 $J=C_0\Delta C_1\Delta C_2$，其中 $\{J_1, \cdots, J_\alpha\}$ 是 J 的所有分支，α 是 J 的分支数且满足

$$|E(J_1)\cap E(C_0)|\leqslant|E(J_2)\cap E(C_0)|\leqslant\cdots\leqslant|E(J_\alpha)\cap E(C_0)|.$$

断言 1：α 为 2 或 3.

因为圈 C_0 是 12 长的，所以 $|E(C_0)\cap M|=6$，并且 J 的每个分支 J_i 中存在偶数条 $E(C_0)\cap M$ 的边，因此 α 至多为 3. 如果 $\alpha=1$，则 J 是图 G 的哈密顿圈，因此 G 是 3-边可染的，与图 G 是条件成立但结论不成立的反例矛盾．因此断言 1

得证．

当 $\alpha=2$ 时，J 有 2 个分支，不妨假设为 J_1 和 J_2，满足

$$|E(J_1)\cap E(C_0)|=2,\ |E(J_2)\cap E(C_0)|=4.$$

当 $\alpha=3$ 时，J 有 3 个分支，分别为 J_1，J_2 和 J_3，满足

$$|E(J_i)\cap E(C_0)|=2,\ \forall i=1,\ 2,\ 3.$$

断言 2：J 的两个分支，不妨假设为 J_β 和 J_γ，具有奇数阶，其中 $\beta,\gamma\in[\alpha]$．

已知 $J=C_0\Delta C_1\Delta C_2$ 是图 G 的 2-因子．如果 J 的所有分支都是偶数阶，则 G 是 3-边可染的，与图 G 是条件成立但结论不成立的反例矛盾．由于 J 中奇分支的个数一定是偶数，根据断言 1，J 恰好有两个奇分支．不失一般性，设 J 的两个奇分支分别为 J_β 和 J_γ．

令 $E(C_0)\cap E(C_1)=\{v_tv_{t+1},\ v_sv_{s+1},\ v_kv_{k+1}\}$，设 $E(C_0)\cap M=\{v_\mu u_{\pi(\mu)}:\ \mu=t,\ t+1,\ s,\ s+1,\ k,\ k+1\}$．设 L_1，L_2 和 L_3 为 $E(C_1)\setminus E(C_0)$ 的分支．如图 3.1 所示，每个分支都是一条分别以 v_t，v_{k+1}，v_k，v_{s+1}，v_s，v_{t+1} 为端点的路．设 $X=V(C_0)\cap V(C_2)$．圈 C_2 被 X 分隔成 6 个片段，其中 3 个片段是单边，另外 3 个片段（路）是 $E(C_2)\setminus E(C_0)$ 的分支，这 6 个片段分别用 e_1，e_2，e_3，R_1，R_2 和 R_3 表示．不失一般性，设 L_1 和 R_1 包含在 J_β 中（连同 C_0 的两条边）．即，$J_\beta=L_1\cup R_1\cup\{v_{k+1}u_{\pi(k+1)},\ v_tu_{\pi(t)}\}$．根据断言 2，圈 J_β 是奇长的，因此 L_1 和 R_1 的长度具有不同的奇偶性．不失一般性，假设：L_1 为奇长且 R_1 为偶长．注意到当 L_1 为偶长且 R_1 为奇长时，可以将圈 C_1 和 C_2 的位置互换．

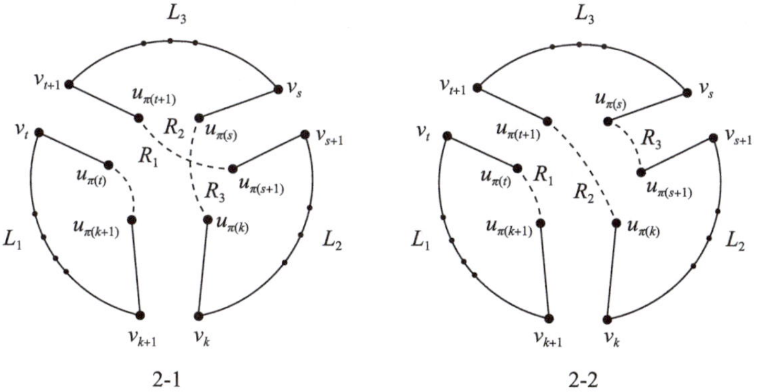

图 3.1　$\alpha=2$ 时的两种连接类型，其中 R_1，R_2，R_3 用虚线表示

有了上述结论和假设，在同构的情况下，可在接下来的两个断言找到所有需要着重分析的结构．

断言 3：当 $\alpha=2$ 时，有 5 种结构，分别为 T_1，T_2，T_3，T_4 和 T_5（见图 3.2）．

当 $\alpha=2$ 时，在同构的情况下，R_2，R_3 恰有两种连接方式，见图 3.1. 左侧为类型 2-1，右侧为类型 2-2. 对于类型 2-1，由于图 G 中无长度为 4 或 8 的 $\mathscr{F}$-交错圈，边 e_1, e_2 和 e_3 恰有 3 种不同的分布方式，因此有 3 种不同的结构类型，分别记作 T_1, T_2 和 T_3. 对于类型 2-2，边 e_1，e_2 和 e_3 有两种分布方式，因此有两种不同的结构类型，分别用 T_4 和 T_5 表示（见图 3.2）.

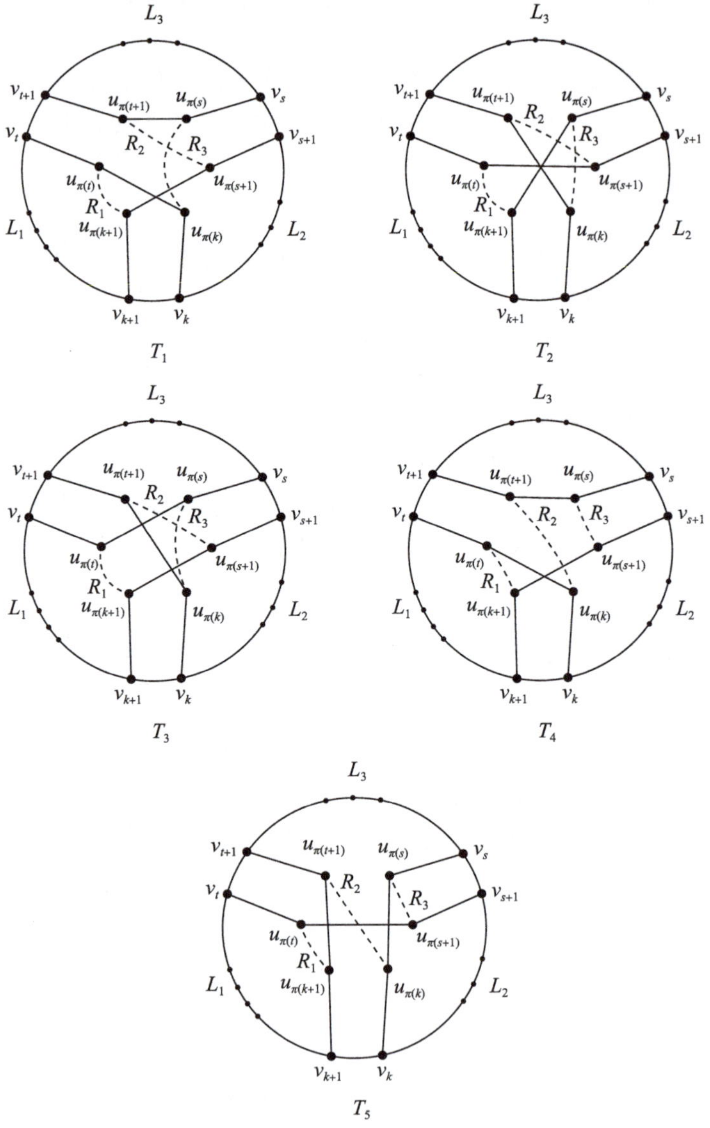

图 3.2　$\alpha = 2$ 时的 5 种结构

断言 4： 当 $\alpha=3$ 时，有两种结构，分别为 T_6 和 T_7（见图 3.4）.

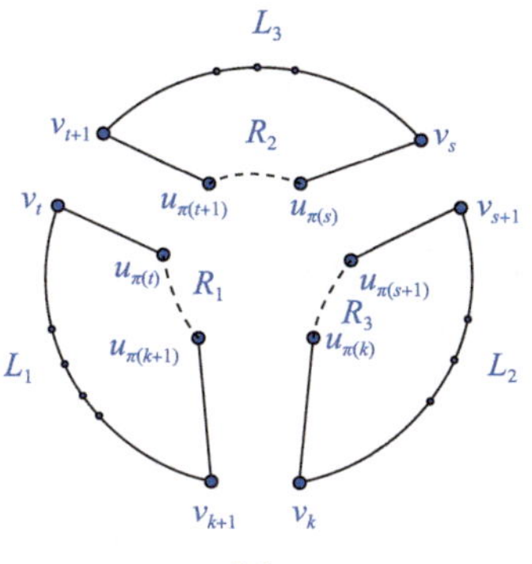

图 3.3　$\alpha = 3$ 时连接类型，其中 R_1，R_2，R_3 用虚线表示

当 $\alpha = 3$ 时，在同构的情况下，R_2 和 R_3 中的连接方式都是唯一确定的，称其为类型 3-1（见图 3.3）．由于图 G 中无长度为 4 或 8 的 $\mathscr{F}$-交错圈，边 e_1，e_2 和 e_3 恰有两种不同的分布方式，因此有两种不同的结构类型，分别用 T_6 和 T_7 表示（见图 3.4）．

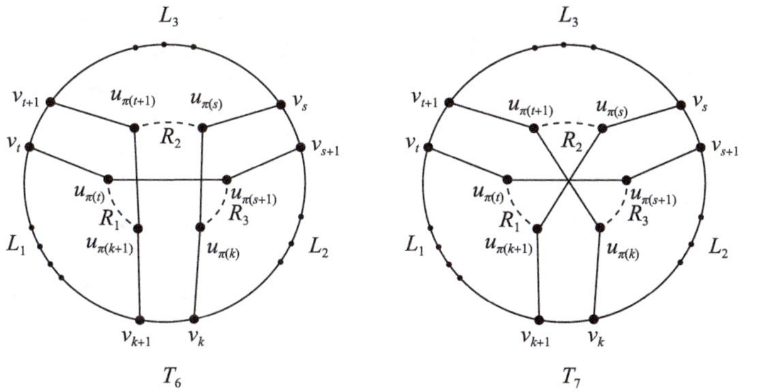

图 3.4　$\alpha = 3$ 时的两种结构

因为圈 C_1 为奇长的，因此 L_1，L_2 和 L_3 的总长度为偶数．由于 L_1 在奇分支 J_β 中为奇长的（根据前面假设），有以下断言：片段 L_2 和 L_3 的长度具有不同的奇偶性．

情况 1： L_2 为偶长且 L_3 为奇长．

令

$$Q = \begin{cases} v_{s+1}L_2v_kv_{k+1}u_{\pi(k+1)}u_{\pi(s+1)}v_{s+1}, & \text{若 } G \text{ 是 } T_1 \text{ 或 } T_4; \\ v_tv_{t+1}u_{\pi(t+1)}u_{\pi(k)}v_kv_{k+1}L_1v_t, & \text{若 } G \text{ 是 } T_2 \text{ 或 } T_3 \text{ 或 } T_7; \\ v_tv_{t+1}L_3v_sv_{s+1}u_{\pi(s+1)}u_{\pi(t)}v_t, & \text{若 } G \text{ 是 } T_5 \text{ 或 } T_6. \end{cases}$$

情况 2： L_2 为奇长且 L_3 为偶长．

令

$$Q=\begin{cases}v_tv_{t+1}u_{\pi(t+1)}u_{\pi(s)}v_sv_{s+1}L_2v_kv_{k+1}L_1v_t, & \text{若 } G \text{ 是 } T_1 \text{ 或 } T_4;\\ v_tv_{t+1}u_{\pi(t+1)}u_{\pi(k)}v_kv_{k+1}L_1v_t, & \text{若 } G \text{ 是 } T_2 \text{ 或 } T_3 \text{ 或 } T_7;\\ v_{t+1}L_3v_sv_{s+1}u_{\pi(s+1)}u_{\pi(t)}v_tL_1v_{k+1}u_{\pi(k+1)}u_{\pi(t+1)}v_{t+1}, & \text{若 } G \text{ 是 } T_5 \text{ 或 } T_6.\end{cases}$$

设 M_1, M_2 是 Q 的边不交的完美匹配．不失一般性，令 $E(Q)$，$(E(C_1)\cup E(C_2))\subseteq M_2$．设 $N_1=Q\Delta(C_1\cup C_2)$，$N_2=C_0\Delta N_1$．注意到对于每个 $i\in[2]$，N_i 是隐图 $\overline{G\setminus M_i}$ 的哈密顿圈．以情况 1 中的结构 T_1 为例，隐图 $\overline{G\setminus M_i}$ 中的哈密顿圈 N_1 和 N_2 在图 3.5 中以粗体线突出显示．因此，对于每个结构 T_j（$j\in[7]$）和每个匹配 M_i（$i\in[2]$），隐图 $\overline{G\setminus M_i}$ 是 3-边可染的．根据引理 2.3.1，图 G 满足 Berge-Fulkerson 猜想，与图 G 是条件成立但结论不成立的反例矛盾．因此，每个 $C_{(12)}$-关联的置换图满足 Berge-Fulkerson 猜想，此定理得证． □

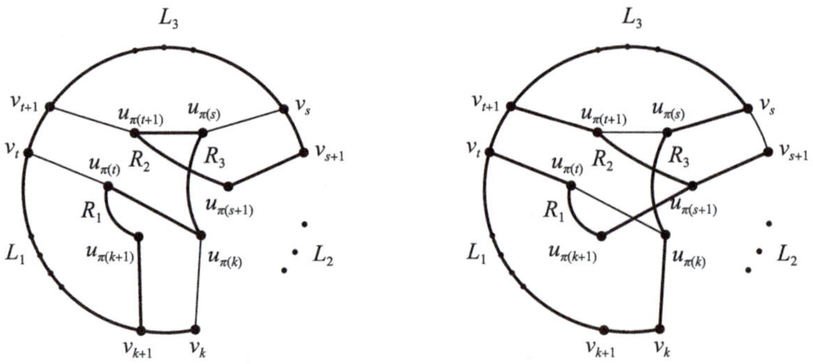

图 3.5 基于情况 1 中结构 T_1 的隐图 $\overline{G\setminus M_i}$ 中的哈密顿圈 N_i 的图解

3.2 具有交错 12-圈结构置换图的 Berge-Fulkerson 猜想的应用

本节以定理 3.1.1 为理论基础，将其作为核心工具，对一类特殊的无穷类置换蛇鲨图展开系统性研究．通过细致的结构分析与严格的数学推导，我们证明了 Berge-Fulkerson 猜想在该无穷类置换蛇鲨图中恒成立．这一研究成果不仅体现了定理 3.1.1 在图论研究中的普适性与应用潜力，同时为 Berge-Fulkerson 猜想在更一般图类中的验证提供了新的理论框架与技术路径，从而为该猜想在复杂图结构中的深入研究奠定了重要基础．

3.2.1 HHO-蛇鲨图的 Berge-Fulkerson 猜想

在文献［23］中，Hägglund 和 Hoffmann-Ostenhof 通过构造性方法提出了一类具有圈 5-边连通性的无穷类蛇鲨图，这类图被命名为 HHO-蛇鲨图．基于本章的主要研究成果（定理 3.1.1），我们对 HHO-蛇鲨图的结构性质进行了深入分析，并以此为出发点，结合定理 3.1.1 的理论框架，严格证明了 Berge-Fulkerson 猜想在 HHO-蛇鲨图中成立．

回顾 2.2 节多极（multipole）的概念，多极（multipole）M 是一个三元组（V，E，S），它由顶点集 $V=V(M)$、边集 $E=E(M)$ 和半边集合 $S=S(M)$ 组成，其中每条半边与一个顶点或另一条半边相关联．用 $\tilde{u}$ 表示与顶点 u 相关联的半边．将两个半边 $\tilde{u}$ 和 $\tilde{v}$ 之间的连接定义为：删除半边 $\tilde{u}$ 和 $\tilde{v}$，并添加新边 uv．

在文献［23］中，作者基于 Petersen 图的结构特性，通过对其顶点和边进行特定的删除或增加操作，定义了一类特殊的多极结构．具体而言，这类多极的构造方法如下：以 Petersen 图为基础图，通过移除其部分顶点或边，或者在某些位置添加新的顶点和边，从而生成具有特定性质的多极．这种构造方式不仅保留了 Petersen 图的对称性和正则性，还引入了新的拓扑特征，为多极的分类和性质研究提供了重要的实例．详细的定义和构造过程将在下文给出．

定义 3.2.1：设 G 是有无弦 2-因子 $\mathscr{F}=\{C_1, C_2\}$ 的置换图，其中 $C_1=v_0v_1v_2\cdots v_nv_0$，$C_2=u_0u_1u_2\cdots u_nu_0$．设 v_0u_0 是 G 的边，满足 $v_0\in C_1$，$u_0\in C_2$，其中 v_1，v_n 和 u_1，u_n 分别是 v_0 和 u_0 的邻点．设 u_2 是 u_1 在 C_2 上不同于 u_0 的邻点．图 $\tilde{G}$ 是基于图 G 通过下列过程构造的图：在图 G 中删去点 v_0 和 u_0 和边 u_1u_2，分别在顶点 v_1，v_n，u_2 和 u_n 添加一条半边，并在顶点 u_1 添加两条半边．图 $\tilde{G}$ 称为图 G 基于边 v_0u_0 的多极．

设 $\mathscr{F}=\{C_1, C_2\}$ 是 Petersen 图 P_{10} 的无弦 2-因子，其中 $C_1=v_0v_1v_2v_3v_4v_0$，$C_2=u_0u_1u_2u_3u_4u_0$．图 3.6 是 P_{10} 和 Petersen 图基于边 v_0u_0 的多极 $\tilde{P}_{10}$．对于每个 $i\geqslant 1$，Hägglund 和 Hoffmann-Ostenhof 在文献［23］中通过递归的方法构造了无穷类置换图 H_i．如图 3.7 所示，设 H_1 是通过连接 4 个 $\tilde{P}_{10}$ 的拷贝的半边，添加两个点 p_1 和 q_1，并且连接点 p_1 和 q_1 构成的图．设 $F_1=\{C_1^1, C_1^2\}$ 是置换图 H_1 的无弦 2-因子，其中 $C_1^1=v_3v_4y_2y_3y_4n_4n_3n_2a_4a_3a_2a_1n_1q_1y_1v_1v_2v_3$，$C_1^2=H_1\setminus V(C_1^1)$，并且满足 $q_1\in C_1^1$，$p_1\in C_1^2$．图 H_1 也可以用 $H(P_{10}, P_{10}, P_{10}, P_{10})$ 表示．

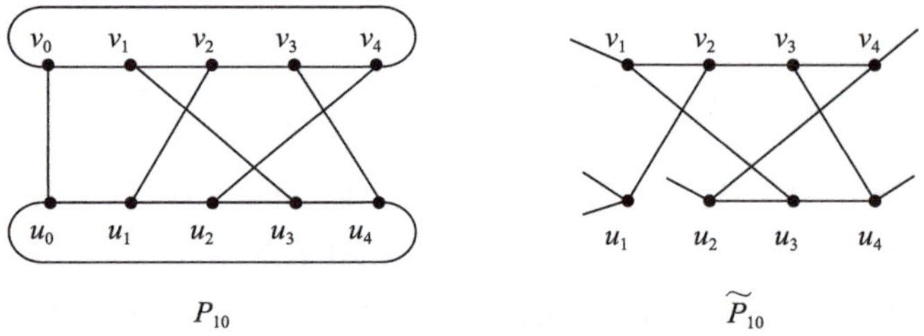

图 3.6 P_{10} 和 $\tilde{P}_{10}$ 的图解

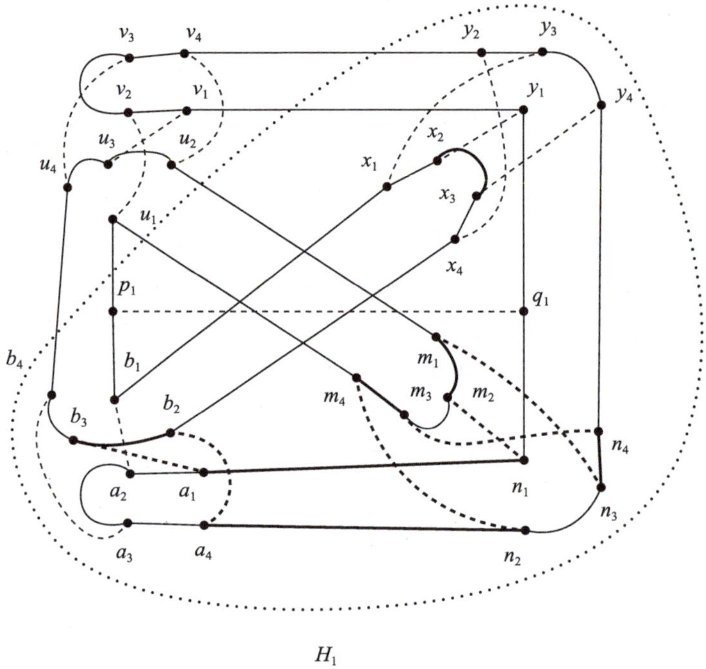

图 3.7 H_1 的图解

图 H_n 的递归构造如下所示：

对于给定的含有无弦 2-因子 $\mathscr{F}_{n-1}=\{C_{n-1}^1,\ C_{n-1}^2\}$ 的图 H_{n-1}，设 $\tilde{H}_{n-1}$ 是 H_{n-1} 的多极（见定义 3.2.1）. 图 H_n 由 $\tilde{H}_{n-1}$，3 个 $\tilde{P}_{10}$ 的拷贝和两个新的相邻顶点 p_n，q_n 构成，通过类似于图 3.7 的连边方式连接相应半边以及顶点 p_n 和 q_n，H_n 也可用 $H(H_{n-1},\ P_{10},\ P_{10},\ P_{10})$ 表示. 如图 3.8 所示，图 H_n 的结构与 H_1 几乎完全相同，除了有一个 $\tilde{P}_{10}$ 的拷贝被 $\tilde{H}_{n-1}$ 的拷贝代替.

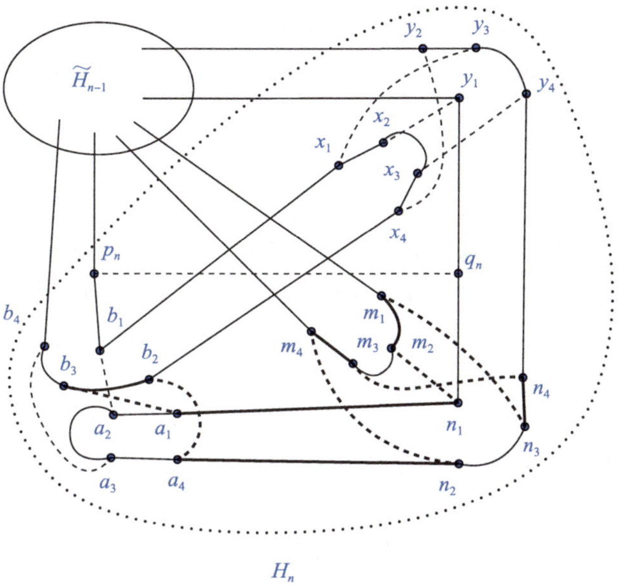

图 3.8　H_n 的图解

在文献［23］中，Hägglund 和 Hoffmann-Ostenhof 证明了 HHO-蛇鲨图是圈 5-边连通的．

引理 3.2.1[23]：设 $\mathscr{H}:=\bigcup_{n=0}^{\infty}\{H_n\}$ 是无穷类 HHO-蛇鲨图．当 $n\geq 1$ 时，$H_n:=H(H_{n-1},P_{10},P_{10},P_{10})$，其中 $H_0:=P_{10}$．则 $\mathscr{H}$ 是圈 5-边连通的无穷类置换图，且每个 $H_n\in\mathscr{H}$ 的阶为 $10+24n$．

根据图 H_n 的递归构造，对于每个 $i\in[n]$，图 H_i 都具有相同的子结构，如图 3.7和图 3.8 虚线内所示．图 3.9 是置换图 H_n 中无弦 2-因子 $\mathscr{F}=\{C_1, C_2\}$ 之间的 $C_{(12)}$ -关联圈：$C_{(12)}=m_1m_2n_1a_1b_3b_2a_4n_2m_4m_3n_4n_3m_1$．因此，对于每个 $i\in[n]$，图 H_n 都是 $C_{(12)}$ -关联的置换图．作为定理 3.1.1 的推论，HHO-蛇鲨图满足 Berge-Fulkerson 猜想．

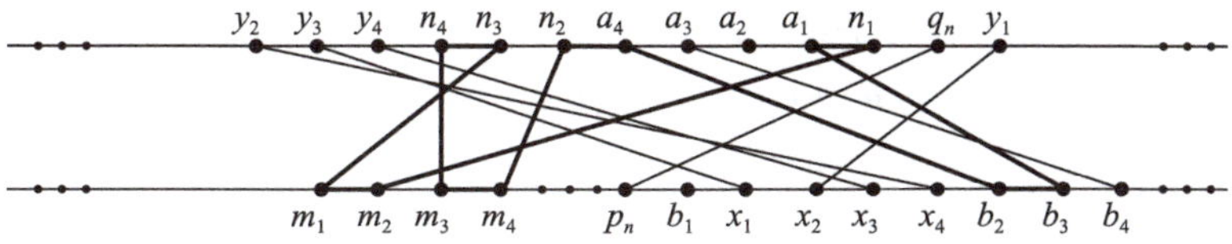

图 3.9　H_n 中的一个 $C_{(12)}$ -关联圈

推论 3.2.1：圈 5-边连通的无穷类置换图 $\mathscr{H}:=\bigcup_{n=0}^{\infty}\{H_n\}$ 中的每个图 H_n 都满足 Berge-Fulkerson 猜想．

3.2.2 BGHM$_{34}$-蛇鲨图的 Berge-Fulkerson 猜想

在文献［20］中，Brinkmann、Goedgebeur、Hägglund 和 Markström 通过计算机搜索方法发现了一组特殊的图．他们找到了 12 个阶数为 34 的圈 5-边连通的置换蛇鲨图，我们这里将这些图简称为“BGHM$_{34}$-蛇鲨图”．这些图在结构上具有显著的连通性特征，即它们都是圈 5-边连通的置换图．进一步的研究发现，这些“BGHM$_{34}$-蛇鲨图”中的每一个图都具有 $C_{(12)}$-关联的置换图的性质．根据本章主定理（定理 3.1.1），本节直接证明 BGHM$_{34}$-蛇鲨图都满足 Berge-Fulkerson 猜想．

对于每个 $i\in[12]$，设 G_i 是 BGHM$_{34}$-蛇鲨图．图 G_i 的无弦 2-因子 $\mathscr{F}_i=\{C_i^1, C_i^2\}$ 如下所示：

$C_1^1=v_{25}v_{26}v_{19}v_{20}v_{30}v_{32}v_{18}v_{22}v_{14}v_{11}v_{7}v_{23}v_{8}v_{4}v_{16}v_{6}v_{2}v_{25}$，

$C_1^2=v_{1}v_{9}v_{10}v_{12}v_{3}v_{31}v_{21}v_{5}v_{27}v_{28}v_{33}v_{34}v_{24}v_{13}v_{29}v_{15}v_{17}v_{1}$．

$C_2^1=v_{9}v_{30}v_{10}v_{12}v_{16}v_{11}v_{7}v_{20}v_{34}v_{26}v_{22}v_{21}v_{28}v_{5}v_{31}v_{6}v_{4}v_{9}$，

$C_2^2=v_{1}v_{13}v_{14}v_{2}v_{15}v_{24}v_{32}v_{23}v_{25}v_{8}v_{33}v_{3}v_{29}v_{18}v_{17}v_{19}v_{27}v_{1}$．

$C_3^1=v_{12}v_{16}v_{22}v_{21}v_{14}v_{13}v_{27}v_{31}v_{32}v_{24}v_{20}v_{18}v_{15}v_{6}v_{4}v_{8}v_{3}v_{12}$，

$C_3^2=v_{1}v_{9}v_{23}v_{10}v_{29}v_{30}v_{33}v_{34}v_{19}v_{5}v_{26}v_{28}v_{25}v_{2}v_{7}v_{11}v_{17}v_{1}$．

$C_4^1=v_{9}v_{10}v_{12}v_{22}v_{16}v_{11}v_{7}v_{19}v_{20}v_{18}v_{17}v_{33}v_{34}v_{5}v_{31}v_{6}v_{4}v_{9}$，

$C_4^2=v_{1}v_{21}v_{30}v_{29}v_{3}v_{27}v_{28}v_{8}v_{25}v_{32}v_{26}v_{15}v_{2}v_{14}v_{13}v_{24}v_{23}v_{1}$．

$C_5^1=v_{22}v_{21}v_{31}v_{5}v_{19}v_{28}v_{27}v_{33}v_{34}v_{24}v_{26}v_{30}v_{25}v_{11}v_{7}v_{8}v_{4}v_{22}$，

$C_5^2=v_{1}v_{9}v_{17}v_{20}v_{18}v_{14}v_{29}v_{32}v_{13}v_{6}v_{23}v_{2}v_{10}v_{12}v_{3}v_{16}v_{15}v_{1}$．

$C_6^1=v_{19}v_{23}v_{24}v_{11}v_{22}v_{21}v_{30}v_{3}v_{5}v_{32}v_{31}v_{27}v_{28}v_{25}v_{6}v_{13}v_{2}v_{19}$，

$C_6^2=v_{1}v_{15}v_{16}v_{14}v_{12}v_{26}v_{10}v_{9}v_{4}v_{8}v_{7}v_{29}v_{33}v_{34}v_{20}v_{18}v_{17}v_{1}$．

$C_7^1=v_{12}v_{24}v_{14}v_{13}v_{25}v_{30}v_{26}v_{22}v_{33}v_{34}v_{32}v_{31}v_{19}v_{17}v_{28}v_{18}v_{10}v_{12}$，

$C_7^2=v_{1}v_{9}v_{27}v_{29}v_{4}v_{8}v_{20}v_{16}v_{3}v_{5}v_{6}v_{23}v_{2}v_{7}v_{11}v_{15}v_{21}v_{1}$．

$C_8^1=v_{32}v_{10}v_{26}v_{12}v_{14}v_{16}v_{22}v_{15}v_{5}v_{6}v_{19}v_{20}v_{18}v_{8}v_{34}v_{33}v_{2}v_{32}$，

$C_8^2=v_{1}v_{9}v_{4}v_{27}v_{28}v_{13}v_{30}v_{29}v_{21}v_{3}v_{24}v_{23}v_{7}v_{11}v_{17}v_{25}v_{31}v_{1}$．

$C_9^1=v_{9}v_{10}v_{16}v_{15}v_{5}v_{18}v_{20}v_{21}v_{31}v_{32}v_{27}v_{11}v_{7}v_{24}v_{23}v_{6}v_{4}v_{9}$，

$C_9^2=v_{1}v_{19}v_{34}v_{33}v_{29}v_{30}v_{8}v_{3}v_{12}v_{14}v_{22}v_{13}v_{2}v_{17}v_{26}v_{28}v_{25}v_{1}$．

$C_{10}^1=v_{27}v_{28}v_{11}v_{14}v_{13}v_{32}v_{23}v_{4}v_{17}v_{9}v_{10}v_{22}v_{21}v_{19}v_{5}v_{29}v_{3}v_{27}$，

$C_{10}^2 = v_1v_{15}v_{16}v_8v_7v_2v_6v_{25}v_{26}v_{30}v_{20}v_{24}v_{18}v_{31}v_{12}v_{34}v_{33}v_1$.

$C_{11}^1 = v_{29}v_8v_{23}v_4v_9v_{10}v_{25}v_{28}v_{26}v_{22}v_{34}v_{33}v_{14}v_{32}v_{18}v_{17}v_3v_{29}$,

$C_{11}^2 = v_1v_{11}v_{21}v_7v_2v_{13}v_6v_{31}v_5v_{15}v_{16}v_{27}v_{12}v_{30}v_{24}v_{20}v_{19}v_1$.

$C_{12}^1 = v_{31}v_{21}v_{22}v_{17}v_{28}v_{27}v_{14}v_{30}v_{29}v_{16}v_{24}v_{23}v_8v_4v_6v_5v_3v_{31}$,

$C_{12}^2 = v_1v_9v_{34}v_{33}v_7v_{32}v_{11}v_{12}v_{10}v_2v_{25}v_{26}v_{15}v_{18}v_{20}v_{19}v_{13}v_1$.

通过对图的结构进行深入分析，并且也结合了计算机编程，我们详细研究了 $BGHM_{34}$-蛇鲨图的性质．结果发现，这种图的结构特征使其满足 $C_{(12)}$ -关联的定义．因此，本书基于其独特的结构，证明了 $BGHM_{34}$-蛇鲨图是一种 $C_{(12)}$ -关联的置换图．

引理 3.2.2：$BGHM_{34}$-蛇鲨图是 $C_{(12)}$ -关联的置换图．

证明： 对于每个 $i \in [12]$ ，设图 G_i 是 $BGHM_{34}$-蛇鲨图，其中 2-因子 $\mathscr{F}_i$ 如上所示．图 G_i 中的 $\mathscr{F}_i$-交错圈 C_i^0 如下所示，由此可见每个圈 C_i^0 都是 $C_{(12)}$ -关联圈，因此每个 G_i 都是 $C_{(12)}$ -关联的置换图．以 G_1 为例，如图 3.10 所示，虚线内包含图 G_1 的 2-因子 $\mathscr{F}_1 = \{C_1^1, C_1^2\}$ ． □

$C_1^0 = v_{19}v_{26}v_5v_{27}v_6v_{16}v_{15}v_{17}v_{20}v_{30}v_{29}v_{13}v_{19}$.

$C_2^0 = v_{12}v_{10}v_{14}v_{13}v_{21}v_{22}v_{19}v_{17}v_9v_{30}v_{29}v_{18}v_{12}$.

$C_3^0 = v_{14}v_{21}v_{10}v_{23}v_{32}v_{24}v_{17}v_1v_{31}v_{27}v_{28}v_{25}v_{14}$.

$C_4^0 = v_{12}v_{22}v_{21}v_{30}v_9v_4v_{25}v_{32}v_{31}v_5v_3v_{29}v_{12}$.

$C_5^0 = v_{33}v_{34}v_{23}v_2v_7v_{11}v_{14}v_{18}v_{26}v_{24}v_{12}v_{10}v_{33}$.

$C_6^0 = v_{22}v_{21}v_{12}v_{26}v_{28}v_{25}v_4v_8v_3v_{30}v_{29}v_7v_{22}$.

$C_7^0 = v_{14}v_{13}v_4v_8v_{26}v_{22}v_{21}v_{15}v_{34}v_{33}v_7v_{11}v_{14}$.

$C_8^0 = v_{26}v_{12}v_{29}v_{21}v_{22}v_{16}v_{30}v_{13}v_2v_{32}v_{31}v_{25}v_{26}$.

$C_9^0 = v_{16}v_{15}v_{19}v_1v_{11}v_7v_{26}v_{28}v_{27}v_{32}v_{14}v_{12}v_{16}$.

$C_{10}^0 = v_{11}v_{14}v_{18}v_{24}v_{23}v_{32}v_{31}v_{12}v_3v_{27}v_{16}v_{15}v_{11}$.

$C_{11}^0 = v_8v_{23}v_{24}v_{30}v_{29}v_3v_{20}v_{19}v_{34}v_{22}v_{21}v_7v_8$.

$C_{12}^0 = v_{22}v_{17}v_1v_{13}v_{27}v_{28}v_{20}v_{19}v_5v_3v_{12}v_{11}v_{22}$.

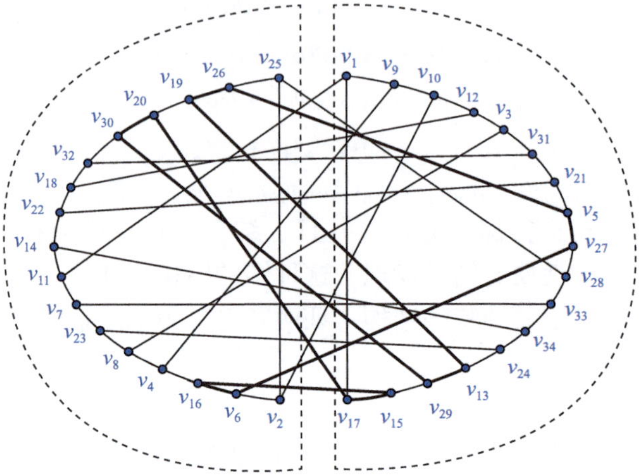

图 3.10　$BGHM_{34}$-蛇鲨图 G_1 的插图

作为定理 3.1.1 的推论，可以直接证明 $BGHM_{34}$-蛇鲨图满足 Berge-Fulkerson 猜想 .

推论 3.2.2：$BGHM_{34}$-蛇鲨图满足 Berge-Fulkerson 猜想 .

3.3　ALRS-3-正则图的 Berge-Fulkerson 猜想

在文献［19］中，Abreu 等构造了一种特殊的蛇鲨图，其阶数为 26，记为 $ALRS_{26}$，具体结构如图 3.11 所示 . 本节中，我们详细研究了这种图的性质，并证明了 Berge-Fulkerson 猜想对 $ALRS_{26}$ 成立 .

进一步地，基于 $ALRS_{26}$ 的特殊子结构，本节通过构造方法生成了一无穷类 3-正则图，记为 ALRS-3-正则图 . 通过对这些图的系统分析，我们证明了 Berge-Fulkerson 猜想在这一无穷类 3-正则图中也成立 . 这一结果不仅验证了 Berge-Fulkerson 猜想在特定图类中的适用性，还为图论中相关猜想的研究提供了新的思路和方法 .

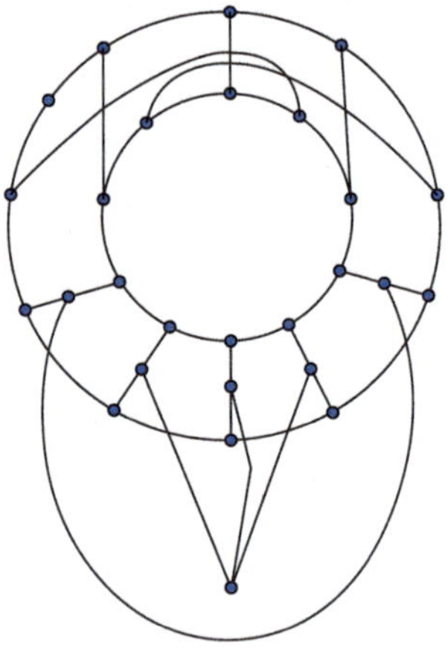

图 3.11　$ALRS_{26}$ 的图示

定义 3.3.1：设 G' 是置换图，其中 2-因子 $\mathscr{F}=\{C_1, C_2\}$，$M=E(G')\setminus E(C_1)\setminus E(C_2)$ 是图 G' 的匹配．路 $u_1u_2\cdots u_5$ 和 $v_1v_2\cdots v_5$ 分别是圈 C_1 和 C_2 的路，满足 $u_iv_i\in M$，其中 $i\in[5]$．令 G 为通过 G' 构造的 3-正则图，构造方式为：添加一个新点 w，对每一个 $i\in[5]$，在边 u_iv_i 上添加点 w_i，连接边 w_1w_5；且对于每个 $i\in\{2, 3, 4\}$，连接边 w_iw．基于以上方式构造的 3-正则图称为 ALRS-3-正则图．

结合引理 2.3.1，我们同样可以在这类 ALRS-3-正则图找一个偶子图，其是两个 G 中匹配 M_1，M_2 的并集．并且可以容易证明隐图 $\overline{G\setminus M_1}$ 和 $\overline{G\setminus M_2}$ 都是 3-边可染的．

推论 3.3.1：每个 ALRS-3-正则图满足 Berge-Fulkerson 猜想．

证明：设 M_1，M_2 是图 G 的两个匹配使得 $M_1\cup M_2$ 是一个 6 长圈 $v_2v_3v_4w_4ww_2v_2$（见图 3.12）．则隐图 $\overline{G\setminus M_1}$ 和 $\overline{G\setminus M_2}$ 都包含哈密顿圈，因此 $\overline{G\setminus M_1}$ 和 $\overline{G\setminus M_2}$ 是 3-边可染的．根据引理 2.3.1，图 G 满足 Berge-Fulkerson 猜想． □

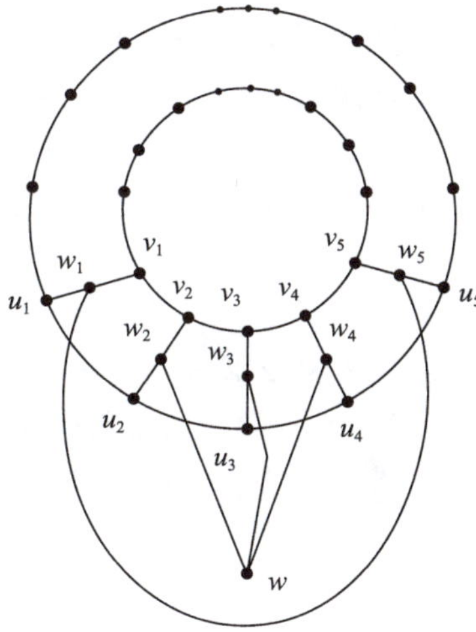

图 3.12 ALRS-3-正则图

3.4 具有交错圈结构非置换图的 Berge-Fulkerson 猜想

在定义 3.1.1 中，$\mathscr{F}$-交错圈的概念最初是针对置换图（permutation graphs）提出的．置换图作为一种特殊的图类，具有丰富的组合性质和对称性，而 $\mathscr{F}$-交错圈正是用于描述置换图中一种特定的圈结构及其相关性质．具体而言，$\mathscr{F}$-交错圈在置换图中表现为一种交替的边和顶点排列方式，这种结构在分析置换图的匹配、着色和连通性等问题中起到了重要作用．然而，随着图论研究的深入，学者们逐渐意识到 $\mathscr{F}$-交错圈的概念具有更广泛的适用性．为了更全面地研究图的结构特征，本节进一步拓展了这一定义，将 $\mathscr{F}$-交错圈的概念从置换图推广至非置换图的范畴．这一推广不仅丰富了 $\mathscr{F}$-交错圈的理论内涵，还为其在更广泛的图类中的应用奠定了基础．

在置换图的研究中，非 3-边可染图的结构特征一直是一个重要的研究方向．早期的研究主要集中在非 3-边可染置换图中存在两个奇圈的情况，这类结构在分析图的边着色性质和匹配问题时具有重要意义．然而，随着研究的深入，学者们逐渐意识到，仅考虑两个奇圈的情况并不能完全涵盖非 3-边可染置换图的所有复杂结构．因此，为了更全面地描述这类图的性质，本节对原有定义进行了推广，将研究范围从两个奇圈扩展至多组奇圈，并进一步考虑了 2-因子中存在偶圈的情况．

定义 3.4.1：设 F 是 3-正则图 G 的 2-因子．

（A）设 $\mathscr{F}'=\{C_1, C_2, \cdots, C_\tau\}$ 是 $\mathscr{F}$ 的子集，使得 $\mathscr{F}'$ 恰好包含两个奇分支 C_1 和 C_2，对于 $i\neq 1, 2$，其他分支 C_i 都是偶分支．如果存在圈 $C_0=e_1\cdots e_r$ 满足以下（1）～（3）条件，则子集 $\mathscr{F}'$ 称为 $C_{(12+)}$-关联的．

（1）$V(C_0)\subseteq \bigcup\limits_{C\in\mathscr{F}'} V(C)$；

（2）$E(C_0)\cap E(C_1)=\{e_{\ell_1}, e_{\ell_3}, e_{\ell_5}\}$，$E(C_0)\cap E(C_2)=\{e_{\ell_2}, e_{\ell_4}, e_{\ell_6}\}$，其中

$1\leqslant \ell_1<\ell_2<\ell_3<\ell_4<\ell_5<\ell_6\leqslant r$；

（3）对于每个 $i>2$，有 $|E(C_0)\cap E(C_i)|\leqslant 1$．

（B）如果 $\mathscr{F}$ 的分支存在划分 $\{\mathscr{F}_1, \mathscr{F}_2, \cdots, \mathscr{F}_\omega\}$，使得划分中的每个 $\mathscr{F}_i$ 都是 $C_{(12+)}$-关联的，则图 G 称为 $\mathscr{F}$-$C_{(12+)}$-关联的．

用类似的方法，我们可以证明如下关于 $\mathscr{F}$- $C_{(12+)}$ -关联的 3-正则图的结果 .

定理 3.4.1：每个 $\mathscr{F}$- $C_{(12+)}$ -关联的 3-正则图满足 Berge-Fulkerson 猜想 .

证明： 设图 G 是 $\mathscr{F}$- $C_{(12+)}$ -关联的 3-正则图，F 是图 G 的 2-因子 . 不妨假设 F 中奇分支的个数尽可能的少 . 根据定义 3.4.1，有如下事实：

事实 1： $C_0 \setminus (E(C_1) \cup E(C_2))$ 的每个分支都是一条路，这些路由 $\bigcup_{i>2} E(C_i)$ 中的边和 $E(G) \setminus E(F)$ 中的边交替构成，如图 3.13 所示 .

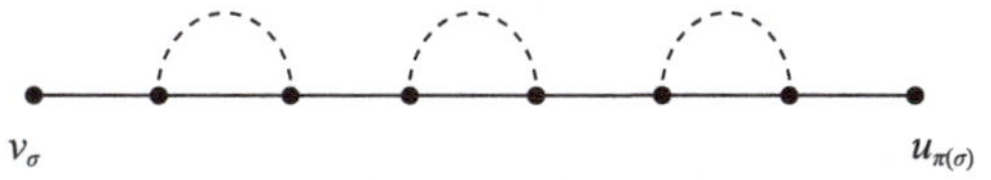

图 3.13　$C_0 \setminus (E(C_1) \cup E(C_2))$ 的某个分支，其中 $\sigma \in \{t, t+1, s, s+1, k, k+1\}$

2-因子 $\mathscr{F}$有划分 $\{\mathscr{F}_1, \mathscr{F}_2, \cdots, \mathscr{F}_\omega\}$（即 $o(\mathscr{F}) = 2\omega$，$o(\mathscr{F})$ 是 $\mathscr{F}$的奇分支数）. 因为图 G 是 F - $C_{(12+)}$ -关联的，因此每个 F_i 都是 $C_{(12+)}$ -关联的 . 设 $\mathscr{F}_i$的两个奇分支分别为 C_i^1 和 C_i^2 . 设圈 C_i^0 是 $\mathscr{F}_i$ 的 $C_{(12+)}$ -关联圈，满足

$$C_i^H = \cup \{C \in F_i: C \neq C_i^1, C_i^2, C \cap C_i^0 \neq \varnothing\},$$
$$C_i^W = \cup \{C \in F_i: C \neq C_i^1, C_i^2, C \cap C_i^0 = \varnothing\}.$$

证明框架 .

令 G_i 是图 G 顶点集 $\bigcup_{C \in F_i} V(C)$ 的导出子图 . 根据引理 2.3.1，目标在 G_i 中找到一对匹配 M_i^1 和 M_i^2，使得对于每个 $\mu \in [2]$，图

$$G_i^\mu = \overline{G \setminus M_i^\mu} - \bigcup_{j \in [w],\, j \neq i} V(G_j)$$

包含偶 2-因子 $\mathscr{S}_i^\mu$，且它们的并集 $\mathscr{S}^\mu = \bigcup_{i=1}^{\omega} \mathscr{S}_i^\mu$ 是隐图 $\overline{G \setminus M^\mu}$ 的偶 2-因子（若 2-因子中的每个圈长都是偶数，则称其为偶 2-因子），其中 $M^\mu = \bigcup_{i=1}^{\omega} M_i^\mu$. 注意到 M^1 和 M^2 是图 G 的一对边不交的匹配（满足引理 2.3.1-（1））.

设 X_i 是图 G_i 顶点子集 $V(C_i^1) \cup V(C_i^2) \cup V(C_i^H)$ 的导出子图，其中 $i \in [\omega]$. 注意到对于每对不同的 $i, j \leqslant \omega$，有 $V(X_i) \cap V(X_j) = \varnothing$. 设 $C_i^1 = v_1 \cdots v_n v_1$，$C_i^2 = u_1 \cdots u_m u_1$（$n$ 和 m 都是奇数）. 设 $E(C_i^0) \cap E(C_i^1) = \{v_t v_{t+1}, v_s v_{s+1}, v_k v_{k+1}\}$，并且 $\{P_\sigma: \sigma \in \{t, t+1, s, s+1, k, k+1\}\}$ 是 $C_i^0 \setminus (E(C_i^1) \cup E(C_i^2))$ 的 6 个分支的集合，其中 $P_\sigma = v_\sigma \cdots u_{\pi(\sigma)}$，$\sigma \in \{t, t+1, s, s+1, k, k+1\}$，如图 3.13 和图 3.14 所示 .

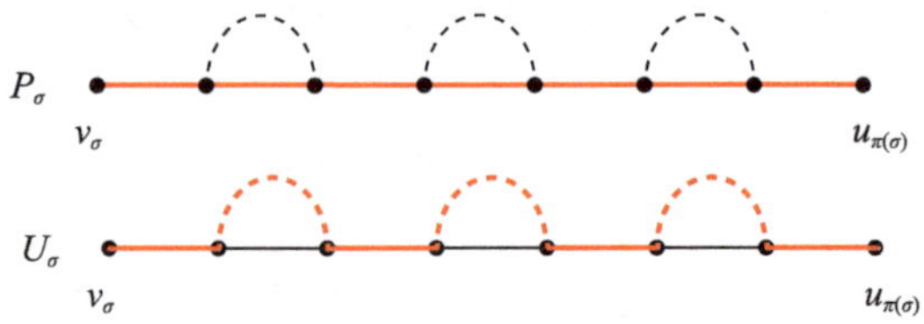

图 3.14　P_σ 和 U_σ

注意每个 P_σ 都是奇长，且 $C_i^1 = v_i v_{t+1} L_i^3 v_s v_{s+1} L_i^2 v_k v_{k+1} L_i^1 v_t$，其中 L_i^1，L_i^2 和 L_i^3 分别是以 v_t，v_k 和 v_s 为起始点，以 v_{k+1}，v_{s+1} 和 v_{t+1} 末端点的路．设 R_i^1，R_i^2 和 R_i^3 是 $C_i^2 \setminus E(C_i^0)$ 的 3 个片段．设 $\mathscr{J}_i = C_i^0 \Delta C_i^1 \Delta C_i^2 \Delta C_i^H$ 是 X_i 的 2-因子，并且不妨设 $\mathscr{J}_i = \{J_i^1, \cdots, J_i^\alpha\}$．根据定义 3.4.1，有 $1 \leqslant \alpha \leqslant 3$.

断言 1：　α 为 2 或 3.

如果 $\alpha = 1$, $J_i = \{J_i^1\}$ 是 $X_i = G_i \setminus V(C_i^W)$ 的哈密顿圈，则 $J_i \cup C_i^W$ 是图 G_i 的偶 2-因子，与假设 (2^*) 矛盾．因此，α 为 2 或 3.

与定理 3.1.1 的证明类似，我们有以下断言 2，3 和 4.

断言 2：　J_i 的两个分支，不妨为 J_i^β 和 J_i^γ，是奇数阶的，其中 $(\beta, \gamma \in [\alpha])$.

令 $J_i^\beta = L_i^1 \cup R_i^1 \cup \{U_t, U_{k+1}\}$，其中 $L_i^1 \subseteq C_i^1$，$R_i^1 \subseteq C_i^2$，且对于每个 σ，有 $U_\sigma \subseteq P_\sigma \Delta C_i^H$，见图 3.14.

事实 2： 在定理 3.1.1 的证明中，$C_0 \setminus (E(C_1) \cup E(C_2))$ 的每个分支都是一条边．然而在定理 3.4.1 的证明中，这些边被替换为路 P_σ 或 U_σ.

基于断言 2，不妨假设 L_i^1 是奇长且 R_i^1 是偶长.

断言 3： 如果 $\alpha = 2$，每个 X_i 是图 3.15 中 5 种结构之一．如果 $\alpha = 3$，每个 X_i 是图 3.16 中两种结构之一.

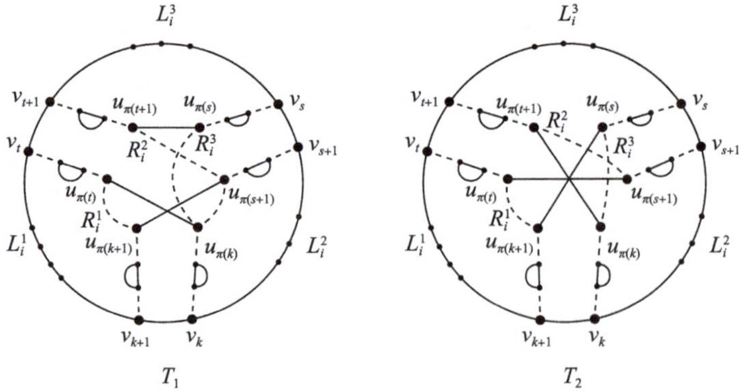

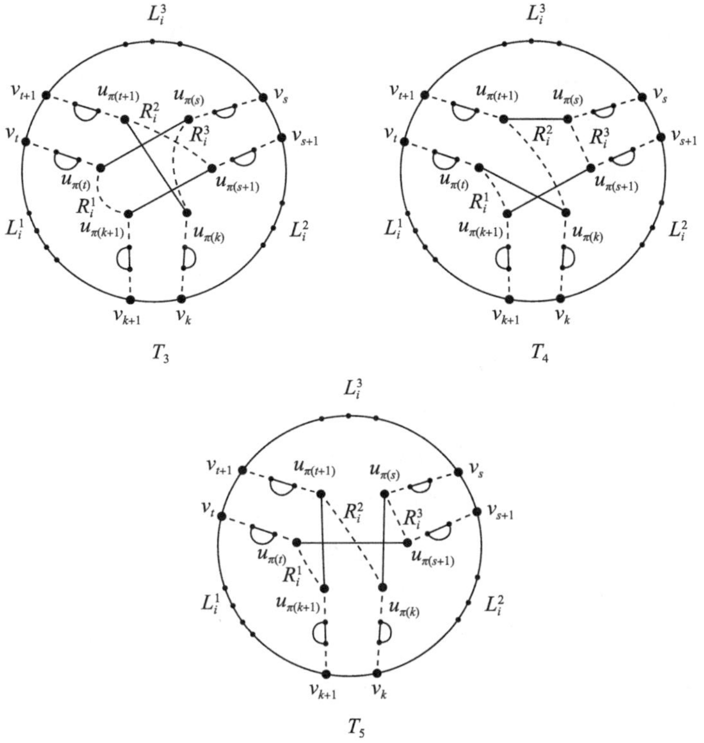

图 3.15　$\alpha = 2$ 时的 5 种结构

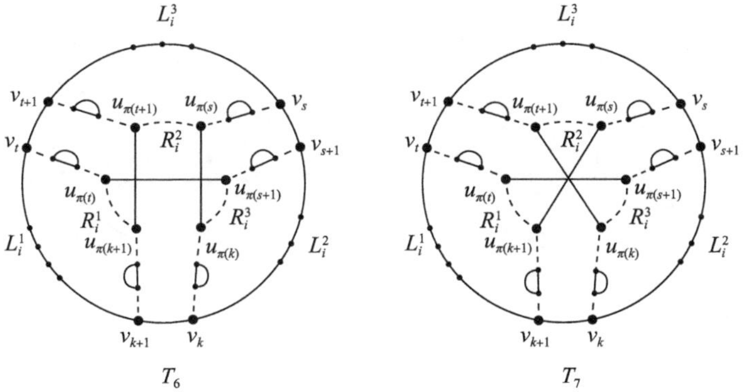

图 3.16　$\alpha = 3$ 时的两种结构

断言 4：　L_i^2 和 L_i^3 的长度具有不同的奇偶性．

基于断言 4，我们有下列两种情况．

情况 1：　L_i^2 是偶长且 L_i^3 为奇长．

根据引理 2.3.1-（1），目的在于找到一个偶子图 Q_i，满足 $Q_i = M_i^1 \cup M_i^2$．令

$$Q_i=\begin{cases}v_{s+1}L_i^2v_kv_{k+1}P_{k+1}u_{\pi(k+1)}u_{\pi(s+1)}P_{s+1}v_{s+1}, & 若 X_i 是 T_1 或 T_4;\\ v_tv_{t+1}P_{t+1}u_{\pi(t+1)}u_{\pi(k)}v_kv_{k+1}L_i^1v_t, & 若 X_i 是 T_2 或 T_3 或 T_7;\\ v_tv_{t+1}L_i^3v_sv_{s+1}P_{s+1}u_{\pi(s+1)}u_{\pi(t)}P_tv_t, & 若 X_i 是 T_5 或 T_6.\end{cases}$$

情况 2： L_i^2 是奇长且 L_i^3 为偶长．

令

$$Q=\begin{cases}v_tv_{t+1}P_{t+1}u_{\pi(t+1)}u_{\pi(s)}P_sv_sv_{s+1}L_i^2v_kv_{k+1}L_i^1v_t, & 若 X_i 是 T_1 或 T_4;\\ v_tv_{t+1}P_{t+1}u_{\pi(t+1)}u_{\pi(k)}P_kv_kv_{k+1}L_i^1v_t, & 若 X_i 是 T_2 或 T_3 或 T_7;\\ v_{t+1}L_i^3v_sv_{s+1}P_{s+1}u_{\pi(s+1)}u_{\pi(t)}P_tv_tL_i^1v_{k+1}P_{k+1}u_{\pi(k+1)}u_{\pi(t+1)}P_{t+1}v_{t+1}, & 若 X_i 是 T_5 或 T_6.\end{cases}$$

设 M_i^1，M_i^2 是 Q_i 的一对边不交的匹配，并且设

$$N_i^1=Q_i\Delta(C_i^1\cup C_i^2\cup C_i^H),\ N_i^2=C_i^0\Delta N_i^1.$$

根据事实 2，对于每个 $\mu\in[2]$，N_i^μ 的每个分支在隐图 $\overline{G\setminus M_i^\mu}$ 中都是偶数阶．另外，$\mathscr{S}_i^\mu=N_i^\mu\cup C_i^W$ 是 G_i^μ 的一个偶 2-因子，可以推出 $o(\mathscr{S}_i^\mu)=0$.

以情况 1 中的结构 T_1 为例．不失一般性，可以假设边 v_kv_{k+1} 包含在匹配 M_i^1 中．根据定理 3.1.1 的证明，以及定义 3.4.1-（A）-（3）和事实 2，可知 N_i^μ 是 $G_i^\mu\setminus V(C_i^W)$ 的偶 2-因子，其中 $N_i^1=Q_i\Delta(C_i^1\cup C_i^2\cup C_i^H)$，$N_i^2=C_i^0\Delta N_i^1$．（对于每个 $\mu\in[2]$，图 3.17 中的偶 2-因子用红色曲线突出显示．）

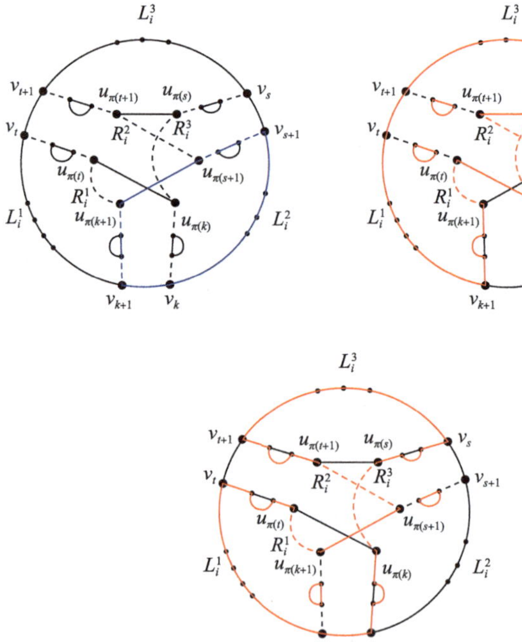

图 3.17　情况 1 中结构 T_1 的 Q_i 和 N_i^μ 的图解

已知

$$M^{\mu}=\bigcup_{i=1}^{\omega} M_i^{\mu} \text{ 且 } \mathscr{S}^{\mu}=\bigcup_{i=1}^{\omega} \mathscr{S}_i^{\mu}.$$

对于每个 $\mu\in[2]$，$\mathscr{S}_i^{\mu}$ 是 G_i^{μ} 的偶 2-因子，其中

$$G_i^{\mu}=\overline{G\setminus M_i^{\mu}}-\bigcup_{j\in[w],\ j\neq i} V(G_j).$$

因此 $\mathscr{S}^{\mu}=\bigcup_{i=1}^{\omega}\mathscr{S}_i^{\mu}$ 是隐图 $\overline{G\setminus M^{\mu}}$ 的偶 2-因子，所以隐图 $\overline{G\setminus M^{\mu}}$ 是 3-边可染的．根据引理 2.3.1，图 G 满足 Berge-Fulkerson 猜想． □

3.5　本章小结

在本章中，我们首先对置换图的结构性质进行了深入的探讨．通过对置换图的结构特征进行细致分析，本书证明了置换图中 $4k$ 长交错圈的存在性．这一发现具有重要意义，因为 $4k$ 长交错圈的存在性为后续深入分析置换图的结构提供了一个强有力的工具．我们也希望能够借助这一结构证明所有置换图满足 Berge-Fulkerson 猜想．

基于 $4k$ 长交错圈的存在性，本书进一步引入了置换图中 $\mathscr{F}$-交错圈的定义，其中 $\mathscr{F}$ 是图的 2-因子．通过对特殊长度交错圈的结构进行详细分析，我们证明了本章的主要定理：每个具有 12 长 $\mathscr{F}$-交错圈的置换图都满足 Berge-Fulkerson 猜想．这一结果不仅为置换图的结构研究提供了新的视角，也为验证 Berge-Fulkerson 猜想提供了一种新的方法．

作为主要定理的推论，我们对 Hägglund 等在文献［23］中以及 Brinkmann 等在文献［20］中构造的某些无穷类置换蛇鲨图进行了验证，直接证明了这些图均满足 Berge-Fulkerson 猜想．

最后，本章将主要定理推广到非置换图的范畴．我们引入了 $\mathscr{F}$- $C_{(12+)}$ -关联的定义，并通过严谨的数学证明，得出了每个 $\mathscr{F}$- $C_{(12+)}$ -关联的 3-正则图都满足 Berge-Fulkerson 猜想的结论．这一推广不仅拓展了主要定理的应用范围，也为研究非置换图的结构特征及其与 Berge-Fulkerson 猜想的关系提供了新的思路和方法．

4 叠合蛇鲨图的 Berge-Fulkerson 猜想

在文献［138］中，Kochol 构造了一类特殊的图——圈 6-边连通的无穷类叠合蛇鲨图（superposition snarks）．这类图因其独特的结构而备受关注，它们是通过将多个图进行特定的组合和叠加而形成的复杂结构．这类图的构造不仅丰富了 snarks 的研究对象，也为验证 Berge-Fulkerson 猜想提供了新的挑战．

在本章中，借助 Caltin 的归纳方法，对 Kochol 构造的无穷类蛇鲨图进行了深入研究．归纳方法笼统来说是一种将复杂问题转化为更简单问题的策略，通过逐步简化问题的结构，最终能够更容易地验证猜想是否成立．基于这种方法，成功证明了 Kochol 构造的无穷类蛇鲨图满足 Berge-Fulkerson 猜想．这一结果不仅为 Berge-Fulkerson 猜想的验证提供了新的证据，也为研究其他复杂图结构提供了新的思路．通过这一研究，进一步拓展了对 snarks 图类的理解，并为解决 Berge-Fulkerson 猜想在更广泛的图类中成立提供了有力的支持．这一成果也展示了归纳方法在图论研究中的强大应用潜力．

4.1 预备知识

Kochol 在文献［142］中提出了叠合（superposition）的概念，这一定义在本书的第 2.2 节中进行了详细阐述．叠合是一种通过将多个图或图的部分进行组合来构造新图的方法，它在研究复杂图结构及其性质时具有重要意义．

在构造叠合图的过程中，多极（multipole）扮演了关键角色．多极是图论中一种特殊的结构，它由若干个顶点和边组成，但与普通图不同的是，多极的某些顶点与一些半边相连．根据多极中连接器（connector）的数量不同，可以对多极进行分类：具体而言，当一个多极包含 3 个连接器时，我们将其称为超点（supervertex）；而当一个多极包含两个连接器时，则将其称为超边（superedge）．

这种分类方式不仅有助于清晰地描述多极的结构特征，也为后续的图构造和性质分析提供了便利.

在本节中，我们以经典的 Petersen 图作为基础图，进一步引入了 Kochol 花形-超边和 Kochol 叠合蛇鲨图（Kochol superposition snarks）的定义. Petersen 图因其独特的结构和在图论中的广泛应用而备受关注，将其作为基础图，可以为构造更复杂的图结构提供一个坚实的起点，同时可以构造出更多的蛇鲨图. Kochol 花形-超边是通过在 Petersen 图的基础上引入特定的超边结构而形成的，这种结构其中的一种画法类似于花朵的形状，因此得名. 而 Kochol 叠合蛇鲨图则是通过将多个 Petersen 图或其他相关图结构进行叠合而构造出的一类特殊的 3-正则图，这类图因其复杂的结构，例如其圈边连通度至少为 5 或者 6；和在验证图论猜想（如 Berge-Fulkerson 猜想、Fan-Raspaud 猜想、圈覆盖猜想等）中的潜在应用而具有重要的研究价值.

关于叠合的定义，请见 2.2 节. 本节考虑的超边和超点都是 3-正则的，即，任何顶点都恰好与 3 条边或半边相关联. 图 4.1 是包含 7 条半边和两条独立边的多极 A，3 个连接器分别为 S_i，其中 $i\in[3]$.

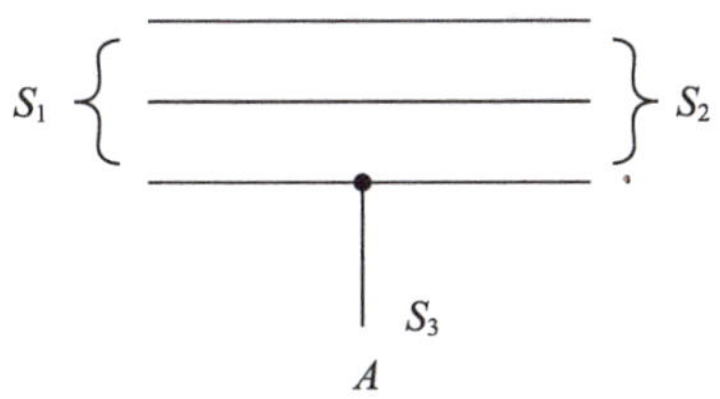

图 4.1　具有 7 条半边和两条独立边及 3 个连接器的多极 A

下面的引理保证了叠合蛇鲨图的存在性.

引理 4.1.1[142]：如果图 G 是蛇鲨图且 $G(\mathscr{V},\mathscr{E})$ 是图 G 的真叠合（proper superposition），则 $G(\mathscr{V},\mathscr{E})$ 也是蛇鲨图.

我们在这里简述下引理 4.1.1 的证明，可以通过反证法. 假设 $G(\mathscr{V},\mathscr{E})$ 不是蛇鲨图，由于其是无割边 3-正则的，故 $G(\mathscr{V},\mathscr{E})$ 是 3-边可染的. 设 φ 为 $G(\mathscr{V},\mathscr{E})$ 的一个 3-边染色. 则对于图 G 的每条边 e，令 S_1 和 S_2 分别为边 e 所对应的超边的两个连接器，令 $\psi(e)$ 代表两个连接器分别所对应的颜色和（由分裂引理，两个连接器所对应的颜色和应相等，也可以看成是流值去求和，这里不做详细解释，具体可见文献［142］）. 则对于任意一条 G 边 e，都有 $\psi(e)\neq 0$，因为边 e 所对应的超边的“真的”（proper）. 则可以推出 ψ 是图 G 的一个 3-边染色，与 G 是蛇鲨图矛盾.

花形蛇鲨图（flower snarks）是一类具有特定结构特征的蛇鲨图，其构造方法和性质在图论领域具有重要的研究价值．在文献［24］中，Issacs 提出了一种构造花形蛇鲨图的方法．他构造了一类阶为 $4n$ 的花形蛇鲨图，记作 F_n，其中 n 是一个至少为 5 的奇整数．这种构造方法不仅明确地定义了花形蛇鲨图的结构，还揭示了其阶数与奇整数 n 之间的关系．花形蛇鲨图的某种画法类似于花朵，由多个环状结构和连接这些环的边组成，这种结构使得它们在图论中具有独特的性质，例如在边着色和完美匹配方面表现出特殊的行为．通过这种方法，研究者可以进一步探索花形蛇鲨图的结构特征、性质以及与其他图论问题的联系．

定义 4.1.1[24]：设 n 是至少为 5 的奇整数．花形蛇鲨图 F_n 构造如下所示（见图 4.2）：

（1）顶点集 $V(F_n)$ 可以划分为 $\{V_{\mathrm{I}}, V_{\mathrm{II}}, V_{\mathrm{III}}, V_{\mathrm{C}}\}$，其中

$$V_{\mathrm{I}} = \{u_i^1 : 1 \leqslant i \leqslant n\},\ V_{\mathrm{II}} = \{u_i^2 : 1 \leqslant i \leqslant n\},$$
$$V_{\mathrm{III}} = \{u_i^3 : 1 \leqslant i \leqslant n\},\ V_{\mathrm{C}} = \{v_i : 1 \leqslant i \leqslant n\}.$$

（2）F_n 包含长度为 n 的圈 $u_1^1u_2^1\cdots u_n^1u_1^1$ 和长度为 $2n$ 的圈 $u_1^2u_2^2\cdots u_n^2u_1^3u_2^3\cdots u_n^3u_1^2$.

（3）每个顶点 v_i $(i \in [n])$ 与 u_i^1，u_i^2 和 u_i^3 相邻．

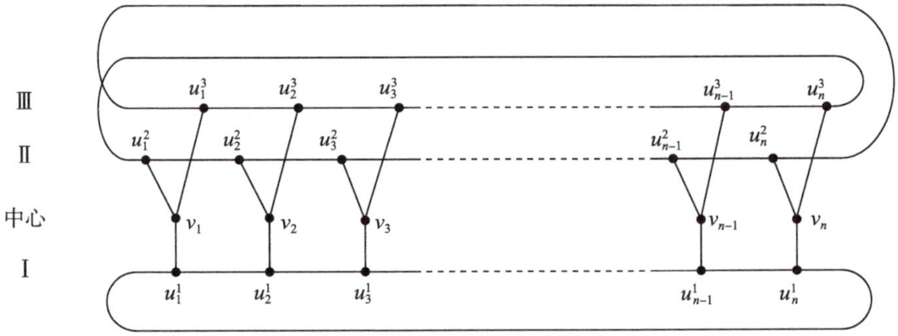

图 4.2　花形蛇鲨图 F_n 的第一种画法

图 4.2 和图 4.3 展示了花形蛇鲨图的两种典型表示方式，这两种画法不仅直观地呈现了花形蛇鲨图的结构特征，还为研究者提供了分析其性质的便利．

Kochol 在文献［146］中通过巧妙的构造方法，提出了一个阶数为 118 的圈 6-边连通的蛇鲨图，记作 G_{118}．这一构造不仅丰富了蛇鲨图的实例库，还为研究圈边连通性提供了新的视角．在文献［138］中，Kochol 进一步将这一构造推广至一个更为广泛的图类，即圈 6-边连通的无穷类蛇鲨图，记作 $\mathscr{S}_K$．这一推广极大地拓展了蛇鲨图的研究范围，为探索其结构和性质提供了更多可能性．特别

值得注意的是，集合 $\mathscr{S}_K$ 中的每个图都是基于叠合（superposition）方法构造的.

下面先介绍两种特殊的超点，这两类超点在构造 Kochol 叠合蛇鲨图中起到了关键的连接作用，见下列定义.

定义 4.1.2[138]：在构造 $\mathscr{S}_K$ 的过程中，有两种类型的超点，其中一种是 A，如图 4.1 所示. 另外一种是 A'，超点 A' 的构造基于 A：在 A 的两条独立边中分别插入顶点 x，y，并连接顶点 x，y，如图 4.4 所示.

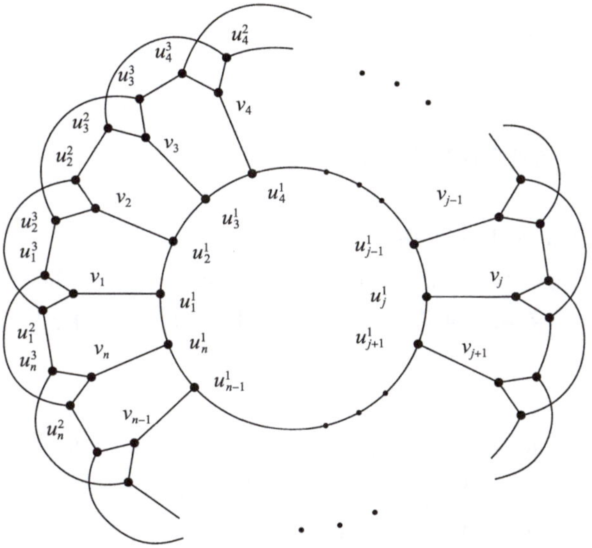

图 4.3　花形蛇鲨图 F_n 的第二种画法

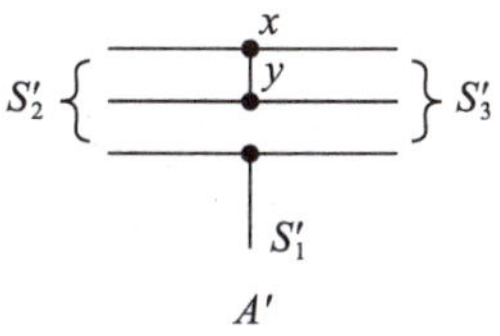

图 4.4　多极 A'

Kochol 花形-超边是通过花形蛇鲨图去掉两个距离至少为 3 的顶点，并且保留相应的半边得到的，见下列定义.

定义 4.1.3（Kochol 花形-超边）：设 F_n 是花形蛇鲨图，其中 F_n 的两个顶点 u，v 满足 $d(u,v)\geqslant 3$. 设 $(F_n)_{u,v}$ 是通过删除顶点 u 和 v 并保留与 u，v 相关联的半边得到的（3，3）-极.

（1）文献［138］和［146］中对于 $n=2k+1$ 且 $k\geqslant 2$，超边集合 $\mathscr{B}_K$ 构造为：$\mathscr{B}_K=\{(F_n)_{u,v}: u\in V_{\mathrm{I}}, v\in V_{\mathrm{C}}, d(u,v)\geqslant 3\}$（当 $u=v_1$ 且 $v=u_3^1$ 时，见图 4.5）.

（2）（1）中构造的超边称作 Kochol 花形-超边.

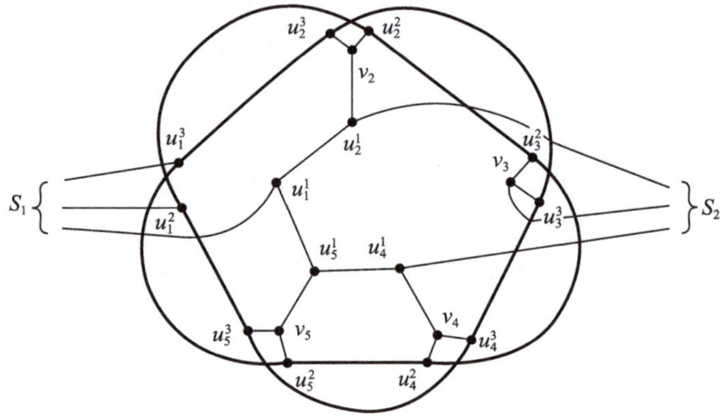

B

图 4.5　有两个连接器 S_1 和 S_2 的多极 B

在文献［138］中，Kochol 提出了一类具有圈 6-边连通性的无穷类蛇鲨图，这里将其命名为 Kochol 叠合蛇鲨图（Kochol superposition snarks）. Kochol 叠合蛇鲨图的构造方法在本书中的定义 4.1.4 进行了详细阐述，为读者提供了清晰的构造框架 .

定义 4.1.4[138]：设 C^* 是 Petersen 图 P_{10} 中的 6-长圈 . Petersen 图中圈 C^* 外的顶点集合记为 $\{t_0, t_1, t_2, t_3\}$. 集合 $\mathscr{S}_K$ 中的每个图构造如下：以 P_{10} 为基图，将 C^* 上的每个点替换为超点 A 或 A' 的拷贝，将 C^* 上的每条边替换为 $\mathscr{B}_K$ 中任一超边的拷贝，并保持 P_{10} 的其余部分不变，连接超点和超边相对应的半边（见图 4.6）.

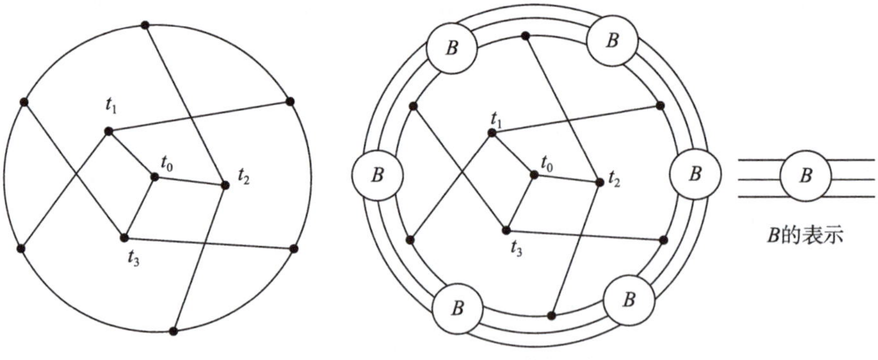

图 4.6　Petersen 图和 $\mathscr{S}_K$ 中的图 G

4.2 叠合蛇鲨图的 Berge-Fulkerson 猜想

4.1 节介绍了两类特殊的超点和 Kochol 花形-超边的构造方法，本节为了证明 Kochol 叠合蛇鲨图满足 Berge-Fulkerson 猜想，我们首先需要深入研究 Kochol 花形-超边的某些关键性质．这些性质包括其在图中的分布、与其他图结构的相互作用，以及在特定条件下如何影响图的整体连通性和匹配特性．通过对这些性质的详细分析，我们可以建立一个理论框架，从而证明 Kochol 叠合蛇鲨图确实满足 Berge-Fulkerson 猜想．

定义 4.2.1：设 M 是（3，3）-极，M 的两个连接器分别为 S_1 和 S_2.

（1）如果 M 由一个顶点和六条与该顶点相关联的半边组成，则 M 称为一个星极（multipole of star），简记为 MS，（见图 4.7 左侧）．

（2）如果 M 包含两个相邻的顶点，且对于 M 的两个连接器 S_1 和 S_2，均有两条半边与其中一个顶点相关联，一条半边与另外一个顶点相关联，则称 M 为一个双星极（multipole of double star），简记为 MDS，（见图 4.7 右侧）．

图 4.7 是星极和双星极的示意图，其中实线是连接器 S_1 中的半边，虚线是连接器 S_2 中的半边．

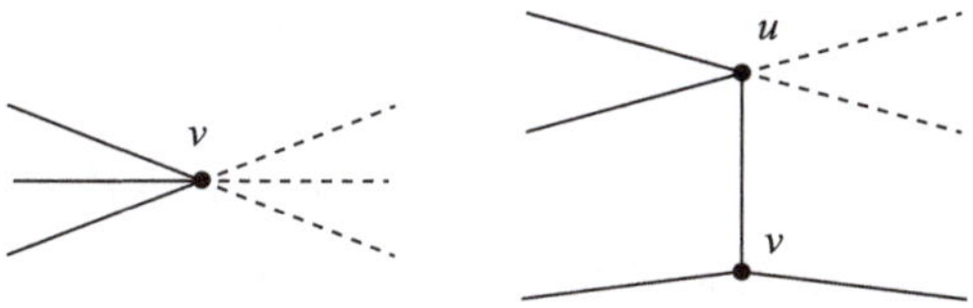

图 4.7　MS 和 MDS

图的围长（即图中最小圈的长度）是衡量图结构复杂性的重要指标之一．对于小阶数图类，研究其围长与可退化性之间的关系具有重要的理论意义．但是本节我们提到的“围长-可退化”和图论书中的可退化定义有区别．在本节中，我们将关注小阶数图类的 4-围长-可退化性．下面，本书将给出一个简单小阶数图类是 4-围长-可退化的充分条件．这一条件不仅基于图的结构特征，还结合了图的顶点度数分布和圈长的性质．通过对这些条件的详细分析，我们可以更好地理解小阶数图类的结构特性，并为后续的研究提供清晰的指导．

引理 4.2.1：设图 G 是阶为 n，含有 m 条边的 2-边连通无环图，其中 $1 < n \leq 7$. 假设当 $n \geq 6$ 时图 G 是简单的．如果

$$m \geq \begin{cases} n+1, & 若 n \leq 6; \\ n+2, & 若 n = 7, \end{cases}$$

则图 G 是 4-围长-可退化的．

证明： 设图 G 是引理的条件成立但结论不成立的最小反例，使得 $|E(G)|$ 尽可能的小．我们有如下断言．

断言 1： 图 G 的围长至少为 5.

若断言 1 不成立，通过收缩一个长度至多为 4 的圈可得到一个边数更少的反例，与图 G 是条件成立但结论不成立的最小反例矛盾．由此可知，G 是简单图．

断言 2： 图 G 的每个圈都是无弦的，且 G 中无哈密顿圈．

因为 $n \leq 7$，任何含弦的圈必定包含长度小于等于 4 的圈，与断言 1 矛盾．因为 $m \geq n+1$，每个哈密顿圈（若存在）都必须含有一条弦边，与图 G 的每个圈都是无弦的矛盾．

断言 3： $n = 7$.

基于断言 1，$n \geq 5$. 设圈 C 是图 G 中某个最长圈．

如果 $n = 5$，由断言 1 知，圈 C 是图 G 的哈密顿圈，与断言 2 矛盾．如果 $n = 6$，则由断言 1 和 2 知，圈 C 长度为 5. 令 $\{w\} = V(G) \setminus V(C)$，且点 w 在圈 C 上有两个邻点．因此，图 G 包含一个长度最多为 4 的圈，这个圈由点 w 和圈 C 的较短片段组成，与断言 1 矛盾．

最后一步．由断言 1 和 2 知，$|V(C)| = 5, 6$.

情况 1： $|C| = 6$.

因为 $m \geq 9$ 且圈 C 是无弦的，所以圈 C 之外的唯一顶点 w 与圈 C 的 3 个顶点相邻．因此图 G 一定包含长度最多为 4 的圈，此圈由 w 和 C 的某个较短片段组成，与断言 1 矛盾．

情况 2： $|C| = 5$.

设 $C = v_1 \cdots v_5 v_1$ 且 $\{w_1, w_2\} = V(G) \setminus V(C)$．与情况 1 类似，对于每个 $w_i \notin V(C)$，有 $|N(w_i) \cap V(C)| = 1$. 因此，$w_1 w_2 \in E(G)$．不失一般性，假设图 G 包含一条路 $P = v_1 w_1 w_2 v_3$. 注意到 $v_1 w_1 w_2 v_3 v_4 v_5 v_1$ 是一个 6 长圈，这与 C 是最长圈矛盾． □

我们在下面定理中证明 Kochol 花形-超边是“围长-可退化”的，也就是说可以在 Kochol 花形-超边中找到期望的偶子图 $Q = M_1 \cup M_2$，其中 M_i 是匹配（$i \in \{1, 2\}$）．然后证明对于每个 $i \in \{1, 2\}$，对应的隐图 $\overline{B \setminus M_i}$ 是可以通过不断收缩长度不超过 4 的圈，收缩至两个星极和双星极，见图 4.7 的示意图．同时这

也是证明本章主要结论的关键定理．

定理 4.2.1：如果超边 $B \in \mathscr{B}_K$（定义 4.1.3 中的 Kochol 花形-超边），则

(1) 超边 B 包含偶子图 $Q = M_1 \cup M_2$，其中 M_i 是匹配（$i \in \{1, 2\}$），

(2) 对于每个 $i \in \{1, 2\}$，$\overline{B \setminus M_i}$ 或者是 (4, MS) -围长-可退化的，或者是 (4, MDS) -围长-可退化的．（见定义 4.21 和定义 2.3.1.）

证明： 为了应用引理 2.3.6，目的在于应用如下的递归收缩过程，即要找到圈序列 $\mathscr{X}$，使得 $\mathscr{X}$ 中的每个圈的长度至多为 4. 设 $B \in \mathscr{B}_K$，$\mu \in \{1, 2\}$，目的寻找

(A) 一个整数 m；

(B) $B \setminus J_\mu$ 的子图 X_0，X_1，…，X_{m-1}，记为序列 $\mathscr{X}$；

(C) $B \setminus J_\mu$ 的收缩子图序列 B_0，…，B_m 使得：

(1) $B_0 = \overline{B \setminus J_\mu}$；

(2) 对于每个 $i \in \{0, 1, \cdots, m-1\}$；

(2-i) 每个子图 X_i 对应 B_i 中的 4^- -圈或多个 4^- -圈的并集；

(2-ii) $B_{i+1} = B_i / E(X_i)$，且，

(3) B_m 是星极（MS）或双星极（MDS）（见图 4.7）．

已知对于任意 $B \in \mathscr{B}_K$，超边 B 是多极 $(F_n)_{uv}$，且花形蛇鲨图 F_n 的两个连接点 u，v 满足 $d(u, v) \geqslant 3$，其中 $u \in V_{\mathrm{I}}$，$v \in V_{\mathrm{C}}$. 不妨假设 $v = v_1$. 因为 $d(u, v) \geqslant 3$，取顶点 u 为 u_j^1，其中 $3 \leqslant j \leqslant n-1$. 基于花形蛇鲨图的对称性，考虑

$$3 \leqslant j \leqslant \frac{n+1}{2}.$$

情况 1： 考虑花形蛇鲨图 F_5，上述等式表明此时 $j = 3$.

设 $Q = u_2^3 u_3^3 u_4^3 v_4 u_4^2 u_3^2 u_2^2 v_2 u_2^3$，且 M_1 和 M_2 是 Q 的一对边不相交的完美匹配．如图 4.8 所示，黑体线为匹配 M_1 中的边，虚线为匹配 J_2 中的边，细线是不在 Q 中的边，大圆点 v_1 和 u_3^1 是两个连接点，空心圆是 Q 中的顶点，实心圆是不在 Q 中的顶点．

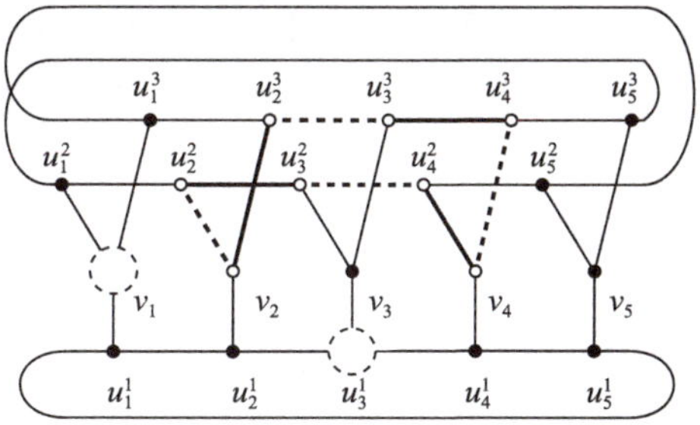

图 4.8 情况 1：$n = 5$ 和 $j = 3$

设 π：$V(F_n) \to V(F_n)$ 使得

$$\pi(x)=\begin{cases}x, & 若\ x \in V_C \cup V_I;\\ u_\mu^2, & 若\ x = u_\mu^3;\\ u_\mu^3, & 若\ x = u_\mu^2.\end{cases}$$

注意到 π 是花形蛇鲨图 F_n 的自同构，满足 $\pi(M_1)=M_2$，所以 $\overline{B\setminus M_1} \cong \overline{B\setminus M_2}$，因此我们只考虑 $B\setminus M_1$. 当 $n=5$，$j=3$ 时的 $B\setminus M_1$ 见图 4.9，其中 $E(X_0)$ 的边为红色，$E(X_1)\setminus E(X_0)$ 的边为绿色. 设 $C_{0,1}=u_5^3v_5u_5^1u_4^1v_4u_4^3u_5^3$，$C_{0,2}=u_1^3u_5^2u_4^2u_3^2v_3u_3^3u_2^3u_1^3$，$C_{1,1}=u_5^3v_5u_5^1u_1^1u_2^1v_2u_2^2u_1^2u_5^3$，$X_0=C_{0,1}\cup C_{0,2}$，且 $X_1=C_{1,1}$.

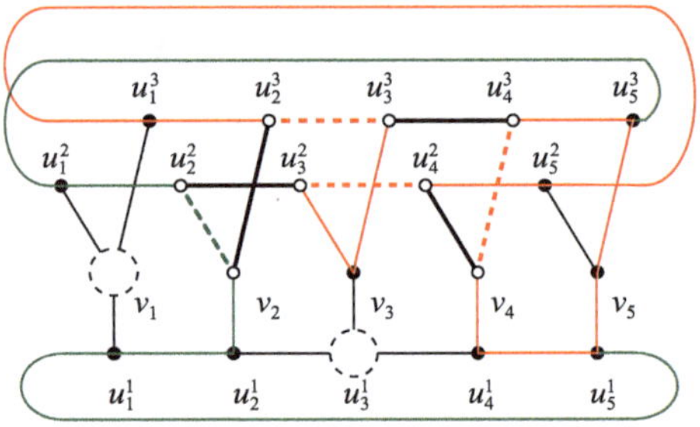

图 4.9　情况 1：$B\setminus M_1$，其中 $n=5$ 且 $j=3$

断言 1：子图 X_i 相当于 B_i 中多个 4^--圈的并集，其中 $i=0$，1.

因为 $\{v_4, u_4^2, u_4^3, u_3^3, u_3^2, u_2^2, v_2, u_2^3\}$（$=V(Q)$）是 $B\setminus M_1$ 中 2 度顶点的集合（图 4.9 中的空心圆圈），每个 2 度顶点在 B_0 中都被抹去. 所以在 $B\setminus M_1$ 中，尽管圈 $C_{0,1}$ 是 6 长的，圈 $C_{0,2}$ 是 7 长的，但每个图都对应于隐图 $B_0=\overline{B\setminus M_1}$ 中的某个 4^--圈. 同理对于圈 $C_{1,1}$，因为圈 $C_{0,1}$ 的片段 $u_5^1v_5u_5^3$ 被收缩为单个顶点，且 v_2 和 u_2^2 是 $B\setminus M_1$ 的 2 度顶点. 所以在 $B\setminus M_1$ 中，尽管圈 $C_{1.1}$ 的长度为 8，但其对应于收缩子图 $B_1=B_0/X_0$ 中的某个 4 长圈. 由此证明断言 1.

因为 $X_0\cup X_1$ 是 B_0 的生成子图，它有两个分支 $C_{0,1}\cup C_{1,1}$ 和 $C_{0,2}$，由断言 1 可知，$\overline{B\setminus M_1}/(X_0\cup X_1)=B_1/X_1$ 是双星极. 因此，$\overline{B\setminus M_1}$ 是（4，MDS）-围长-可退化的.

情况 2：考虑花形蛇鲨图 F_n，其中 $n\geqslant 7$.

子情况 2.1：$j=3$.

设 $Q=u_2^3u_3^3\cdots u_n^3v_nu_n^2u_{n-1}^2\cdots u_2^2v_2u_2^3$，且 M_1 和 M_2 是 Q 的一对边不相交的完美匹配. 如图 4.10 所示，黑体线为匹配 M_1 的边，虚线为匹配 M_2 的边，大圆点 v_1 和 u_3^1 是两个连接点，空心圆是 Q 中的顶点，实心圆是 Q 之外的顶点.

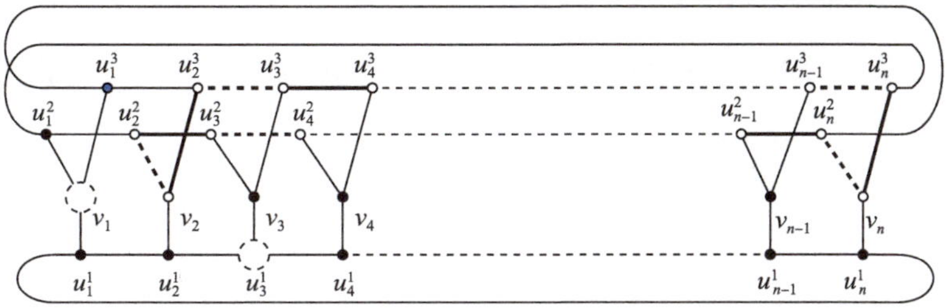

图 4.10 子情况 2.1: $n \geqslant 7$ 且 $j = 3$

等式 $\pi(x) = \begin{cases} x, & 若\ x \in V_C \cup V_I; \\ u_\mu^2, & 若\ x = u_\mu^3; \\ u_\mu^3, & 若\ x = u_\mu^2. \end{cases}$ 中的 π 是花形蛇鲨图 F_n 的自同构，满足 $\pi(M_1) = M_2$，因此 $\overline{B \setminus M_1} \cong \overline{B \setminus M_2}$，只考虑 $B \setminus M_1$ 即可．图 4.11 是 $n = 7$，$j = 3$ 时的 $B \setminus M_1$，其中 $E(X_0)$ 的边为红色，$E(X_1) \setminus E(X_0)$ 的边为绿色，$E(X_2) \setminus (E(X_0) \cup E(X_1))$ 的边用蓝色表示．

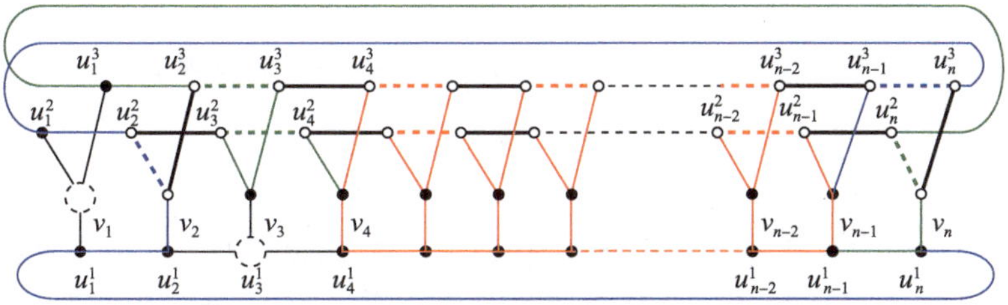

图 4.11 子情况 2.1: $B \setminus M_1$，其中 $n \geqslant 7$ 且 $j = 3$

设

$$C_{0,\ l} = \begin{cases} v_l u_l^1 u_{l+1}^1 v_{l+1} u_{l+1}^3 u_l^3 v_l, & 若\ l\ 是偶数且\ l \in \{4,\ \cdots,\ n-1\}; \\ v_l u_l^1 u_{l+1}^1 v_{l+1} u_{l+1}^2 u_l^2 v_l, & 若\ l\ 是奇数且\ l \in \{5,\ \cdots,\ n-2\}. \end{cases}$$

$C_{1,\ 1} = u_1^3 u_n^2 v_n u_n^1 u_{n-1}^1 \cdots u_5^1 u_4^1 v_4 u_4^2 u_3^2 v_3 u_3^3 u_2^3 u_1^3$，$C_{2,\ 1} = v_{n-1} u_{n-1}^3 u_n^3 u_1^2 u_2^2 v_2 u_2^1 u_1^1 u_n^1 u_{n-1}^1 v_{n-1}$.

设

$$X_0 = \bigcup_{l=4}^{n-2} C_{0,\ l},\ X_1 = C_{1,\ 1},\ X_2 = C_{2,\ 1}.$$

断言 2：子图 X_i 的每个圈相当于 B_i 中的一个 4^--圈，其中 $i = 0,\ 1,\ 2$.

由于 $\{u_2^3,\ u_3^3,\ \cdots,\ u_n^3,\ v_n,\ u_n^2,\ u_{n-1}^2,\ \cdots,\ u_2^2,\ v_2\}$（$= V(Q)$）是 $B \setminus M_1$ 中 2 度顶点集合（图中的空心圆），因此 X_0 中的每个圈对应 B_0 中的一个 4^--圈．由于圈 $C_{1,\ 1}$ 中的路径 $u_{n-1}^1 \cdots u_5^1 u_4^1 v_4$ 收缩为 B_1 的单个顶点，所以圈 $C_{1,\ 1}$ 对应于 B_1 中的 4^--圈；由于圈 $C_{2,\ 1}$ 中的路径 $u_n^1 u_{n-1}^1 v_{n-1}$ 收缩为 B_2 中的单个顶点，所以圈 $C_{2,\ 1}$ 对应于 B_2 中的 4^--圈．断言 2 得证．

因为 $X_0 \cup X_1 \cup X_2$ 是 B_0 的生成子图，且只有一个分支．根据断言 2，$\overline{B\setminus M_1}/(X_0 \cup X_1 \cup X_2) = B_2/X_2$ 是星极，因此 $\overline{B\setminus M_1}$ 是（4, *MS*）-围长-可退化的．

子情况 2.2：$4 \leqslant j \leqslant \dfrac{n+1}{2}$.

设 $Q = u_1^2u_2^2\cdots u_n^2u_1^3u_2^3\cdots u_n^3u_1^2$，且 M_1 和 M_2 是 Q 的一对边不相交的完美匹配．如图 4.12 所示，黑体线为匹配 M_1 的边，虚线为匹配 M_2 的边，大圆点 v_1 和 u_j^1 是两个连接点，空心圆是 Q 中的顶点，实圆是 Q 之外的顶点．

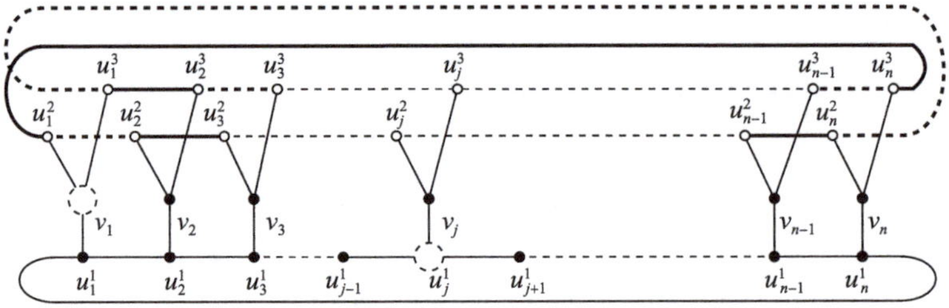

图 4.12　子情况 2.2：$n \geqslant 7$ 且 $4 \leqslant j \leqslant \dfrac{n+1}{2}$

与子情况 2.1 类似，等式 $\pi(x) = \begin{cases} x, & 若\ x \in V_C \cup V_I; \\ u_\mu^2, & 若\ x = u_\mu^3; \\ u_\mu^3, & 若\ x = u_\mu^2. \end{cases}$ 中的 π 是花形蛇鲨图 F_n 的自同构，满足 $\pi(M_1) = M_2$，因此 $\overline{B\setminus M_1} \cong \overline{B\setminus M_2}$，只考虑 $B\setminus M_1$ 即可．

图 4.13 中的第一幅图是 j 为奇数的情况，第二幅图是 j 为偶数的情况．当 $n=7$ 且 $4 \leqslant j \leqslant \dfrac{n+1}{2}$ 时 $B\setminus M_1$ 见图 4.13，其中 $E(X_0)$ 的边为红色，$E(X_1)\setminus E(X_0)$ 的边为绿色．

设

$$C_{0,\,l} = \begin{cases} v_lu_l^1u_{l+1}^1v_{l+1}u_{l+1}^3u_l^3v_l, & 若\ l\ 是偶数且\ l \in \{2, \cdots, j-2\} \cup \{j+1, \cdots, n-1\}; \\ v_lu_l^1u_{l+1}^1v_{l+1}u_{l+1}^2u_l^2v_l, & 若\ l\ 是奇数且\ l \in \{3, \cdots, j-2\} \cup \{j+1, \cdots, n-2\}. \end{cases}$$

$$C_{1,\,l} = \begin{cases} u_1^1u_2^1\cdots u_{j-1}^1v_{j-1}u_{j-1}^3u_j^3v_ju_j^2u_{j+1}^2v_{j+1}u_{j+1}^1u_{j+2}^1\cdots u_n^1u_1^1, & 若\ j\ 是奇数; \\ u_1^1u_2^1\cdots u_{j-1}^1v_{j-1}u_{j-1}^2u_j^2v_ju_j^3u_{j+1}^3v_{j+1}u_{j+1}^1u_{j+2}^1\cdots u_n^1u_1^1, & 若\ j\ 是偶数. \end{cases}$$

设

$$X_0 = \left(\bigcup_{l=2}^{j-2} C_{0,\,l}\right) \cup \left(\bigcup_{l=j+1}^{n-1} C_{0,\,l}\right),\ X_1 = C_{1,\,1}.$$

断言 3：子图 X_i 相当于 B_i 中多个 4^--圈的并集，其中 $i = 0, 1$.

因为 $\{u_1^2, u_2^2, \cdots, u_n^2, u_1^3, u_2^3, \cdots, u_n^3\}$（$=V(Q)$）是 $B\setminus M_1$ 中 2 度顶点的集合，所以 X_0 对应于 $B_0 = \overline{B\setminus M_1}$ 中的 4^--圈的并集．

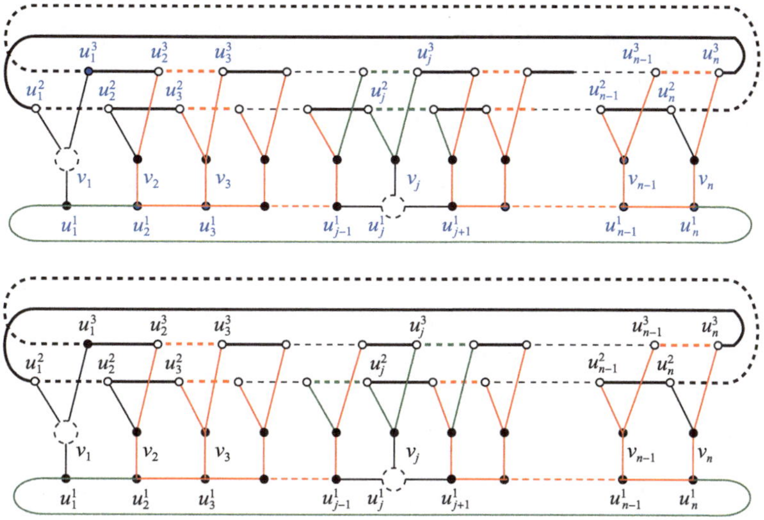

图 4.13　子情况 2.2：$B \setminus M_1$，其中 $n \geqslant 7$ 且 $4 \leqslant j \leqslant \frac{n+1}{2}$

因为圈 $C_{1,1}$ 中的路径 $u_2^1 u_3^1 \cdots u_{j-1}^1$ 和 $u_{j+1}^1 u_{j+2}^1 \cdots u_n^1$ 在 B_1 中收缩为单个顶点，且 u_1^2，u_2^2，u_1^3 是 2 度顶点，故圈 $C_{1,1}$ 对应于 B_1 中的 4^--圈．因此子图 X_1 对应于 B_1 中 4^--圈的并集．因为 $X_0 \cup X_1$ 是 B_0 的生成子图且只有一个分支，根据断言 3，B_1/X_1 是星极，因此，$\overline{B \setminus M_1}$ 是（4，MS）-围长-可退化的．　□

基于以上结论，我们可以证明本章主要定理，即证明了这类圈 6-边连通的 Kochol 叠合蛇鲨图满足 Berge-Fulkerson 猜想．

定理 4.2.2：每个 Kochol 叠合蛇鲨图满足 Berge-Fulkerson 猜想．

证明： 圈 $C^* = x_1 x_2 \cdots x_6 x_1$ 是 Petersen 图（记为 P_{10}）的 6 长圈，令 $U = V(P_{10}) \setminus V(C^*)$．根据定义 4.1.3，Kochol 叠合图 G 是以 P_{10} 为基图，通过将 P_{10} 的边 $x_\mu x_{\mu+1} \in E(C^*)$ 替换为超边 $B^\mu \in \mathscr{B}_K$，将点 $x_\nu \in V(C^*)$ 替换为超点 A 或 A' 得到的图，其中 μ，$\nu \in [6]$．

根据定理 4.2.2，每个 B^μ 包含偶子图 Q^μ，使得

(1) Q^μ 是 J_1^μ 和 J_2^μ 的并集；

(2) $\overline{B^\mu \setminus J_i^\mu}$ 或者是（4，MS）-围长-可退化的，或者是（4，MDS）-围长-可退化的．

令

$$Q^+ = \bigcup_{\mu=1}^{6} Q^\mu,\ J_1^+ = \bigcup_{\mu=1}^{6} J_1^\mu,\ 且\ J_2^+ = \bigcup_{\mu=1}^{6} J_2^\mu.$$

接下来，要证明对于每个 $i \in \{1, 2\}$，$\overline{G \setminus J_i^+}$ 是4-围长-可退化的．因此，根据引理2.3.6和引理2.3.3，图 G 满足 Berge-Fulkerson 猜想．

断言1：对于每个 $i \in \{1, 2\}$，$(\overline{G \setminus J_i^+}) \setminus U$ 是4-围长-可退化的．

已知 $U = V(P_{10}) \setminus V(C^*)$，且对于每个 $i \in \{1, 2\}$，$(\overline{G \setminus J_i^+}) \setminus U$ 是通过将6长圈 C^* 的每条边 $x_\mu x_{\mu+1}$ 替换为超边 $\overline{B^\mu \setminus J_i^\mu}$，将每个顶点 x_ν 替换为超点 $\mathscr{V}(x_\nu) \in \{A, A'\}$ 得到的图．根据定理4.2.1，隐图 $\overline{B^\mu \setminus J_i^\mu}$ 或者是 $(4, MS)$-围长-可退化的，或者是 $(4, MDS)$-围长-可退化的．即通过递归地收缩圈序列，圈序列记为 X_i^μ，变成了集合 $\{MS, MDS\}$ 中二者之一．将得到的子图记作 H_i^μ，子图 H_i^μ 包含1或2个顶点．

子图 H_i^μ 和 $H_i^{\mu+1}$ 之间半边的连接方式有3种类型，如图4.14所示．设 $\mathscr{V}(x_{\mu+1})$ 为超边 B^μ 和 $B^{\mu+1}$ 之间的超点．图 $(\overline{G \setminus J_i^+}) \setminus U$ 通过收缩 $\bigcup_{\mu=1}^{6} \mathscr{X}_i^\mu$ 得到的图记为 L_i．图 L_i 中 H_i^μ，$H_i^{\mu+1}$ 和 $\mathscr{V}(x_{\mu+1})$ 的点导出子图记为 $H_i^{(\mu, \mu+1)}$，$H_i^{(\mu, \mu+1)}$ 最多包含7个顶点，满足引理4.21的条件，（见图4.15和图4.16）．根据理4.21，$H_i^{(\mu, \mu+1)}$ 是4-围长-退化的（通过递归收缩圈序列，记为 $\mathscr{Y}_i^\mu$），因此 $(\overline{G \setminus J_i^+}) \setminus U$ 是4-围长-可退化的．断言1得证．

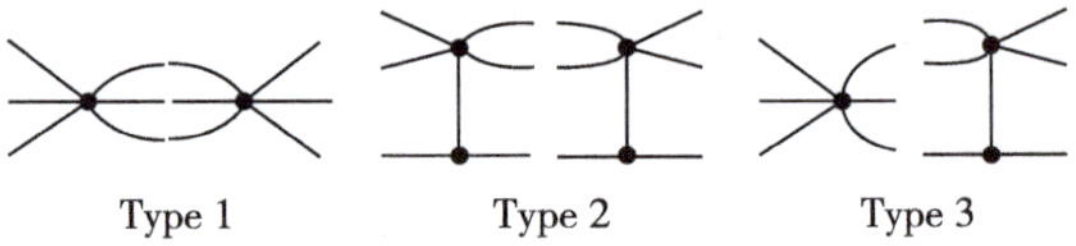

图4.14　3种类型连接方式

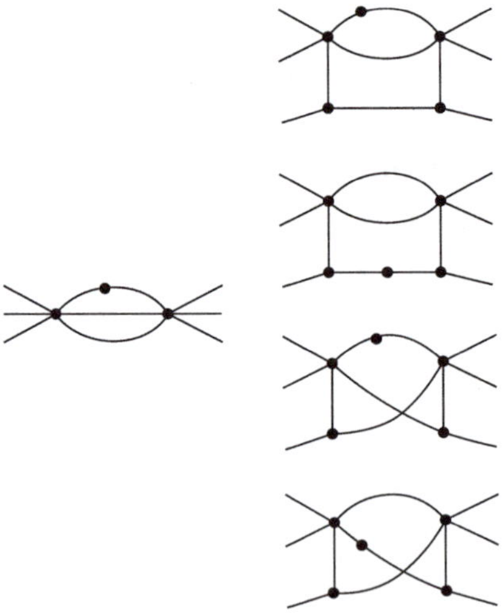

图4.15　基于超点 A 的7种类型

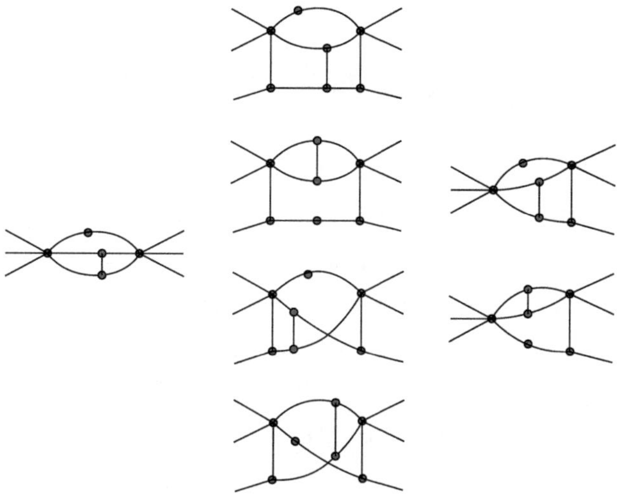

图 4.16 基于超点 A' 的 7 种类型

断言 2：图 P_{10}/C^* 是 4-围长-可退化的．

图 P_{10}/C^*（见图 4.17）包含 5 个顶点和 9 条边，满足引理 4.21 的所有条件．根据引理 4.21，图 P_{10}/C^* 递归的收缩圈序列，不妨设为 $\mathscr{Z}$，变成了仅含有一个顶点的图．断言 2 得证．

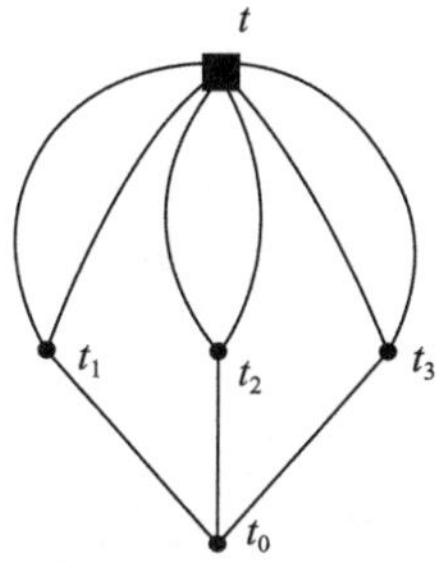

图 4.17 图 P_{10}/C^*

最后一步．基于断言 1 和断言 2，对于每个 $i \in \{1, 2\}$，递归地收缩圈

$$\bigcup_{\mu \in [6]} \mathscr{X}_i^{\mu} \cup \bigcup_{\mu \in [6]} \mathscr{Y}_i^{\mu} \cup \mathscr{Z},$$

后，隐图 $\overline{G \setminus J_i^+}$ 变成了仅包含一个顶点的图．根据引理 2.3.6，每个 $\overline{G \setminus J_i^+}$（$i \in \{1, 2\}$）存在处处非零 4-流．因此，根据引理 2.3.3，图 G 满足 Berge-Fulkerson 猜想． □

4.3 广义叠合蛇鲨图的 Berge-Fulkerson 猜想—

文献［142］和［146］中提出了一种构造图类的方法，这种方法不仅为图论研究提供了新的视角，还为进一步推广至无穷类广义叠合蛇鲨图奠定了基础．在本节中，将这种方法进一步拓展，构造了一类无穷的广义叠合蛇鲨图，并将其作为定理 4.2.2 的推广．通过深入分析这些图的结构特征，证明了这一无穷类广义叠合蛇鲨图满足 Berge-Fulkerson 猜想．这一结果不仅验证了 Berge-Fulkerson 猜想在更广泛图类中的适用性，还为图论中的其他相关问题提供了新的研究思路.

此外，研究还表明，通过合理设计图的构造方法，可以有效地探索和验证图论中的重要猜想．这种方法不仅适用于广义叠合蛇鲨图，还可能为其他复杂图类的研究提供参考．

定义 4.3.1：设 G 是蛇鲨图，R 是 G 的偶子图，$\mathscr{V}$是超点的集合，$\mathscr{E}$是真超边的集合．

（1）用超点 $\mathscr{V}$替换 R 的顶点，用超边 $\mathscr{E}$替换 R 的边，得到的图 $K(G, R, \mathscr{V}, \mathscr{E})$ 是叠合蛇鲨图．

（2）图 G 称为 $K(G, R, \mathscr{V}, \mathscr{E})$ 的框架（frame）．

（3）$R(\mathscr{V}, \mathscr{E})$ 是 $K(G, R, \mathscr{V}, \mathscr{E})$ 中 $\mathscr{V}$和 $\mathscr{E}$的导出子图，即 $R(\mathscr{V}, \mathscr{E}) = K(G, R, \mathscr{V}, \mathscr{E}) \setminus (G \setminus V(R))$．

根据引理 4.1.1，我们可以得到下列结论．

定理 4.3.1：定义 4.3.1-（1）中的每个图 $K(G, R, \mathscr{V}, \mathscr{E})$ 都是蛇鲨图．

Kochol 花形-超边集合 $\mathscr{B}_K$ 可以被进一步推广，通过分析花形蛇鲨图的结构，我们可以将 Kochol 花形-超边中去掉指定两层的顶点推广至可以去掉任意两层中距离至少为 3 的顶点，推广的定义如下所示．

定义 4.3.2（花形-超边）：设 F_n 为定义 4.1.1 中给出的花形蛇鲨图，顶点 u，v 满足 $d(u, v) \geqslant 3$. $(F_n)_{u,v}$ 的定义与定义 4.1.3 中相同.

（1）超边的集合 $\mathscr{B}_K$（见定义 4.1.3）可以被进一步扩展，如下所示：$\mathscr{B} = \{(F_n)_{u,v}: u, v \in V(F_n), d(u, v) \geqslant 3$, 其中 $n = 2k+1$ 且 $k \geqslant 2\}$. 换言之连接点 u 和 v 可以位于任何点子集 V_{I}，V_{II}，V_{III} 和 V_C 中.

（2）（1）中构造的超边称为花形-超边.

在本节的研究中，我们基于之前引入的定义和构造方法，进一步探讨了花形-超边的构造方法以及性质. 根据定义 4.3.2 中对花形-超边的描述，显然有 $\mathscr{B}_K \subsetneq \mathscr{B}$. 我们注意到其结构特征与之前研究的图结构存在一定的相似性. 这种相似性使得我们能够借鉴定理 4.2.1 的证明思路，从而对花形-超边的性质进行更深入的分析.

具体而言，定理 4.2.1 的证明方法为我们提供了一种系统化的分析框架，用于研究图的结构特征和性质. 通过对花形-超边的结构进行详细分析，我们发现其在某些关键性质上与定理 4.2.1 中研究的图结构具有共性. 这种共性不仅体现在图的连通性、边分布等方面，还体现在其对特定图论猜想（如 Berge-Fulkerson 猜想）的验证上.

基于上述分析，我们得到了一个一般性的定理，该定理不仅涵盖了花形-超边的性质，还为进一步研究其他类似结构提供了理论基础.

定理 4.3.2：如果 $B \in \mathscr{B}$（定义 4.3.2 中的花形-超边），则

（1）B 包含偶子图 $Q = M_1 \cup M_2$，其中 M_i 是匹配（$i \in \{1, 2\}$），

（2）对于每个 $i \in \{1, 2\}$，$\overline{B \setminus M_i}$ 或者是 $(4, MS)$-围长-可退化的，或者是 $(4, MDS)$-围长-可退化的.

证明： 本定理的证明思路与定理 4.2.1 类似，都是目的在于应用定理 4.2.1 (a)、(b) 和 (c) 的递归收缩过程，故为了避免过度的重复语言，本证明给出每种情况需要找到的偶子图 Q 以及相应的递归收缩过程.

情况 1： u，$v \in V_{\mathrm{I}}$.

不失一般性，令 $u = u_1^1$. 因为 $d(u, v) \geqslant 3$，故点 v 的选择为 u_j^1，其中 $4 \leqslant j \leqslant n-2$. 根据花形蛇鲨图的对称性，可知考虑 j 取下列的范围即可

$$4 \leqslant j \leqslant \frac{n+1}{2}.$$

根据上述不等式，我们可知 $n \geqslant 7$.

选择

$$Q = u_1^2u_2^2\cdots u_n^2u_1^3u_2^3\cdots u_n^3u_1^2\ ,$$

并且令 $M_1 \cup M_2 = Q$，其中 $u_1^3u_2^3 \in M_1$，见图 4.18.

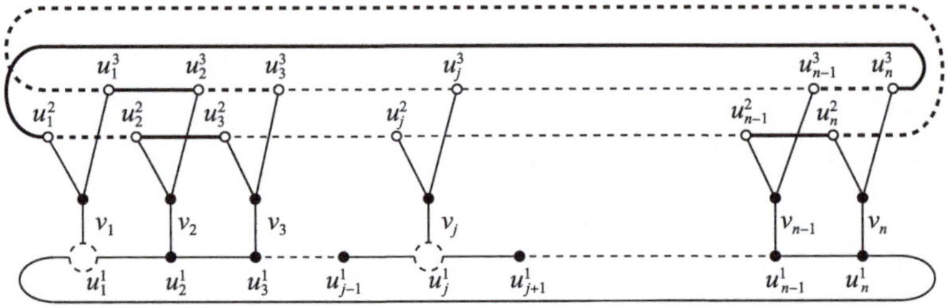

图 4.18　情况 1：$n \geqslant 7$ 并且 $4 \leqslant j \leqslant \dfrac{n+1}{2}$，$u_1^1$ 和 u_j^1 是两个连接顶点

根据花形蛇鲨图的对称性，可知 $\overline{B \setminus M_1} \cong \overline{B \setminus M_2}$. 故我们仅仅考虑 $B \setminus M_1$ 的收缩过程即可，见图 4.19.

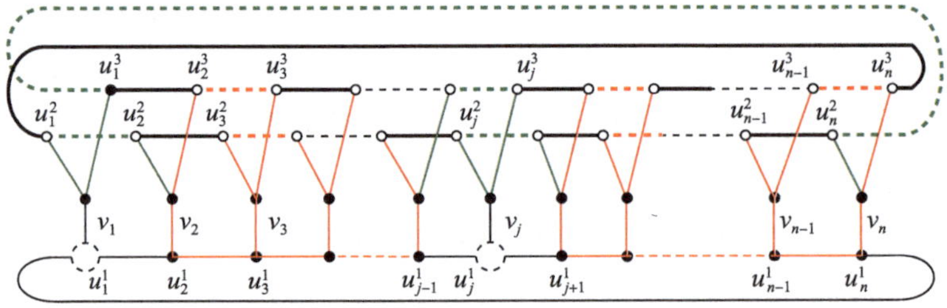

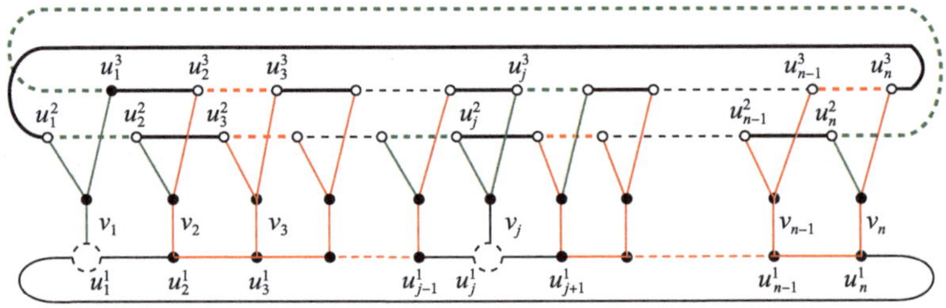

图 4.19　情况 1：$B \setminus M_1$ 其中 $n \geqslant 7$ 并且 $4 \leqslant j \leqslant \dfrac{n+1}{2}$（上图 j 为奇数，下图 j 为偶数）

设

$$C_{0,\,l} = \begin{cases} v_lu_l^1u_{l+1}^1v_{l+1}u_{l+1}^3u_l^3v_l, & \text{若 } l \text{ 是偶数且 } l \in \{2, \cdots, j-2\} \cup \{j+1, \cdots, n-1\}; \\ v_lu_l^1u_{l+1}^1v_{l+1}u_{l+1}^2u_l^2v_l, & \text{若 } l \text{ 是奇数且 } l \in \{3, \cdots, j-2\} \cup \{j+1, \cdots, n-2\}. \end{cases}$$

$$C_{1,\,1} = \begin{cases} u_1^2u_2^2v_2u_2^1\cdots u_{j-1}^1v_{j-1}u_{j-1}^3u_j^3v_ju_j^2u_{j+1}^2v_{j+1}u_{j+1}^1u_{j+2}^1\cdots u_n^1v_nu_n^2u_1^3v_1u_1^2, & \text{若 } j \text{ 是奇数}; \\ u_1^2u_2^2v_2u_2^1\cdots u_{j-1}^1v_{j-1}u_{j-1}^2u_j^2v_ju_j^3u_{j+1}^3v_{j+1}u_{j+1}^1u_{j+2}^1\cdots u_n^1v_nu_n^2u_1^3v_1u_1^2, & \text{若 } j \text{ 是偶数}, \end{cases}$$

并且设

$$X_0 = \left(\bigcup_{l=2}^{j-2} C_{0,\,l}\right) \cup \left(\bigcup_{l=j+1}^{n-1} C_{0,\,l}\right),\ X_1 = C_{1,\,1}.$$

类似定理 4.2.1 的后续分析过程，可知 $\overline{B\setminus M_1}$ 是（4, MS）-围长-可退化的.

情况 2：　u，$v\in V_{\mathrm{II}}$（与 u，$v\in V_{\mathrm{III}}$ 等价，也与 $u\in V_{\mathrm{II}}$ 和 $v\in V_{\mathrm{III}}$ 等价）.

不失一般性，令 $u=u_1^2$. 因为 $d(u, v)\geqslant 3$，故点 v 可以选择 u_j^2，其中 $4\leqslant j\leqslant n$. 但是又根据点 v 具体的位置，又可以分成以下几种子情况考虑，分别为：

(1) 当 $n\geqslant 7$: $4\leqslant j\leqslant n-3$, $j=n-2$, $j=n-1$（$n\geqslant 9$）, $j=n-1$（$n=7$）, $j=n$；

(2) 当 $n=5$: $j=4$, $j=5$.

子情况 2.1：　$n\geqslant 7$ 并且 $4\leqslant j\leqslant n-3$.

选择

$$Q=u_1^3u_2^3\cdots u_{n-1}^3u_n^3v_nu_n^1u_{n-1}^1\cdots u_1^1v_1u_1^3\ ,$$

并且令 $M_1\cup M_2=Q$，其中 $u_2^3u_3^3\in M_1$，见图 4.20.

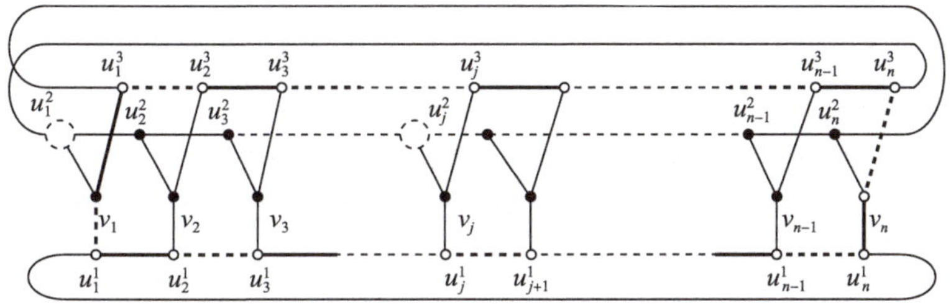

图 4.20　子情况 2.1：$n\geqslant 7$ 并且 $4\leqslant j\leqslant n-3$（$u_1^2$ 和 u_j^2 是两个连接顶点）

根据花形蛇鲨图的对称性，可知 $\overline{B\setminus M_1}\cong\overline{B\setminus M_2}$. 故我们仅仅考虑 $B\setminus M_1$ 的收缩过程即可，见图 4.21.

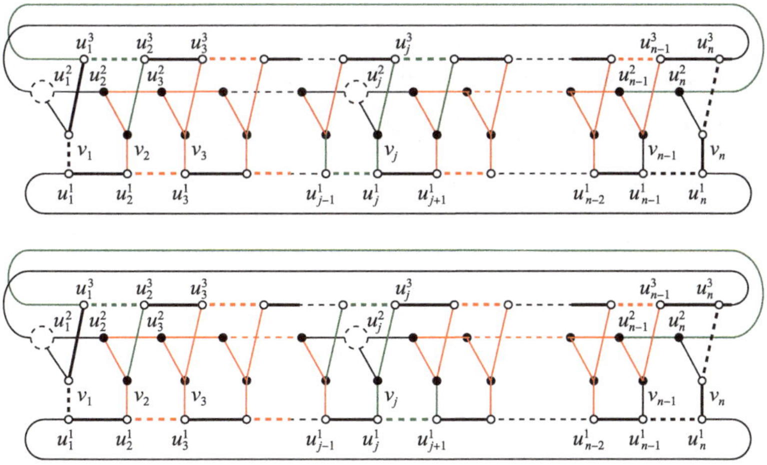

图 4.21　子情况 2.1：$B\setminus M_1$ 其中 $n\geqslant 7$ 并且 $4\leqslant j\leqslant n-3$（上图 j 为奇数，下图 j 为偶数）

设

$$C_{0,\ l}=\begin{cases}v_lu_l^1u_{l+1}^1v_{l+1}u_{l+1}^2u_l^2v_l,\ 若\ l\ 是偶数且\ l\in\{2,\ \cdots,\ j-2\}\cup\{j+1,\ \cdots,\ n-3\};\\ v_lu_l^3u_{l+1}^3v_{l+1}u_{l+1}^2u_l^2v_l,\ 若\ l\ 是奇数且\ l\in\{3,\ \cdots,\ j-2\}\cup\{j+1,\ \cdots,\ n-2\},\end{cases}$$

$$C_{1,\ 1}=\begin{cases}u_n^2u_1^3u_2^3v_2u_2^2\cdots u_{j-1}^2v_{j-1}u_{j-1}^1u_j^1v_ju_j^3u_{j+1}^3v_{j+1}u_{j+1}^2\cdots u_n^2,\ 若\ j\ 是奇数;\\ u_n^2u_1^3u_2^3v_2u_2^2\cdots u_{j-1}^2v_{j-1}u_{j-1}^3u_j^3v_ju_j^1u_{j+1}^1v_{j+1}u_{j+1}^2\cdots u_n^2,\ 若\ j\ 是偶数,\end{cases}$$

并且

$$X_0=(\bigcup_{l=2}^{j-2}C_{0,\ l})\cup(\bigcup_{l=j+1}^{n-2}C_{0,\ l}),\ X_1=C_{1,\ 1}.$$

类似定理 4.2.1 的后续分析过程，可知 $\overline{B\setminus M_1}$ 是（4, *MS*）-围长-可退化的.

子情况 2.2： $n\geqslant 7$ 并且 $j=n-2$.

选择

$$Q=u_2^3u_3^3\cdots u_{n-1}^3u_n^3v_nu_n^1u_{n-1}^1\cdots u_2^1v_2u_2^3\ ,$$

并且令 $M_1\cup M_2=Q$，其中 $u_2^3u_3^3\in M_1$，见图 4.22.

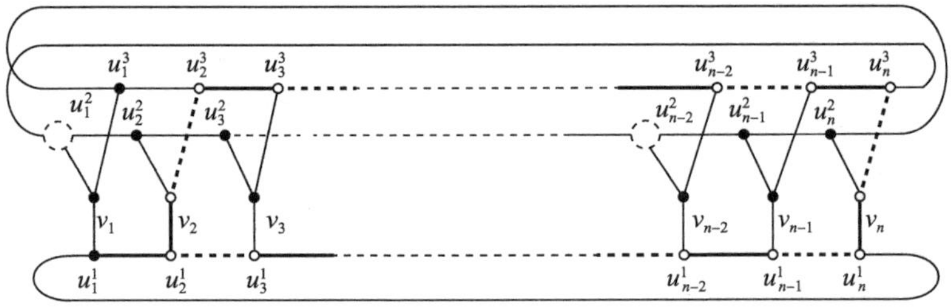

图 4.22 子情况 2.2：$n\geqslant 7$ 并且 $j=n-2$（u_1^2 和 u_{n-2}^2 是两个连接顶点）

通过分析花形蛇鲨图的结构，可知在此情况下 $\overline{B\setminus M_1}\not\cong\overline{B\setminus M_2}$. 因此我们需要分别考虑 $\overline{B\setminus M_1}$ 和 $\overline{B\setminus M_2}$ 的收缩过程，见图 4.23.

考虑 $\overline{B\setminus M_1}$. 设

$$C_{0,\ l}=\begin{cases}v_lu_l^1u_{l+1}^1v_{l+1}u_{l+1}^2u_l^2v_l,\ 若\ l\ 是偶数且\ l\in\{4,\ \cdots,\ n-5\};\\ v_lu_l^3u_{l+1}^3v_{l+1}u_{l+1}^2u_l^2v_l,\ 若\ l\ 是奇数且\ l\in\{3,\ \cdots,\ n-4\}.\end{cases}$$

$$C_{1,\ 1}=v_3u_3^2\cdots u_{n-3}^2v_{n-3}u_{n-3}^1u_{n-2}^1v_{n-2}u_{n-2}^3u_{n-1}^3v_{n-1}u_{n-1}^1u_n^1u_1^1u_2^1u_3^1v_3\ ,$$

$$C_{2,\ 1}=u_1^3u_2^3v_2u_2^2u_3^2v_3u_3^1u_2^1u_1^1v_1u_1^3\ ,$$

$$C_{3,\ 1}=u_1^3u_2^3v_2u_2^2u_3^2\cdots u_{n-3}^2v_{n-3}u_{n-3}^1u_{n-2}^1v_{n-2}u_{n-2}^3u_{n-1}^3v_{n-1}u_{n-1}^2u_n^2u_1^3\ ,$$

并且

$$X_0=\bigcup_{l=3}^{n-4}C_{0,\ l},\ X_1=C_{1,\ 1},\ X_2=C_{2,\ 1},\ X_3=C_{3,\ 1}.$$

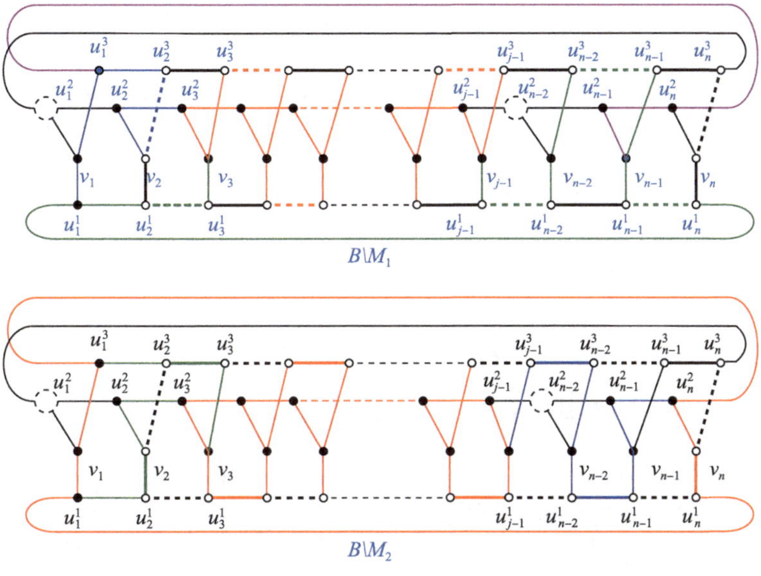

图 4.23 子情况 2.2: $n \geq 7$ 并且 $j = n-2$

类似定理 4.2.1 的后续分析过程，可知 $\overline{B \setminus M_1}$ 是 (4, MS) -围长-可退化的.

考虑 $\overline{B \setminus M_2}$. 设

$$D_{0,\ l} = \begin{cases} v_l u_l^3 u_{l+1}^3 v_{l+1} u_{l+1}^2 u_l^2 v_l, & 若\ l\ 是偶数且\ l \in \{4,\ \cdots,\ n-5\}; \\ v_l u_l^1 u_{l+1}^1 v_{l+1} u_{l+1}^2 u_l^2 v_l, & 若\ l\ 是奇数且\ l \in \{3,\ \cdots,\ n-4\}. \end{cases}$$

$$D_{0,\ 1} = u_1^3 u_n^2 v_n u_n^1 u_1^1 v_1 u_1^3,\ \ D_{1,\ 1} = u_1^3 u_2^3 u_3^3 v_3 u_3^2 u_2^2 v_2 u_2^1 u_1^1 v_1 u_1^3,$$

$$D_{2,\ 1} = u_1^3 u_2^3 u_3^3 v_3 u_3^2 \cdots u_{n-3}^2 v_{n-3} u_{n-3}^3 u_{n-2}^3 v_{n-2} u_{n-2}^1 u_{n-1}^1 v_{n-1} u_{n-1}^2 u_n^2 u_1^3,$$

并且设

$$X_0 = \left(\bigcup_{l=3}^{n-4} D_{0,\ l}\right) \cup D_{0,\ 1},\ \ X_1 = D_{1,\ 1},\ \ X_2 = D_{2,\ 1}.$$

类似定理 4.2.1 的后续分析过程，可知 $\overline{B \setminus M_2}$ 是 (4, MS) -围长-可退化的.

子情况 2.3: $n \geq 9$ 并且 $j = n-1$.

选择

$$Q = u_2^3 u_3^3 \cdots u_{j-2}^3 v_{j-2} u_{j-2}^1 u_{j-3}^1 \cdots u_2^1 v_2 u_2^3$$

并且令 $M_1 \cup M_2 = Q$，其中 $u_2^3 u_3^3 \in M_1$，见图 4.24.

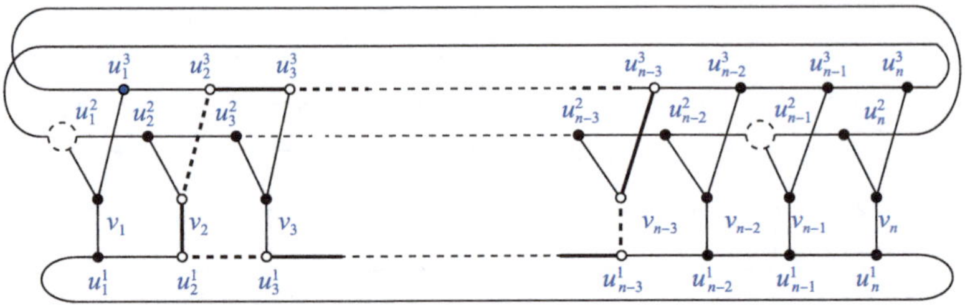

图 4.24　子情况 2.3：$n \geqslant 9$ 并且 $j = n - 1$（u_1^2 和 u_{n-1}^2 是两个连接顶点）

通过分析花形蛇鲨图的结构，可知在此情况下 $\overline{B \setminus M_1} \neq \overline{B \setminus M_2}$．因此我们需要分别考虑 $\overline{B \setminus M_1}$ 和 $\overline{B \setminus M_2}$ 的收缩过程，见图 4.25.

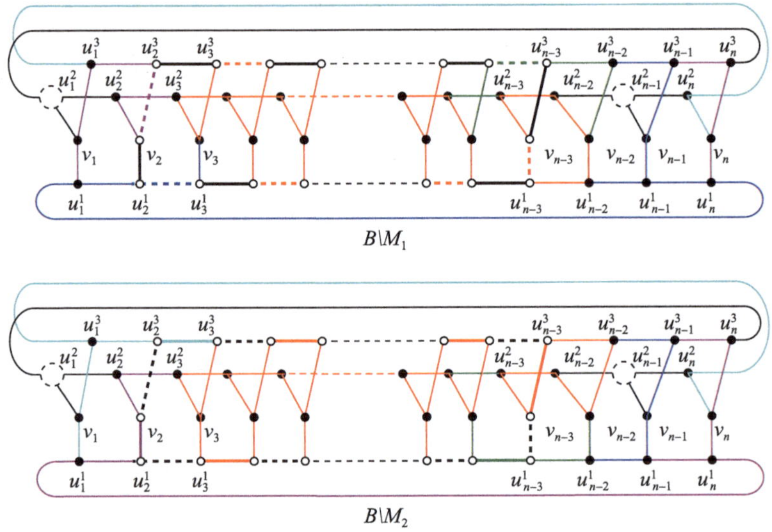

图 4.25　子情况 2.3：$n \geqslant 9$ 并且 $j = n - 1$

考虑 $\overline{B \setminus M_1}$．设

$$C_{0,\,l} = \begin{cases} v_l u_l^1 u_{l+1}^1 v_{l+1} u_{l+1}^2 u_l^2 v_l，若 l 是偶数且 l \in \{4,\ \cdots,\ n-3\}； \\ v_l u_l^3 u_{l+1}^3 v_{l+1} u_{l+1}^2 u_l^2 v_l，若 l 是奇数且 l \in \{3,\ \cdots,\ n-6\}. \end{cases}$$

$$C_{1,\,1} = u_{n-2}^3 u_{n-3}^3 u_{n-4}^3 v_{n-4} u_{n-4}^2 u_{n-3}^2 u_{n-2}^2 v_{n-2} u_{n-2}^3，\ C_{2,\,1} = u_{n-2}^3 u_{n-1}^3 v_{n-1} u_{n-1}^1 u_{n-2}^1 v_{n-2} u_{n-2}^3，$$

$$C_{2,\,2} = u_1^1 u_n^1 u_{n-1}^1 u_{n-2}^1 v_{n-2} u_{n-2}^2 \cdots u_3^2 v_3 u_3^1 u_2^1 u_1^1，\ C_{3,\,1} = u_1^3 v_1 u_1^1 u_2^1 u_3^1 v_3 u_3^2 u_2^2 v_2 u_2^3 u_1^3，$$

$$C_{3,\,2} = u_{n-1}^3 u_n^3 v_n u_n^1 u_{n-1}^1 v_{n-1} u_{n-1}^3，\ C_{4,\,1} = u_1^3 u_n^2 v_n u_n^1 u_1^1 v_1 u_1^3，$$

并且设

$$X_0 = \left(\bigcup_{l=3}^{n-5} C_{0,\,l}\right) \cup C_{0,\,n-3}，X_1 = C_{1,\,1}，X_2 = C_{2,\,1} \cup C_{2,\,2}，X_3 = C_{3,\,1} \cup C_{3,\,2}，X_4 = C_{4,\,1}.$$

类似定理 4.2.1 的后续分析过程，可知 $\overline{B\setminus M_1}$ 是（4, *MS*）-围长-可退化的.

考虑 $\overline{B\setminus M_2}$. 设

$$D_{0,\ l}=\begin{cases}v_l u_l^3 u_{l+1}^3 v_{l+1} u_{l+1}^2 u_l^2 v_l, & \text{若 } l \text{ 是偶数且 } l\in\{4,\ \cdots,\ n-3\};\\ v_l u_l^1 u_{l+1}^1 v_{l+1} u_{l+1}^2 u_l^2 v_l, & \text{若 } l \text{ 是奇数且 } l\in\{3,\ \cdots,\ n-6\},\end{cases}$$

$$D_{1,\ 1}=u_{n-3}^2u_{n-4}^2v_{n-4}u_{n-4}^1u_{n-3}^1u_{n-2}^1v_{n-2}u_{n-2}^2u_{n-3}^2,\quad D_{2,\ 1}=u_{n-2}^3u_{n-1}^3v_{n-1}u_{n-1}^1u_{n-2}^1v_{n-2}u_{n-2}^3,$$

$$D_{3,\ 1}=u_1^1u_n^1u_{n-1}^1u_{n-2}^1v_{n-2}u_{n-2}^2\cdots u_2^2v_2u_2^1u_1^1,\quad D_{3,\ 2}=u_{n-1}^3u_n^3v_nu_n^1u_{n-1}^1v_{n-1}u_{n-1}^3,$$

$$D_{4,\ 1}=u_1^3u_2^3u_3^3v_3u_3^2u_2^2v_2u_2^1u_1^1v_1u_1^3,\quad D_{4,\ 2}=u_1^3u_n^2v_nu_n^1u_1^1v_1u_1^3,$$

并且设

$$X_0=\Big(\bigcup_{l=3}^{n-5}D_{0,\ l}\Big)\cup D_{0,\ n-3},\ X_1=D_{1,\ 1},\ X_2=D_{2,\ 1},\ X_3=D_{3,\ 1}\cup D_{3,\ 2},\ X_4=D_{4,\ 1}\cup D_{4,\ 2}.$$

类似定理 4.2.1 的后续分析过程，可知 $\overline{B\setminus M_2}$ 是（4, *MS*）-围长-可退化的.

子情况 2.4： $n=7$ 并且 $j=n-1$.

选择

$$Q=u_2^3u_3^3u_4^3v_4u_4^1u_3^1u_2^1v_2u_2^3,$$

并且令 $M_1\cup M_2=Q$，其中 $u_2^3u_3^3\in M_1$.

通过分析花形蛇鲨图的结构，可知在此情况下 $\overline{B\setminus M_1}\not\cong\overline{B\setminus M_2}$. 因此我们需要分别考虑 $\overline{B\setminus M_1}$ 和 $\overline{B\setminus M_2}$ 的收缩过程，见图 4.26.

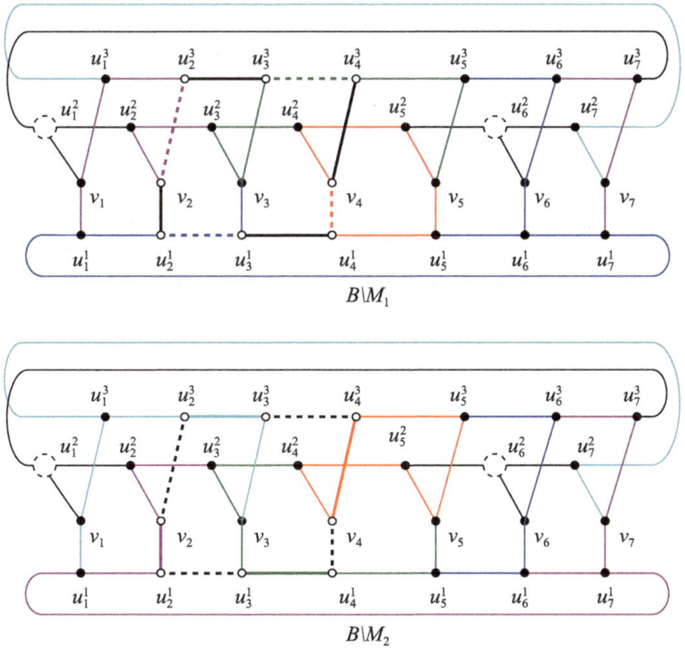

图 4.26　子情况 2.4：$n=7$ 并且 $j=n-1$

考虑 $\overline{B\setminus M_1}$. 设

$$C_{0,4}=v_4u_4^1u_5^1v_5u_5^2u_4^2v_4,\ C_{1,1}=u_5^3u_4^3u_3^3v_3u_3^2u_4^2u_5^2v_5u_5^3,\ C_{2,1}=u_5^3u_6^3v_6u_6^1u_5^1v_5u_5^3,$$
$$C_{2,2}=u_1^1u_7^1\cdots u_4^1v_4u_4^2u_3^2v_3u_3^1u_2^1u_1^1,\ C_{3,1}=u_6^3u_7^3v_7u_7^1u_6^1v_6u_6^3,\ C_{3,2}=u_1^3v_1u_1^1u_2^1u_3^1v_3u_3^2u_2^2v_2u_2^3u_1^3,$$
$$C_{4,1}=u_1^3v_1u_1^1u_7^1v_7u_7^2u_1^3,$$

并且设

$$X_0=C_{0,4},\ X_1=C_{1,1},\ X_2=C_{2,1}\cup C_{2,2},\ X_3=C_{3,1}\cup C_{3,2},\ X_4=C_{4,1}.$$

类似定理 4.2.1 的后续分析过程，可知 $\overline{B\setminus M_1}$ 是（4, MS）-围长-可退化的.

考虑 $\overline{B\setminus M_2}$. 设

$$D_{0,4}=v_4u_4^3u_5^3v_5u_5^2u_4^2v_4,\ D_{1,1}=u_3^2u_4^2u_5^2v_5u_5^1u_4^1u_3^1v_3u_3^2,\ D_{2,1}=u_5^3u_6^3v_6u_6^1u_5^1v_5u_5^3,$$
$$D_{3,1}=u_6^3u_7^3v_7u_7^1u_6^1v_6u_6^3,\ D_{3,2}=u_2^2v_2u_2^1u_1^1u_7^1\cdots u_3^1v_3u_3^2u_2^2,\ ,$$
$$D_{4,1}=u_1^3v_1u_1^1u_2^1v_2u_2^2u_3^2v_3u_3^3u_2^3u_1^3,\ D_{4,2}=u_1^3v_1u_1^1u_7^1v_7u_7^2u_1^3,$$

并且设

$$X_0=D_{0,4},\ X_1=D_{1,1},\ X_2=D_{2,1},\ X_3=D_{3,1}\cup D_{3,2},\ X_4=D_{4,1}\cup D_{4,2}.$$

类似定理 4.2.1 的后续分析过程，可知 $\overline{B\setminus M_2}$ 是（4, MS）-围长-可退化的.

子情况 2.5： $n\geqslant 7$ 并且 $j=n$.

选择

$$Q=u_2^3u_3^3\cdots u_{j-2}^3v_{j-2}u_{j-2}^1u_{j-3}^1\cdots u_2^1v_2u_2^3,$$

并且令 $M_1\cup M_2=Q$，其中 $u_2^3u_3^3\in M_1$，见图 4.27.

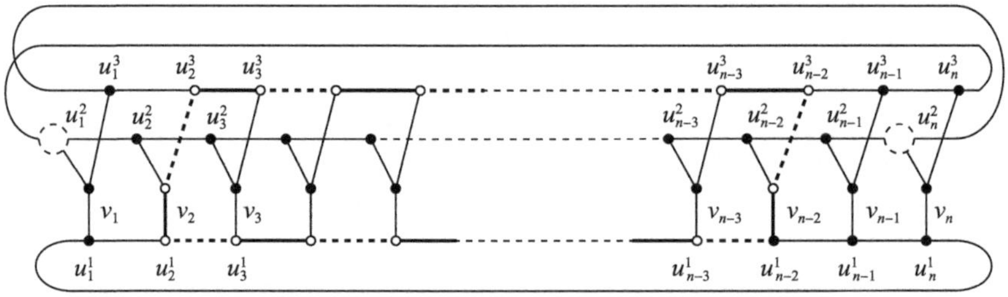

图 4.27　子情况 2.5：$n\geqslant 7$ 并且 $j=n$，u_1^2 和 u_n^2 是两个连接顶点

通过分析花形蛇鲨图的结构，可知在此情况下 $\overline{B\setminus M_1}\neq\overline{B\setminus M_2}$. 因此我们需要分别考虑 $\overline{B\setminus M_1}$ 和 $\overline{B\setminus M_2}$ 的收缩过程，见图 4.28.

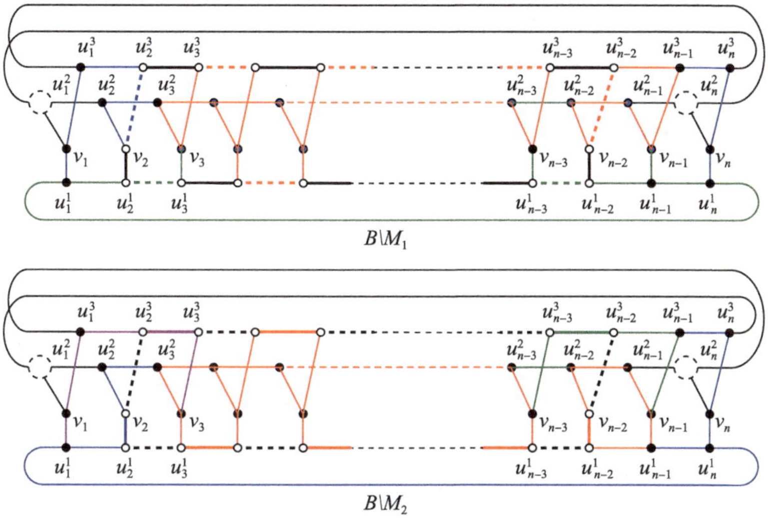

图 4.28　子情况 2.5：$n \geqslant 7$ 并且 $j = n$

考虑 $\overline{B \setminus M_1}$. 设

$$C_{0,\ l} = \begin{cases} v_l u_l^1 u_{l+1}^1 v_{l+1} u_{l+1}^2 u_l^2 v_l, & \text{若 } l \text{ 是偶数且 } l \in \{4,\ \cdots,\ n-5\}; \\ v_l u_l^3 u_{l+1}^3 v_{l+1} u_{l+1}^2 u_l^2 v_l, & \text{若 } l \text{ 是奇数且 } l \in \{3,\ \cdots,\ n-2\}, \end{cases}$$

$$C_{1,\ 1} = u_{n-3}^2 u_{n-2}^2 u_{n-1}^2 v_{n-1} u_{n-1}^1 u_{n-2}^1 u_{n-3}^1 v_{n-3} u_{n-3}^2,\ C_{1,\ 2} = u_1^1 u_n^1 u_{n-1}^1 u_{n-2}^1 u_{n-3}^1 v_{n-3} u_{n-3}^2 \cdots u_3^2 v_3 u_3^1 u_2^1 u_1^1,$$

$$C_{2,\ 1} = u_{n-1}^3 u_n^3 v_n u_n^1 u_{n-1}^1 v_{n-1} u_{n-1}^3,\ C_{2,\ 2} = u_1^3 v_1 u_1^1 u_2^1 u_3^1 v_3 u_3^2 u_2^2 v_2 u_2^3 u_1^3,$$

并且设

$$X_0 = \left(\bigcup_{l=3}^{n-4} C_{0,\ l}\right) \cup C_{0,\ n-2},\ X_1 = C_{1,\ 1} \cup C_{1,\ 2},\ X_2 = C_{2,\ 1} \cup C_{2,\ 2}.$$

类似定理 4.2.1 的后续分析过程，可知 $\overline{B \setminus M_1}$ 是（4，MS）-围长-可退化的.

考虑 $\overline{B \setminus M_2}$. 设

$$D_{0,\ l} = \begin{cases} v_l u_l^3 u_{l+1}^3 v_{l+1} u_{l+1}^2 u_l^2 v_l, & \text{若 } l \text{ 是偶数且 } l \in \{4,\ \cdots,\ n-5\}; \\ v_l u_l^1 u_{l+1}^1 v_{l+1} u_{l+1}^2 u_l^2 v_l, & \text{若 } l \text{ 是奇数且 } l \in \{3,\ \cdots,\ n-2\}, \end{cases}$$

$$D_{1,\ 1} = u_{n-1}^3 u_{n-2}^3 u_{n-3}^3 v_{n-3} u_{n-3}^2 u_{n-2}^2 u_{n-1}^2 v_{n-1} u_{n-1}^3,\ D_{2,\ 1} = u_{n-1}^3 u_n^3 v_n u_n^1 u_{n-1}^1 v_{n-1} u_{n-1}^3,$$

$$D_{2,\ 2} = u_1^1 u_n^1 u_{n-1}^1 u_{n-2}^1 v_{n-2} u_{n-2}^2 \cdots u_2^2 v_2 u_2^1 u_1^1,\ D_{3,\ 1} = u_1^3 v_1 u_1^1 u_2^1 v_2 u_2^2 u_3^2 v_3 u_3^3 u_2^3 u_1^3,$$

并且设

$$X_0 = \left(\bigcup_{l=3}^{n-4} D_{0,\ l}\right) \cup D_{0,\ n-2},\ X_1 = D_{1,\ 1},\ X_2 = D_{2,\ 1} \cup D_{2,\ 2},\ X_3 = D_{3,\ 1}.$$

类似定理 4.2.1 的后续分析过程，可知 $\overline{B \setminus M_2}$ 是（4，MS）-围长-可退化的.

子情况 2.6：$n = 5$ 并且 $j = 4$.

选择

$$Q = u_3^3u_4^3u_5^3v_5u_5^1u_4^1u_3^1v_3u_3^3\,,$$

并且令 $M_1 \cup M_2 = Q$，其中 $u_4^3u_5^3 \in M_1$，见图 4.29.

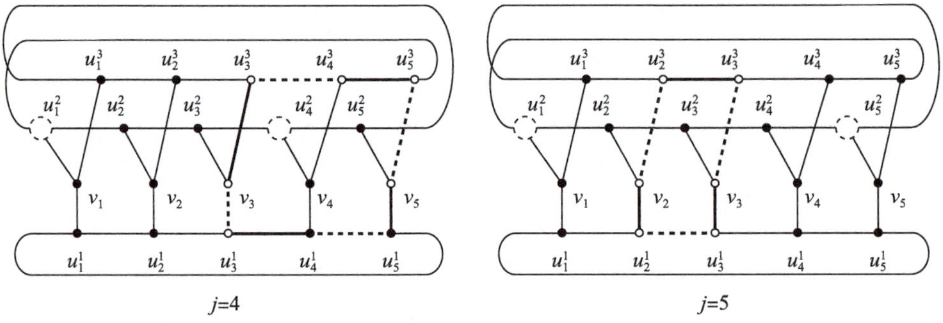

图 4.29　情况 2：$n = 5$

通过分析花形蛇鲨图的结构，可知在此情况下 $\overline{B\setminus M_1} \not\cong \overline{B\setminus M_2}$. 因此我们需要分别考虑 $\overline{B\setminus M_1}$ 和 $\overline{B\setminus M_2}$ 的收缩过程，见图 4.30.

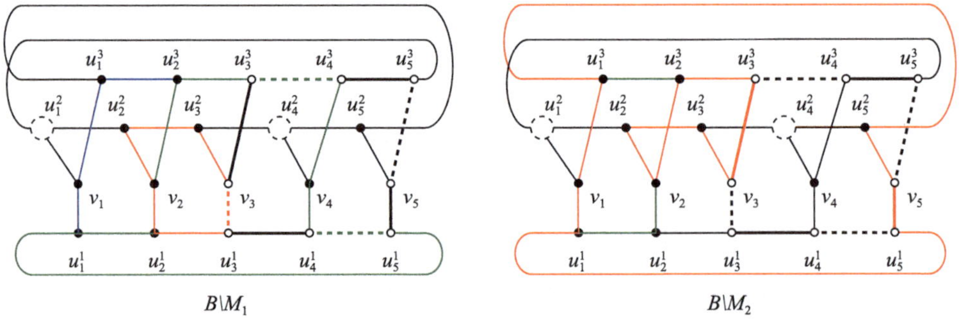

图 4.30　子情况 2.6：$n = 5$ 并且 $j = 4$

考虑 $\overline{B\setminus M_1}$. 设

$C_{0,1} = u_2^2u_3^2v_3u_3^1u_2^1v_2u_2^2$，$C_{1,1} = u_2^3u_3^3u_4^3v_4u_4^1u_5^1u_1^1u_2^1v_2u_2^3$，$C_{2,1} = u_1^3u_2^3v_2u_2^1u_1^1v_1u_1^3$，并且设

$$X_0 = C_{0,1}，X_1 = C_{1,1}，X_2 = C_{2,1}.$$

类似定理 4.2.1 的后续分析过程，可知 $\overline{B\setminus M_1}$ 是（4，*MDS*）-围长-可退化的.

考虑 $\overline{B\setminus M_2}$. 设

$D_{0,1} = u_2^2u_3^2v_3u_3^3u_2^3v_2u_2^2$，$D_{0,2} = u_1^3u_5^2v_5u_5^1u_1^1v_1u_1^3$，$D_{1,1} = u_1^3u_2^3v_2u_2^1u_1^1v_1u_1^3$，

并且设

$$X_0 = D_{0,1} \cup D_{0,2},\ X_1 = D_{1,1}.$$

类似定理 4.2.1 的后续分析过程，可知 $\overline{B \setminus M_2}$ 是（4, *MDS*）-围长-可退化的.

子情况 2.7： $n = 5$ 并且 $j = 5$.

选择

$$Q = u_2^3 u_3^3 v_3 u_3^1 u_2^1 v_2 u_2^3,$$

并且令 $M_1 \cup M_2 = Q$，其中 $u_2^3 u_3^3 \in M_1$.

通过分析花形蛇鲨图的结构，可知在此情况下 $\overline{B \setminus M_1} \ncong \overline{B \setminus M_2}$. 因此我们需要分别考虑 $\overline{B \setminus M_1}$ 和 $\overline{B \setminus M_2}$ 的收缩过程，见图 4.31.

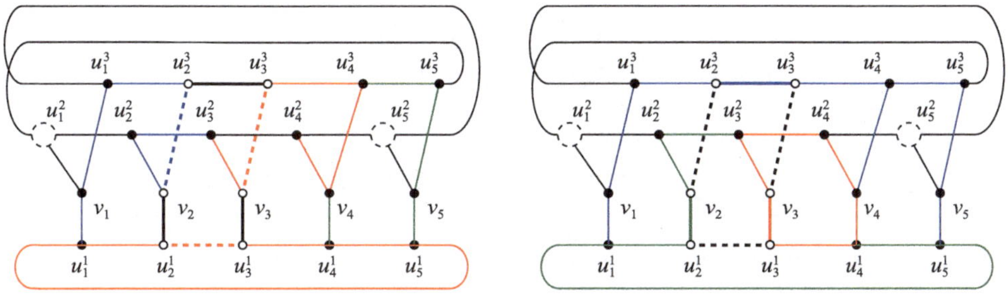

图 4.31 子情况 2.7：$n = 5$ 并且 $j = 5$

考虑 $\overline{B \setminus M_1}$. 设

$$C_{0,1} = u_4^3 v_4 u_4^2 u_3^2 v_3 u_3^3 u_4^3,\ C_{0,2} = u_4^1 u_5^1 u_1^1 u_2^1 u_3^1 u_4^1,$$
$$C_{1,1} = u_4^3 u_5^3 v_5 u_5^1 u_4^1 v_4 u_4^3,\ C_{2,1} = u_1^3 u_2^3 v_2 u_2^2 u_3^2 u_4^2 v_4 u_4^1 u_3^1 u_2^1 u_1^1 v_1 u_1^3,$$

并且设

$$X_0 = C_{0,1} \cup C_{0,2},\ X_1 = C_{1,1},\ X_2 = C_{2,1}.$$

类似定理 4.2.1 的后续分析过程，可知 $\overline{B \setminus M_1}$ 是（4, *MS*）-围长-可退化的.

考虑 $\overline{B \setminus M_2}$. 设

$$D_{0,1} = u_4^2 v_4 u_4^1 u_3^1 v_3 u_3^2 u_4^2,\ D_{1,1} = u_2^2 u_3^2 v_3 u_3^1 u_4^1 u_5^1 u_1^1 u_2^1 v_2 u_2^2,$$
$$D_{2,1} = u_4^3 u_5^3 v_5 u_5^1 u_4^1 v_4 u_4^3,\ D_{2,2} = u_1^3 u_2^3 u_3^3 u_4^3 v_4 u_4^2 u_3^2 u_2^2 v_2 u_2^1 u_1^1 v_1 u_1^3,$$

并且设

$$X_0 = D_{0,1},\ X_1 = D_{1,1},\ X_2 = D_{2,1} \cup D_{2,2}.$$

类似定理 4.2.1 的后续分析过程，可知 $\overline{B \setminus M_2}$ 是（4, *MS*）-围长-可退化的.

情况 3： $u,\ v \in V_C$

不失一般性，令 $u = v_1$. 注意到有 π^*：$V(F_n) \to V(F_n)$ 使得

$$\pi^*(x)=\begin{cases}u_\mu^i, \text{ 若 } x=u_{n+2-\mu}^i, \text{ 其中 } i\in\{1,2,3\} \text{ 且 } \mu\neq 1;\\ v_\mu, \text{ 若 } x=v_{n+2-\mu} \text{ 且 } \mu\neq 1;\\ u_1^{5-i}, \text{ 若 } x=u_1^i, \text{ 其中 } i\in\{2,3\};\\ x, \text{ 其中 } x\in\{v_1, u_1^1\}.\end{cases}$$

由于花形蛇鲨图的自同构 π^*，我们需要考虑以下几种子情况：

$$3\leqslant j\leqslant\frac{n+1}{2}(n\geqslant 5), j=2(n\geqslant 7), j=2(n=5).$$

子情况 3.1： $n\geqslant 5$ 并且 $3\leqslant j\leqslant\dfrac{n+1}{2}$.

选择

$$Q=u_1^2u_2^2\cdots u_n^2u_1^3u_2^3\cdots u_n^3u_1^2,$$

并且令 $M_1\cup M_2=Q$，其中 $u_3^3u_4^3\in M_1$，见图 4.32.

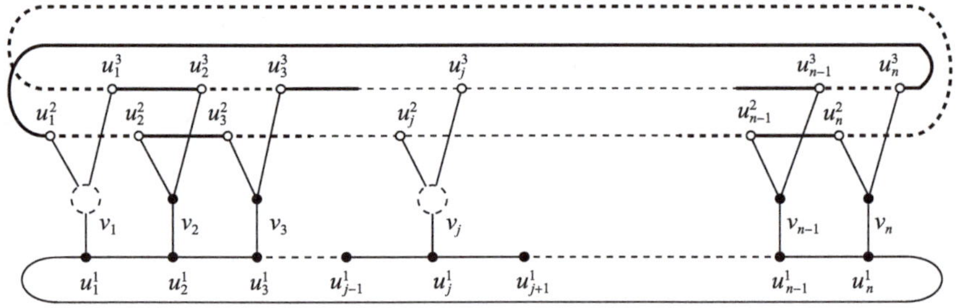

图 4.32 子情况 3.1：$3\leqslant j\leqslant\dfrac{n+1}{2}$

根据定理 4.2.1 中花形蛇鲨图的自同构 π 可知 $\overline{B\setminus M_1}\cong\overline{B\setminus M_2}$，故我们仅需要考虑 $B\setminus M_1$ 即可，见图 4.33.

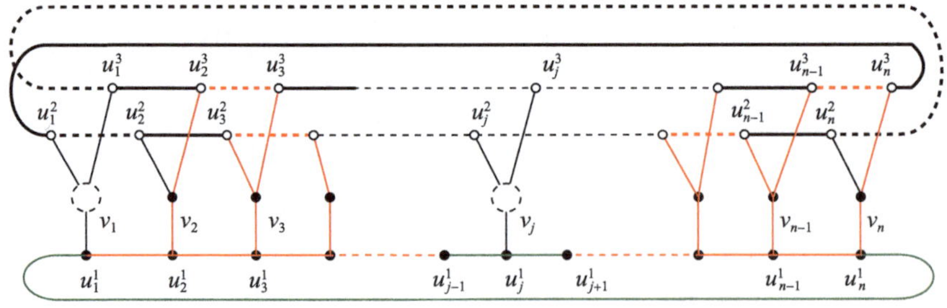

图 4.33 子情况 3.1：$B\setminus M_1$ 其中 $3\leqslant j\leqslant\dfrac{n+1}{2}$

设

$$C_{0,l}=\begin{cases}v_lu_l^1u_{l+1}^1v_{l+1}u_{l+1}^3u_l^3v_l, & \text{若 } l \text{ 是偶数且 } l\in\{2,\cdots,n-1\};\\ v_lu_l^1u_{l+1}^1v_{l+1}u_{l+1}^2u_l^2v_l, & \text{若 } l \text{ 是奇数且 } l\in\{3,\cdots,n-2\},\end{cases}$$

$$C_{1,1}=u_1^1u_2^1\cdots u_n^1u_1^1,$$

并且设

$$X_0=\begin{cases}\bigcup_{l=4}^{n-1}C_{0,l}, & \text{若 } j=3;\\ (\bigcup_{l=2}^{j-2}C_{0,l})\cup(\bigcup_{l=j+1}^{n-1}C_{0,l}), & \text{若 } 4\leqslant j\leqslant\frac{n+1}{2},\end{cases}$$

$$X_1=C_{1,1}.$$

类似定理 4.2.1 的后续分析过程，可知当 $j=3$ 时 $\overline{B\setminus M_1}$ 是（4, MDS）-围长-可退化的，当 $4\leqslant j\leqslant\frac{n+1}{2}$ 时 $\overline{B\setminus M_1}$ 是（4, MS）-围长-可退化的．

子情况 3.2： $n\geqslant 7$ 并且 $j=2$.

根据自同构 π^*，我们在本情况中考虑 $v_j=v_n$．即用 $j=n$ 代替 $j=2$.

选择

$$Q=u_2^3u_3^3\cdots u_{n-1}^3v_{n-1}u_{n-1}^1\cdots u_2^1v_2u_2^3,$$

并且令 $M_1\cup M_2=Q$，其中 $u_3^3u_4^3\in M_1$，见图 4.34.

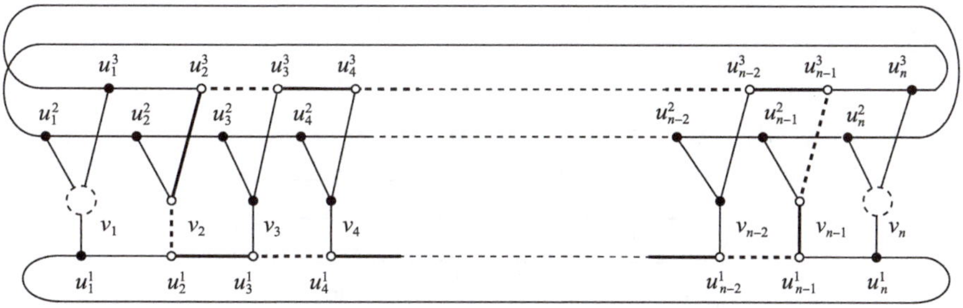

图 4.34　子情况 3.2：$n\geqslant 7$ 并且 $j=n$

令自同构 $\pi_1: V(F_n)\to V(F_n)$，其中

$$\pi_1(x)=\begin{cases}u_\mu^i, & \text{若 } x=u_{n+1-\mu}^i, \text{ 其中 } i\in\{1,2,3\};\\ v_\mu, & \text{若 } x=v_{n+1-\mu}.\end{cases}$$

根据自同构 π_1 可知 $\overline{B\setminus M_1}\cong\overline{B\setminus M_2}$，故我们仅需要考虑 $B\setminus M_1$ 即可，见图 4.35.

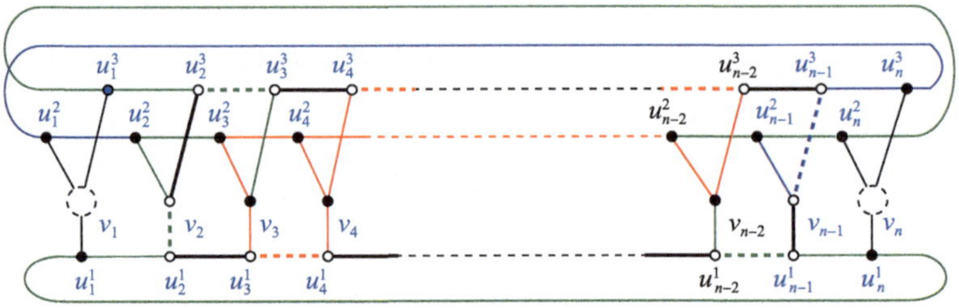

图 4.35　子情况 3.2：$B\backslash M_1$ 其中 $n \geqslant 7$ 并且 $j = n$

设

$$C_{0,\ l} = \begin{cases} v_l u_l^3 u_{l+1}^3 v_{l+1} u_{l+1}^2 u_l^2 v_l, & 若\ l\ 是偶数且\ l \in \{4, \cdots, n-3\}; \\ v_l u_l^1 u_{l+1}^1 v_{l+1} u_{l+1}^2 u_l^2 v_l, & 若\ l\ 是奇数且\ l \in \{3, \cdots, n-4\}, \end{cases}$$

$$C_{1,\ 1} = u_2^2 v_2 u_2^1 u_1^1 u_n^1 u_{n-1}^1 u_{n-2}^1 v_{n-2} u_{n-2}^2 \cdots u_2^2,\ C_{1,\ 2} = u_1^3 u_2^3 u_3^3 v_3 u_3^2 \cdots u_n^2 u_1^3,$$

$$C_{2,\ 1} = u_1^2 u_2^2 \cdots u_{n-1}^2 v_{n-1} u_{n-1}^3 u_n^3 u_1^2$$

并且设

$$X_0 = \bigcup_{l=3}^{n-3} C_{0,\ l},\ X_1 = C_{1,\ 1} \cup C_{1,\ 2},\ X_2 = C_{2,\ 1}.$$

类似定理 4.2.1 的后续分析过程，可知 $\overline{B\backslash M_1}$ 是（4，*MS*）-围长-可退化的.

子情况 3.3： $n = 5$ 并且 $j = 2$.

选择

$$Q = u_3^3 u_4^3 v_4 u_4^1 u_3^1 v_3 u_3^3\ ,$$

并且令 $M_1 \cup M_2 = Q$，其中 $u_3^3 u_4^3 \in M_1$，见图 4.36.

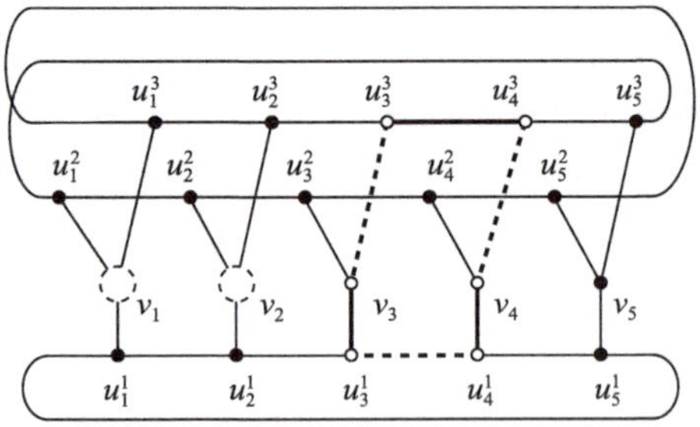

图 4.36　子情况 3.3：$n = 5$ 并且 $j = 2$

通过分析花形蛇鲨图的结构，可知在此情况下 $\overline{B\backslash M_1} \neq \overline{B\backslash M_2}$. 因此我们需要分别考虑 $\overline{B\backslash M_1}$ 和 $\overline{B\backslash M_2}$ 的收缩过程，见图 4.37.

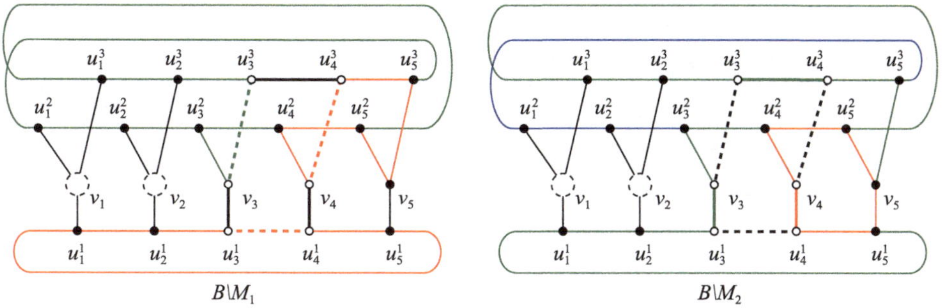

图 4.37　子情况 3.3：$n = 5$ 并且 $j = 2$

考虑 $\overline{B\setminus M_1}$. 设

$$C_{0,1} = u_1^1 u_2^1 \cdots u_5^1 u_1^1,\ C_{0,2} = u_4^2 u_5^2 v_5 u_5^3 u_4^3 v_4 u_4^2,$$
$$C_{1,1} = u_5^2 u_4^2 u_3^2 v_3 u_3^3 u_2^3 u_1^3 u_5^2,\ C_{1,2} = u_5^3 u_1^2 u_2^2 u_3^2 u_4^2 v_4 u_4^3 u_5^3,$$

并且设

$$X_0 = C_{0,1} \cup C_{0,2},\ X_1 = C_{1,1} \cup C_{1,2}.$$

类似定理 4.2.1 的后续分析过程，可知 $\overline{B\setminus M_1}$ 是（4, MDS）-围长-可退化的.

考虑 $\overline{B\setminus M_2}$. 设

$$D_{0,1} = u_4^2 u_5^2 v_5 u_5^1 u_4^1 v_4 u_4^2,\ D_{1,1} = u_5^2 u_1^3 u_2^3 \cdots u_5^3 v_5 u_5^2,$$
$$D_{1,2} = u_4^2 u_3^2 v_3 u_3^1 u_2^1 u_1^1 u_5^1 u_4^1 v_4 u_4^2,\ D_{2,1} = u_5^3 u_1^2 u_2^2 \cdots u_5^2 v_5 u_5^3,$$

并且设

$$X_0 = D_{0,1},\ X_1 = D_{1,1} \cup D_{1,2},\ X_2 = D_{2,1}.$$

类似定理 4.2.1 的后续分析过程，可知 $\overline{B\setminus M_2}$ 是（4, MS）-围长-可退化的.

情况 4: $u \in V_{\mathrm{I}}$ 并且 $v \in V_{\mathrm{II}} \cup V_{\mathrm{III}}$.

不失一般性，令 $u = u_1^1$ 并且 $v = u_j^2 \in V_{\mathrm{II}}$. 因为 $d(u, v) \geqslant 3, j \neq 1$，由于花形蛇鲨图的对称性，考虑以下 j 的取值即可：

$$2 \leqslant j \leqslant \frac{n+1}{2}.$$

选择

$$Q = u_3^3 u_4^3 \cdots u_{n-1}^3 v_{n-1} u_{n-1}^1 u_{n-2}^1 \cdots u_3^1 v_3 u_3^3,$$

并且令 $M_1 \cup M_2 = Q$，其中 $u_3^3 u_4^3 \in M_1$，见图 4.38.

通过分析花形蛇鲨图的结构，可知在此情况下 $\overline{B\setminus M_1} \ncong \overline{B\setminus M_2}$. 因此我们需要分别考虑 $\overline{B\setminus M_1}$ 和 $\overline{B\setminus M_2}$ 的收缩过程.

根据点 $v = u_j^2$ 的选择，需要考虑以下几种子情况：

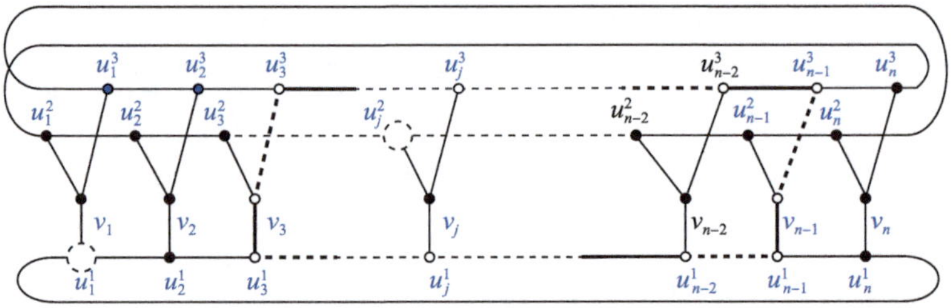

图 4.38　情况 4：$u \in V_{\mathrm{I}}$ 并且 $v \in V_{\mathrm{II}} \cup V_{\mathrm{III}}$

$$4 \leqslant j \leqslant \frac{n+1}{2},\ j = 3,\ j = 2.$$

在分别证明下面几种情况之前，我们先给出一组统一的 $C_{0,\,l}$ 和 $D_{0,\,l}$. 令

$$C_{0,\,l} = \begin{cases} v_l u_l^3 u_{l+1}^3 v_{l+1} u_{l+1}^2 u_l^2 v_l, & 若\ l\ 是偶数且\ l \in \{2, \cdots, n-1\}; \\ v_l u_l^1 u_{l+1}^1 v_{l+1} u_{l+1}^2 u_l^2 v_l, & 若\ l\ 是奇数且\ l \in \{5, \cdots, n-4\}. \end{cases}$$

$$D_{0,\,l} = \begin{cases} v_l u_l^1 u_{l+1}^1 v_{l+1} u_{l+1}^2 u_l^2 v_l, & 若\ l\ 是偶数且\ l \in \{2, \cdots, n-1\}; \\ v_l u_l^3 u_{l+1}^3 v_{l+1} u_{l+1}^2 u_l^2 v_l, & 若\ l\ 是奇数且\ l \in \{5, \cdots, n-4\}. \end{cases}$$

然而根据 j 的取值不同，一些 $C_{0,\,l}$ 和 $D_{0,\,l}$ 的取值可能在子情况的分析中不使用.

子情况 4.1：$4 \leqslant j \leqslant \dfrac{n+1}{2}$.

当 $j = 4$ 时，见图 4.39，当 $5 \leqslant j \leqslant \dfrac{n+1}{2}$ 时，见图 4.40 以 j 为偶数为例.

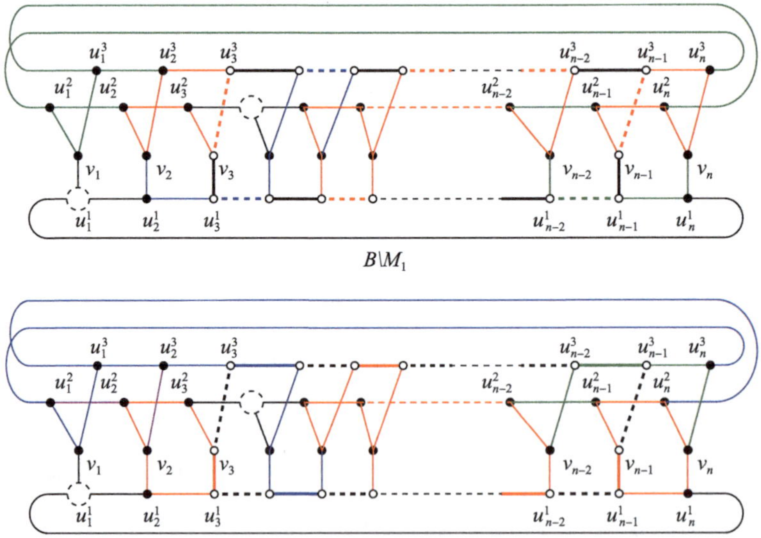

$B \backslash M_1$

$B \backslash M_2$

图 4.39　子情况 4.1：$n \geqslant 9$ 并且 $j = 4$

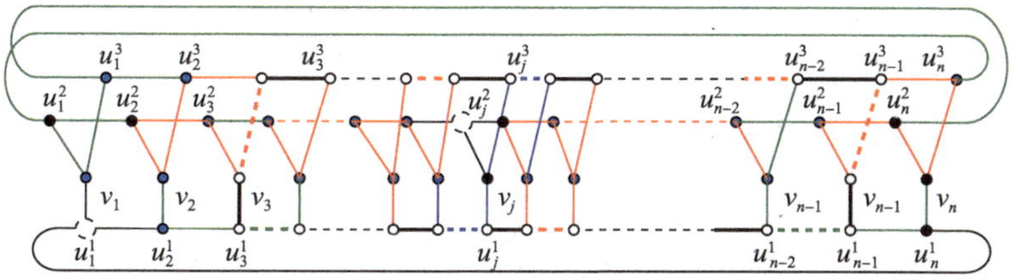

$B\backslash M_1$

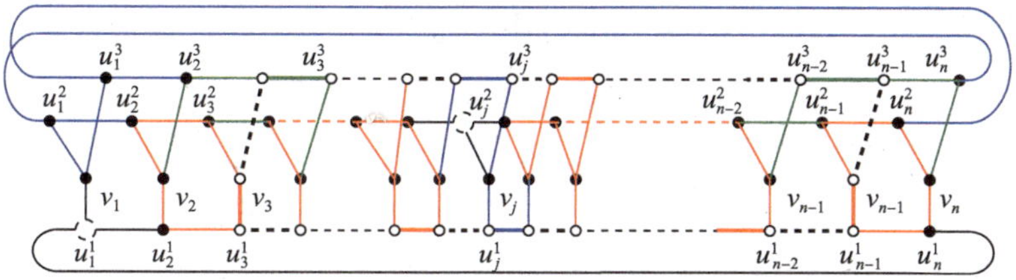

$B\backslash M_2$

图 4.40 子情况 4.1：$n \geqslant 9$ 其中以 j 为偶数为例 $5 \leqslant j \leqslant \frac{n+1}{2}$

考虑 $\overline{B\backslash M_1}$. 设

$$C_{1,1} = u_1^3u_2^3v_2u_2^2u_1^2v_1u_1^3,\ C_{1,2} = u_n^2u_1^3v_1u_1^2u_n^3v_nu_n^2,$$

$$C_{1,3} = u_n^2u_{n-1}^2u_{n-2}^2v_{n-2}u_{n-2}^1u_{n-1}^1u_n^1v_nu_n^2,\ C_{1,4} = u_2^2u_3^2u_4^2v_4u_4^1u_3^1u_2^1v_2u_2^2,$$

$$C_{2,1} = \begin{cases} u_1^3u_2^3v_2u_2^1u_3^1u_4^1v_4u_4^3u_5^3v_5u_5^2\cdots u_n^2u_1^3, & \text{若 } j = 4; \\ u_1^3u_2^3u_3^3v_3u_3^2\cdots u_{j-1}^2v_{j-1}u_{j-1}^1u_j^1v_ju_j^3u_{j+1}^3v_{j+1}u_{j+1}^2\cdots u_n^2u_1^3, & \text{若 } j \text{ 是偶数且 } 5 \leqslant j \leqslant \frac{n+1}{2}; \\ u_1^3u_2^3u_3^3v_3u_3^2\cdots u_{j-1}^2v_{j-1}u_{j-1}^3u_j^3v_ju_j^1u_{j+1}^1v_{j+1}u_{j+1}^2\cdots u_n^2u_1^3, & \text{若 } j \text{ 是奇数且 } 5 \leqslant j \leqslant \frac{n+1}{2}, \end{cases}$$

我们又设

$$X_0 = \begin{cases} C_{0,2} \cup C_{0,n-1}, & \text{若 } n = 7 \text{ 且 } j = 4; \\ (\bigcup_{l=5}^{n-3} C_{0,l}) \cup C_{0,2} \cup C_{0,n-1}, & \text{若 } n \geqslant 9 \text{ 且 } j = 4; \\ (\bigcup_{l=j+1}^{n-3} C_{0,l}) \cup C_{0,2} \cup C_{0,n-1}, & \text{若 } j = 5; \\ (\bigcup_{l=4}^{j-2} C_{0,l}) \cup (\bigcup_{l=j+1}^{n-3} C_{0,l}) \cup C_{0,2} \cup C_{0,n-1}, & \text{若 } 6 \leqslant j \leqslant \frac{n+1}{2}, \end{cases}$$

其中，$C_{0,l}$ 在情况 4 开篇已经统一给出定义. 又设

$$X_1 = \begin{cases} C_{1,1} \cup C_{1,2} \cup C_{1,3}, & \text{若 } j = 4; \\ C_{1,1} \cup C_{1,2} \cup C_{1,3} \cup C_{1,4}, & \text{若 } 5 \leqslant j \leqslant \frac{n+1}{2}, \end{cases}$$

且

$$X_2 = C_{2,1}.$$

类似定理 4.2.1 的后续分析过程，可知 $\overline{B\setminus M_1}$ 是（4，MS）-围长-可退化的.

考虑 $\overline{B\setminus M_2}$. 设

$$D_{1,1} = u_n^2u_{n-1}^2u_{n-2}^2v_{n-2}u_{n-2}^3u_{n-1}^3u_n^3v_nu_n^2,\ D_{1,2} = u_2^3u_3^3u_4^3v_4u_4^2u_3^2u_2^2v_2u_2^3,$$

$$D_{2,1} = u_n^2u_1^3v_1u_1^2u_n^3v_nu_n^2,$$

$$D_{2,2} = \begin{cases} u_1^3u_2^3u_3^3u_4^3v_4u_4^1u_5^1v_5u_5^2\cdots u_n^2u_1^3, & 若\ j=4; \\ u_1^3u_2^3v_2u_2^2u_1^2v_1u_1^3, & 若\ 5\leqslant j\leqslant \dfrac{n+1}{2}, \end{cases}$$

$$D_{2,3} = \begin{cases} u_1^3u_2^3u_3^3u_4^3v_4u_4^1u_5^1v_5u_5^3u_6^3v_6u_6^2\cdots u_n^2u_1^3, & 若\ j=5; \\ u_1^3u_2^3u_3^3u_4^3v_4u_4^2\cdots u_{j-1}^2v_{j-1}u_{j-1}^3u_j^3v_ju_j^1u_{j+1}^1v_{j+1}u_{j+1}^2\cdots u_n^2u_1^3, & 若\ j\ 是偶数且\ 6\leqslant j\leqslant \dfrac{n+1}{2}; \\ u_1^3u_2^3u_3^3u_4^3v_4u_4^2\cdots u_{j-1}^2v_{j-1}u_{j-1}^1u_j^1v_ju_j^3u_{j+1}^3v_{j+1}u_{j+1}^2\cdots u_n^2u_1^3, & 若\ j\ 是奇数且\ 6\leqslant j\leqslant \dfrac{n+1}{2}, \end{cases}$$

$$D_{3,1} = u_1^3u_2^3v_2u_2^2u_1^2v_1u_1^3,$$

$$X_0 = \begin{cases} D_{0,2}\cup D_{0,n-1}, & 若\ n=7\ 且\ j=4; \\ (\bigcup\limits_{l=5}^{n-3} D_{0,l})\cup D_{0,2}\cup D_{0,n-1}, & 若\ n\geqslant 9\ 且\ j=4; \\ (\bigcup\limits_{l=j+1}^{n-3} D_{0,l})\cup D_{0,2}\cup D_{0,n-1}, & 若\ j=5; \\ (\bigcup\limits_{l=4}^{j-2} D_{0,l})\cup(\bigcup\limits_{l=j+1}^{n-3} D_{0,l})\cup D_{0,2}\cup D_{0,n-1}, & 若\ 6\leqslant j\leqslant \dfrac{n+1}{2}, \end{cases}$$

其中，$D_{0,l}$ 在情况 4 开篇已经统一给出定义. 又设

$$X_1 = \begin{cases} D_{1,1}, & 若\ j=4; \\ D_{1,1}\cup D_{1,2}, & 若\ 5\leqslant j\leqslant \dfrac{n+1}{2}, \end{cases}$$

$$X_2 = \begin{cases} D_{2,1}\cup D_{2,2}, & 若\ j=4; \\ D_{2,1}\cup D_{2,2}\cup D_{2,3}, & 若\ 5\leqslant j\leqslant \dfrac{n+1}{2}, \end{cases}$$

$$X_3 = \begin{cases} D_{3,1}, & 若\ j=4; \\ \varnothing, & 若\ j\ 取其他值, \end{cases}$$

类似定理 4.2.1 的后续分析过程，无论 $j=4$ 还是 $5\leqslant j\leqslant \dfrac{n+1}{2}$ 时，$\overline{B\setminus M_1}$ 都是（4，MS）-围长-可退化的 .

子情况 4.2： $j = 3$.

当 $n = 5$ 时见图 4.41，当 $n \geqslant 7$ 时见图 4.42.

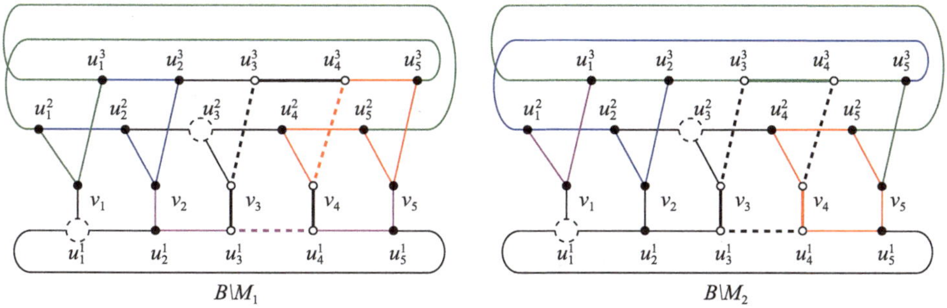

图 4.41 子情况 4.2：$n = 5$ 并且 $j = 3$

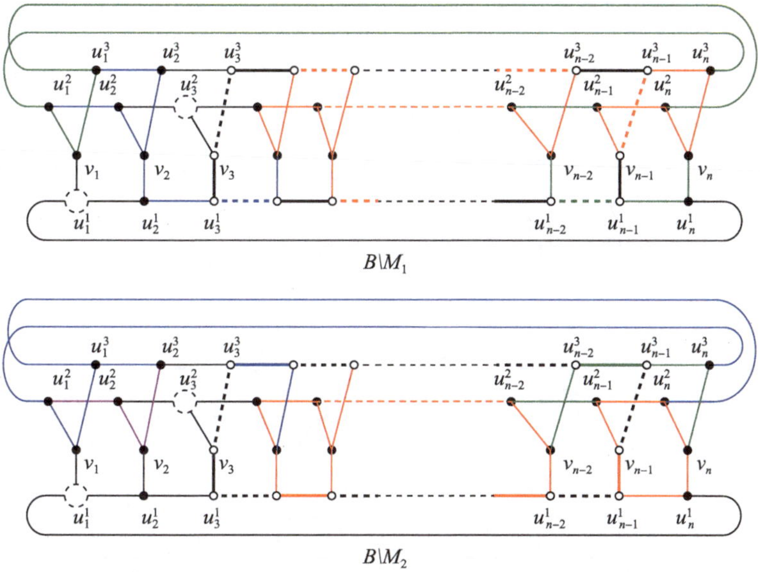

图 4.42 子情况 4.2：$n \geqslant 7$ 并且 $j = 3$

考虑 $\overline{B \setminus M_1}$. 设

$$C_{1,1} = u_n^2 u_1^3 v_1 u_1^2 u_n^3 v_n u_n^2,\ C_{1,2} = u_n^2 u_{n-1}^2 u_{n-2}^2 v_{n-2} u_{n-2}^1 u_{n-1}^1 u_n^1 v_n u_n^2,\ C_{2,1} = u_1^3 u_2^3 v_2 u_2^2 u_1^2 v_1 u_1^3,$$

$$C_{2,2} = u_1^3 u_2^3 v_2 u_2^1 u_3^1 u_4^1 v_4 u_4^2 \cdots u_n^2 u_1^3,\ C_{3,1} = u_2^1 u_3^1 u_4^1 u_5^1 v_5 u_5^2 u_1^3 u_2^3 v_2 u_2^1.$$

如果 $n = 5$，选择

$$X_0 = C_{0,n-1},\ X_i = C_{i,1}\ \text{其中}\ i \in \{1, 2, 3\}.$$

如果 $n \geqslant 7$，

$$X_0 = \left(\bigcup_{l=4}^{n-3} C_{0,l}\right) \cup C_{0,n-1},\ X_1 = C_{1,1} \cup C_{1,2},\ X_2 = C_{2,1} \cup C_{2,2},$$

其中，$C_{0,l}$ 在情况 4 开篇已经统一给出定义．

类似定理 4.2.1 的后续分析过程，无论 $n=5$ 还是 $n\geqslant 7$ 时，$\overline{B\setminus M_1}$ 都是（4，*MS*）-围长-可退化的．

考虑 $\overline{B\setminus M_2}$．设

$$D_{1,1}=\begin{cases}u_5^2u_1^3u_2^3\cdots u_5^3v_5u_5^2, & 若\ n=5;\\ u_n^2u_{n-1}^2u_{n-2}^2v_{n-2}u_{n-2}^3u_{n-1}^3u_n^3v_nu_n^2, & 若\ n\geqslant 7,\end{cases}$$

$$D_{2,1}=\begin{cases}u_5^3u_1^2u_2^2v_2u_2^3\cdots u_5^3, & 若\ n=5;\\ u_n^2u_1^3v_1u_1^2u_n^3v_nu_n^2, & 若\ n\geqslant 7,\end{cases}$$

$$D_{2,2}=u_1^3u_2^3u_3^3u_4^3v_4u_4^2\cdots u_n^2u_1^3,\quad D_{3,1}=u_1^3u_2^3v_2u_2^2u_1^2v_1u_1^3.$$

如果 $n=5$，选择

$$X_0=D_{0,n-1},\ X_i=D_{i,1}\ 其中\ i\in\{1,2,3\}.$$

如果 $n\geqslant 7$，

$$X_0=(\bigcup_{l=4}^{n-3}D_{0,l})\cup D_{0,n-1},\ X_1=D_{1,1},\ X_2=D_{2,1}\cup D_{2,2},\ X_3=D_{3,1},$$

其中，$D_{0,l}$ 在情况 4 开篇也已经统一给出定义．

类似定理 4.2.1 的后续分析过程，$\overline{B\setminus M_2}$ 都是（4，*MDS*）-围长-可退化的．

子情况 4.3：$j=2$.

当 $n=5$ 时，见图 4.43，当 $n\geqslant 7$，见图 4.44.

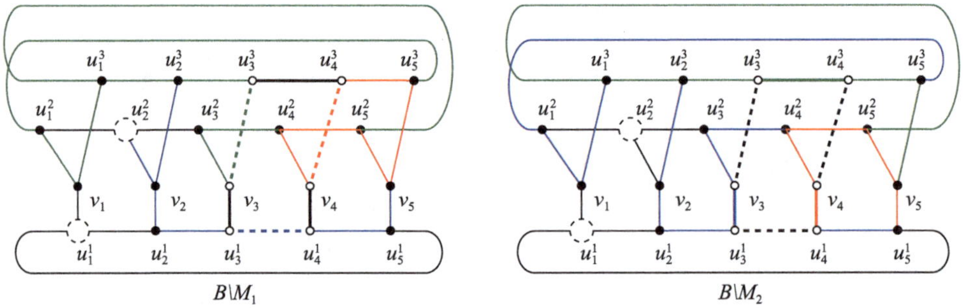

图 4.43　子情况 4.3：$n=5$ 并且 $j=2$

考虑 $\overline{B\setminus M_1}$．设

$$C_{1,1}=u_n^2u_1^3v_1u_1^2u_n^3v_nu_n^2,$$

$$C_{1,2}=\begin{cases}u_1^3u_2^3u_3^3v_3u_3^2u_4^2u_5^2u_1^3, & 若\ n=5;\\ u_n^2u_{n-1}^2u_{n-2}^2v_{n-2}u_{n-2}^1u_{n-1}^1u_n^1v_nu_n^2, & 若\ n\geqslant 7,\end{cases}$$

$$C_{2,1}=\begin{cases}u_2^3u_3^3v_3u_3^2u_4^2u_5^2v_5u_5^1\cdots u_2^1v_2u_2^3, & 若\ n=5;\\ u_1^3u_2^3u_3^3v_3u_3^2\cdots u_n^2u_1^3, & 若\ n\geqslant 7,\end{cases}$$

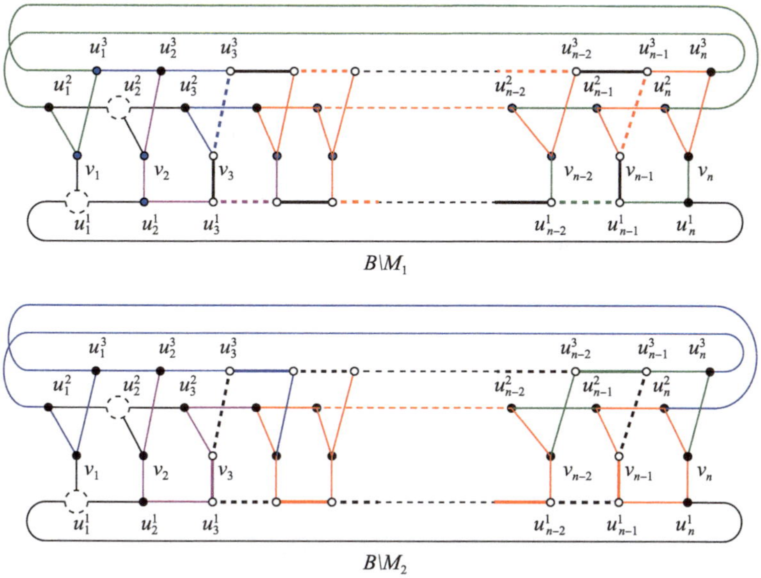

图 4.44 子情况 4.3：$n \geqslant 7$ 并且 $j=2$

$$C_{3,1}=u_2^3u_3^3v_3u_3^2u_4^2v_4u_4^1u_3^1u_2^1v_2u_2^3,$$

$$X_0=\begin{cases}C_{0,n-1}, & \text{若 } n=5;\\ (\bigcup_{l=4}^{n-3} C_{0,l})\cup C_{0,n-1}, & \text{若 } n\geqslant 7,\end{cases}$$

其中，$C_{0,l}$ 在情况 4 开篇已经统一给出定义．又设

$$X_1=C_{1,1}\cup C_{1,2},\ X_2=C_{2,1},$$

$$X_3=\begin{cases}C_{3,1}, & \text{若 } n\geqslant 7;\\ \varnothing, & \text{若 } n \text{ 取其他值},\end{cases}$$

类似定理 4.2.1 的后续分析过程，无论 $n=5$ 还是 $n\geqslant 7$ 时，$\overline{B\backslash M_1}$ 都是（4, MS）-围长-可退化的．

考虑 $\overline{B\backslash M_2}$．设

$$D_{1,1}=\begin{cases}u_5^2u_1^3u_2^3\cdots u_5^3v_5u_5^2, & \text{若 } n=5;\\ u_n^2u_{n-1}^2u_{n-2}^2v_{n-2}u_{n-2}^3u_{n-1}^3u_n^3v_nu_n^2, & \text{若 } n\geqslant 7,\end{cases}$$

$$D_{2,1}=u_n^2u_1^3v_1u_1^2u_n^3v_nu_n^2,$$

$$D_{2,2}=\begin{cases}u_5^3\cdots u_2^3v_2u_2^1u_3^1v_3u_3^2u_4^2u_5^2v_5u_5^3, & \text{若 } n=5;\\ u_1^3u_2^3u_3^3u_4^3v_4u_4^2\cdots u_n^2u_1^3, & \text{若 } n\geqslant 7,\end{cases}$$

$$D_{3,1}=u_2^3u_3^3u_4^3v_4u_4^2u_3^2v_3u_3^1u_2^1v_2u_2^3.$$

并且设

$$X_0 = \begin{cases} D_{0,\ n-1}, & \text{若 } n = 5; \\ \left(\bigcup_{l=4}^{n-3} D_{0,\ l}\right) \cup D_{0,\ n-1}, & \text{若 } n \geqslant 7, \end{cases}$$

其中，$D_{0,\ l}$ 在情况 4 开篇已经统一给出定义．又设

$$X_1 = D_{1,\ 1},\ X_2 = D_{2,\ 1} \cup D_{2,\ 2},$$

$$X_3 = \begin{cases} D_{3,\ 1}, & \text{若 } n \geqslant 7; \\ \varnothing, & \text{若 } n \text{ 取其他值}, \end{cases}$$

类似定理 4.2.1 的后续分析过程，无论 $n=5$ 还是 $n \geqslant 7$ 时，$\overline{B \setminus M_2}$ 都是（4，MS）-围长-可退化的．

情况 5：$u \in V_C$ 并且 $v \in V_{\mathrm{II}} \cup V_{\mathrm{III}}$．

不失一般性，令 $u=v_1$ 并且 $v=u_j^2 \in V_{\mathrm{II}}$．因为 $d(u,\ v) \geqslant 3$，$j \neq 1$，2．根据花形蛇鲨图的对称性可知，考虑下列 j 的取值范围即可：

$$3 \leqslant j \leqslant \frac{n+1}{2}.$$

根据点 $v = u_j^2$ 的位置，我们需要考虑下面几种情况：

$6 \leqslant j \leqslant \dfrac{n+1}{2}$，$j \in \{3,\ 4,\ 5\}$，其中 $n \geqslant 9$；$j=3$，其中 $n=7$；$j=4$，其中 $n=7$；$j=3$，其中 $n=5$．

子情况 5.1：$6 \leqslant j \leqslant \dfrac{n+1}{2}$．这意味着 $n \geqslant 11$．

选择

$$Q = R^1 \cup R^2,$$

其中

$$R^1 = u_2^3 u_3^3 \cdots u_{j-2}^3 v_{j-2} u_{j-2}^1 u_{j-3}^1 \cdots u_2^1 v_2 u_2^3,\quad R^2 = u_{j+1}^3 u_{j+2}^3 \cdots u_{n-1}^3 u_n^3 v_n u_n^1 u_{n-1}^1 \cdots u_{j+1}^1 v_{j+1} u_{j+1}^3.$$

当 j 取偶数时，选择 $\{v_2 u_2^3,\ v_{j+1} u_{j+1}^3\} \subset M_1$，当 j 取奇数时，选择 $\{v_2 u_2^3,\ v_{j+1} u_{j+1}^1\} \subset M_1$，见图 4.45.

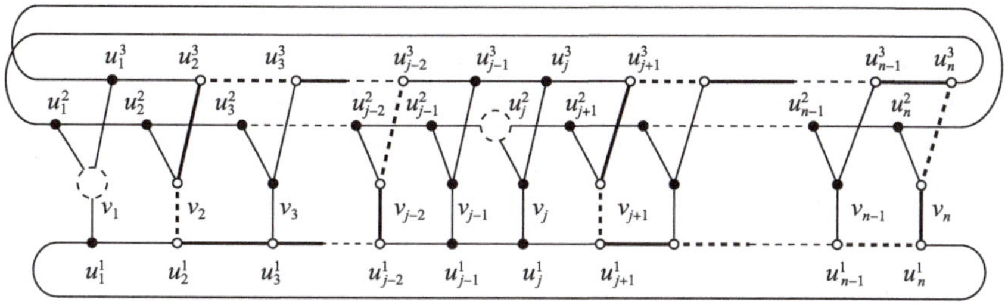

j是偶数

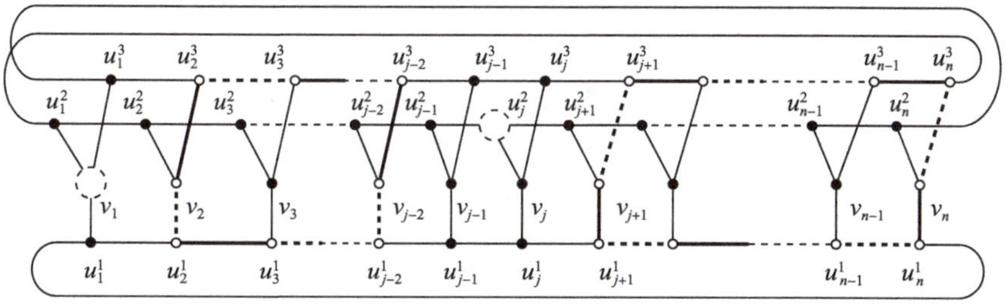

j是奇数

图 4.45 子情况 5.1：$6 \leqslant j \leqslant \frac{n+1}{2}$

我们可以再重新构造一个花形蛇鲨图的自同构 π_2：$V(\overline{B \setminus M_1}) \rightarrow V(\overline{B \setminus M_2})$ 使得 π_2 定义如下：

$$\pi_2(x) = \begin{cases} u_1^1, & 若\ x = u_1^3; \\ u_1^2, & 若\ x = u_1^1; \\ u_1^3, & 若\ x = u_1^2; \\ u_{j-1}^1, & 若\ x = u_{j-1}^3; \\ u_{j-1}^3, & 若\ x = u_{j-1}^1; \\ u_j^1, & 若\ x = u_j^3; \\ u_j^3, & 若\ x = u_j^1; \\ x, & 当\ x\ 取其他值. \end{cases}$$

根据上述 π_2，可知 $\overline{B \setminus M_1} \cong \overline{B \setminus M_2}$，故我们考虑 $B \setminus M_1$ 即可.

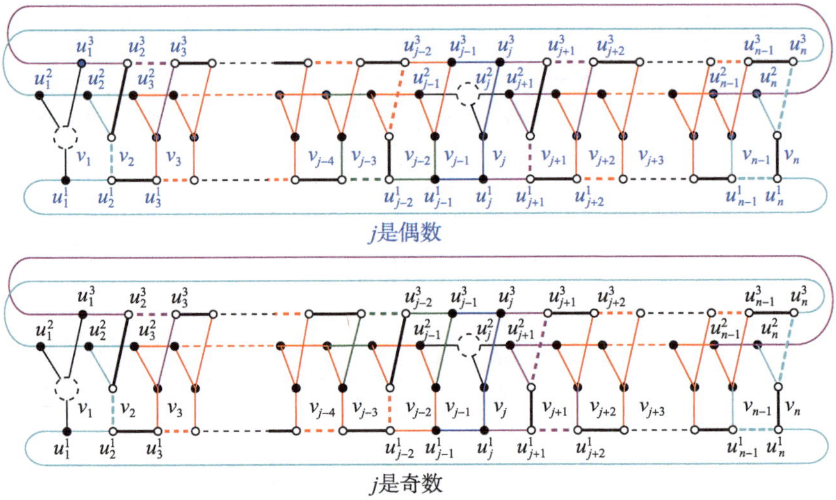

图 4.46　子情况 5.1: $B \setminus M_1$ 其中 $6 \leqslant j \leqslant \dfrac{n+1}{2}$

我们假设

$$C_{0,\,l}=\begin{cases} v_l u_l^1 u_{l+1}^1 v_{l+1} u_{l+1}^2 u_l^2 v_l, & \text{若 } l \text{ 是偶数且 } l \in \{8,\ \cdots,\ n-3\}; \\ v_l u_l^3 u_{l+1}^3 v_{l+1} u_{l+1}^2 u_l^2 v_l, & \text{若 } l \text{ 是奇数且 } l \in \{9,\ \cdots,\ n-2\}, \end{cases}$$

$$D_{0,\,l}=\begin{cases} v_l u_l^3 u_{l+1}^3 v_{l+1} u_{l+1}^2 u_l^2 v_l, & \text{若 } l \text{ 是偶数且 } l \in \{4,\ \cdots,\ j-3\}; \\ v_l u_l^1 u_{l+1}^1 v_{l+1} u_{l+1}^2 u_l^2 v_l, & \text{若 } l \text{ 是奇数且 } l \in \{3,\ \cdots,\ j-2\}, \end{cases}$$

$$C_{1,\,1}=\begin{cases} u_{j-3}^2 u_{j-2}^2 u_{j-1}^2 v_{j-1} u_{j-1}^1 u_{j-2}^1 u_{j-3}^1 v_{j-3} u_{j-3}^2, & \text{若 } j \text{ 是偶数}; \\ u_{j-3}^2 u_{j-2}^2 u_{j-1}^2 v_{j-1} u_{j-1}^3 u_{j-2}^3 u_{j-3}^3 v_{j-3} u_{j-3}^2, & \text{若 } j \text{ 是奇数}, \end{cases}$$

$$C_{2,\,1}=u_{j-1}^3 u_j^3 v_j u_j^1 u_{j-1}^1 v_{j-1} u_{j-1}^3\ ,$$

$$C_{3,\,1}=\begin{cases} u_j^3 u_{j+1}^3 u_{j+2}^3 v_{j+2} u_{j+2}^2 u_{j+1}^2 v_{j+1} u_{j+1}^1 u_j^1 v_j u_j^3, & \text{若 } j \text{ 是偶数}; \\ u_j^3 u_{j+1}^3 v_{j+1} u_{j+1}^2 u_{j+2}^2 v_{j+2} u_{j+2}^1 u_{j+1}^1 u_j^1 v_j u_j^3, & \text{若 } j \text{ 是奇数}, \end{cases}$$

$$C_{3,\,2}=\begin{cases} u_n^2 u_1^3 u_2^3 u_3^3 v_3 u_3^2 \cdots u_{j-1}^2 v_{j-1} u_{j-1}^3 u_j^3 u_{j+1}^3 u_{j+2}^3 v_{j+2} u_{j+2}^2 \cdots u_n^2, & \text{若 } j \text{ 是偶数}; \\ u_n^2 u_1^3 u_2^3 u_3^3 v_3 u_3^2 \cdots u_{j-1}^2 v_{j-1} u_{j-1}^1 u_j^1 u_{j+1}^1 u_{j+2}^1 v_{j+2} u_{j+2}^2 \cdots u_n^2, & \text{若 } j \text{ 是奇数}, \end{cases}$$

$$C_{4,\,1}=u_n^2 v_n u_n^3 u_1^2 u_2^2 v_2 u_2^1 u_1^1 u_n^1 u_{n-1}^1 v_{n-1} u_{n-1}^2 u_n^2\ ,$$

$$C_{4,\,2}=\begin{cases} u_n^2 v_n u_n^3 u_1^2 \cdots u_{j-1}^2 v_{j-1} u_{j-1}^1 u_j^1 u_{j+1}^1 v_{j+1} u_{j+1}^2 \cdots u_n^2, & \text{若 } j \text{ 是偶数}; \\ u_n^2 v_n u_n^3 u_1^2 \cdots u_{j-1}^2 v_{j-1} u_{j-1}^1 u_j^1 u_{j+1}^1 u_{j+2}^1 v_{j+2} u_{j+2}^2 \cdots u_n^2, & \text{若 } j \text{ 是奇数}. \end{cases}$$

我们又设

$$X_0=\left(\bigcup_{l=j+2}^{n-2} C_{0,\,l}\right)\cup\left(\bigcup_{l=3}^{j-4} D_{0,\,l}\right)\cup D_{0,\,j-2},\ X_1=C_{1,\,1},\ X_2=C_{2,\,1},$$

$$X_3=C_{3,\,1}\cup C_{3,\,2},\ X_4=C_{4,\,1}\cup C_{4,\,2}.$$

根据 Catlin 归约法，可以通过不断收缩小于等于 4 的圈，使得 $\overline{B\setminus M_1}$ 都是 (4, *MS*) -围长-可退化的.

子情况 5.2：$j\in\{3,5\}$ $(n\geq 7)$，$j=4$ $(n\geq 9)$.

选择

$$Q=R^3\cup R^4,$$

其中

$$R^3=u_2^2u_3^3v_3u_3^1u_2^1v_2u_2^3,\quad R^4=u_5^3u_6^3\cdots u_{n-1}^3u_n^3v_nu_n^1u_{n-1}^1\cdots u_5^1v_5u_5^3,$$

$Q=M_1\cup M_2$ 并且 $\{v_2u_2^3, v_5u_5^3\}\subset M_1$. 当 $j=3, 4, 5$ 时，见图 4.47.

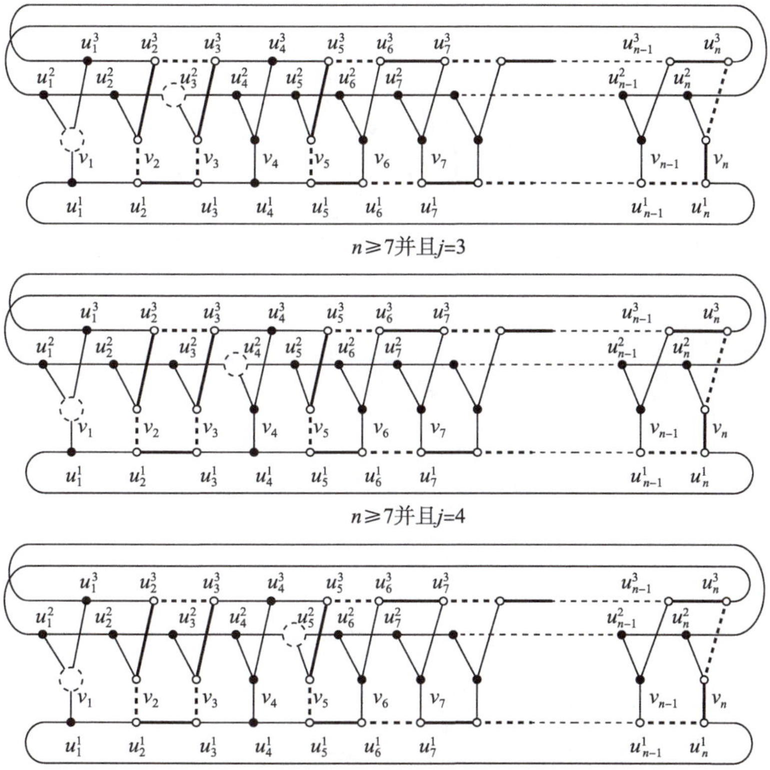

$n\geq 7$并且$j=3$

$n\geq 7$并且$j=4$

$n\geq 7$并且$j=5$

图 4.47　子情况 5.2：$j=3, 4, 5$

我们可以再重新构造一个花形蛇鲨图的自同构 π_3：$V(\overline{B\setminus M_1})\to V(\overline{B\setminus M_2})$ 使得 π_3 定义如下：

$$\pi_3(x)=\begin{cases}u_1^1, & \text{若 } x=u_1^3;\\ u_1^2, & \text{若 } x=u_1^1;\\ u_1^3, & \text{若 } x=u_1^2;\\ u_4^1, & \text{若 } x=u_4^3;\\ u_4^3, & \text{若 } x=u_4^1;\\ x, & \text{当 } x \text{ 取其他值}.\end{cases}$$

根据上述 π_2，可知 $\overline{B\setminus M_1}\cong\overline{B\setminus M_2}$，故我们考虑 $B\setminus M_1$ 即可.

子情况 5.2.1： $n\geqslant 9$ 其中 $j=3,4,5$. 可以见图 4.48

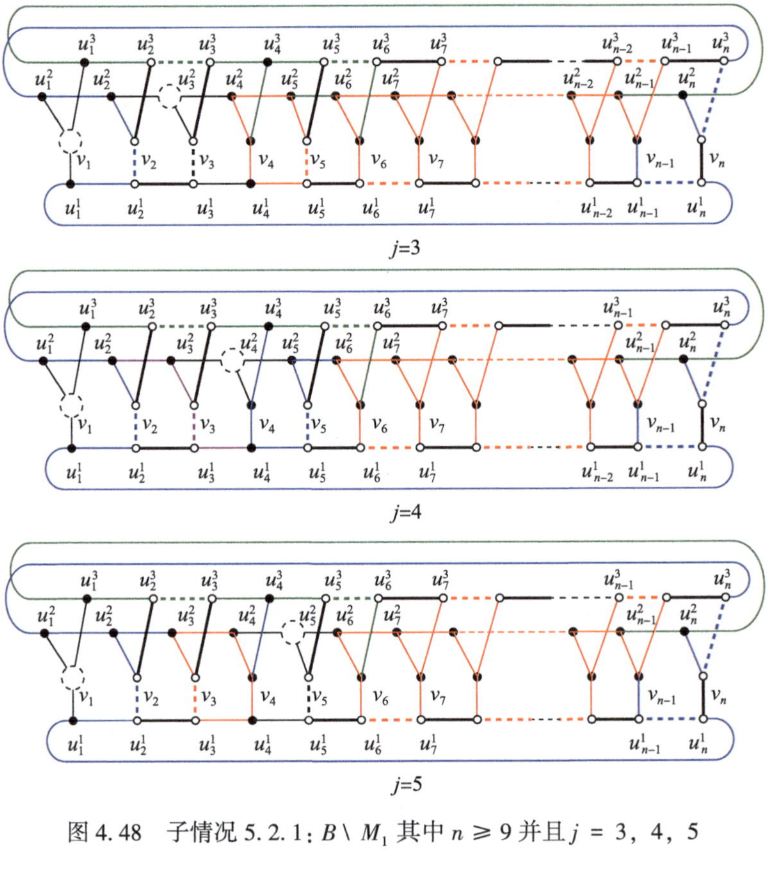

图 4.48 子情况 5.2.1：$B\setminus M_1$ 其中 $n\geqslant 9$ 并且 $j=3,4,5$

根据定理内容去掉花形蛇鲨图中两个点的距离限制可知，如果 $j=5$，则 $n\geqslant 9$.

选择

$$C_{0,\ l}=\begin{cases}v_lu_l^1u_{l+1}^1v_{l+1}u_{l+1}^2u_l^2v_l，若 l 是偶数且 l\in\{4,\ \cdots,\ n-3\}；\\ v_lu_l^3u_{l+1}^3v_{l+1}u_{l+1}^2u_l^2v_l，若 l 是奇数且 l\in\{7,\ \cdots,\ n-2\}，\end{cases}$$

$$D_{0,\ 4}=v_4u_4^3u_5^3v_5u_5^2u_4^2v_4，\ D_{0,\ 3}=v_3u_3^1u_4^1v_4u_4^2u_3^2v_3\ ，$$

$$C_{1,\ 1}=u_n^2u_1^3\cdots u_6^3v_6u_6^2\cdots u_n^2，\ C_{1,\ 2}=u_4^3u_5^3u_6^3v_6u_6^2u_5^2u_4^2v_4u_4^3\ ，$$

$$C_{2,\ 1}=u_n^2v_nu_n^3u_1^2u_2^2v_2u_2^1u_1^1u_n^1u_{n-1}^1v_{n-1}u_{n-1}^2u_n^2\ ，$$

$$C_{2,\ 2}=\begin{cases}u_4^3u_5^3u_6^3v_6u_6^2u_5^2v_5u_5^1u_4^1v_4u_4^3，若 j=4；\\ u_n^2v_nu_n^3u_1^2u_2^2u_3^2u_4^2v_4u_4^3u_5^3u_6^3v_6u_6^2\cdots u_n^2，若 j=5，\end{cases}$$

$$C_{3,\ 1}=u_n^2v_nu_n^3u_1^2u_2^2u_3^2v_3u_3^1u_4^1u_5^1v_5u_5^2\cdots u_n^2\ .$$

又设

$$X_0=\begin{cases}(\bigcup\limits_{l=6}^{n-2}C_{0,\ l})\cup C_{0,\ 4}，若 j=3；\\ \bigcup\limits_{l=6}^{n-2}C_{0,\ l}，若 j=4；\\ (\bigcup\limits_{l=6}^{n-2}C_{0,\ l})\cup D_{0,\ 4}，若 j=5，\end{cases}$$

$$X_1=\begin{cases}C_{1,\ 1}\cup C_{1,\ 2}，若 j=3；\\ C_{1,\ 1}，若 j=4，5，\end{cases}$$

$$X_2=\begin{cases}C_{2,\ 1}，若 j=3；\\ C_{2,\ 1}\cup C_{2,\ 2}，若 j=4，5，\end{cases}$$

$$X_3=\begin{cases}C_{3,\ 1}，若 j=4；\\ \varnothing，若 j 取其他值，\end{cases}$$

根据 Catlin 归约法，可以通过不断收缩小于等于 4 的圈，使得 $\overline{B\setminus M_1}$ 都是 (4，MS) -围长-可退化的 .

子情况 5.2.2： $n=7$ 并且 $j=3$. 见图 4.49.

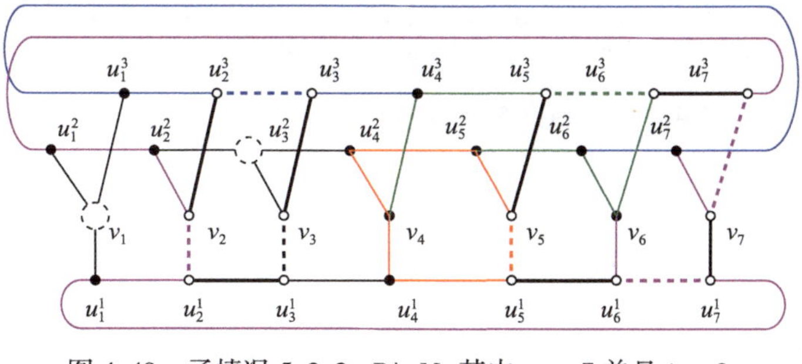

图 4.49　子情况 5.2.2：$B\setminus M_1$ 其中 $n=7$ 并且 $j=3$

选择

$$C_{0,4}=v_4u_4^1u_5^1v_5u_5^2u_4^2v_4,\ C_{1,1}=u_4^3u_5^3u_6^3v_6u_6^2u_5^2u_4^2v_4u_4^3,$$
$$C_{2,1}=u_7^2u_1^3\cdots u_6^3v_6u_6^2u_7^2,\ C_{3,1}=u_7^2v_7u_7^3u_1^2u_2^2v_2u_2^1u_1^1u_7^1u_6^1v_6u_6^2u_7^2$$
$$X_0=C_{0,4},\ X_i=C_{i,1}\ \text{其中}\ i=1,2,3.$$

简单分析可知，$\overline{B\setminus M_1}$ 是（4，*MS*）-围长-可退化的．

子情况 5.3： $n=7$ 并且 $j=4$.

设

$$Q=u_1^2u_2^2v_2u_2^1\cdots u_6^1v_6u_6^2u_7^2u_1^3\cdots u_7^3u_1^2,$$

并且令 $M_1\cup M_2=Q$，其中 $v_2u_2^2\in M_1$.

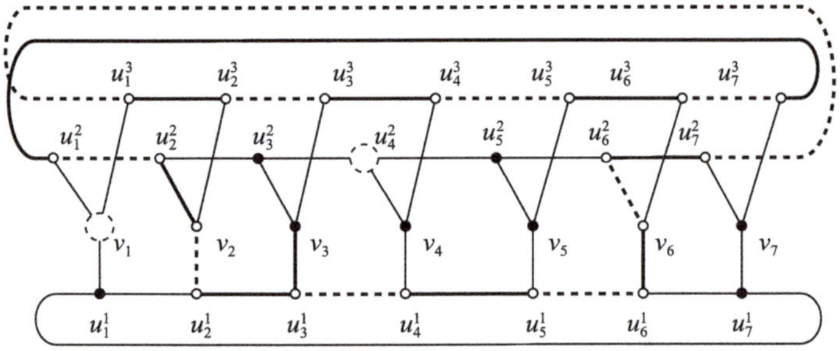

图 4.50　子情况 5.3：$n=7$ 并且 $j=4$

分析花形蛇鲨图的结构可知，可知 $\overline{B\setminus M_1}\cong\overline{B\setminus M_2}$，故考虑 $B\setminus M_1$ 即可，见图 4.51.

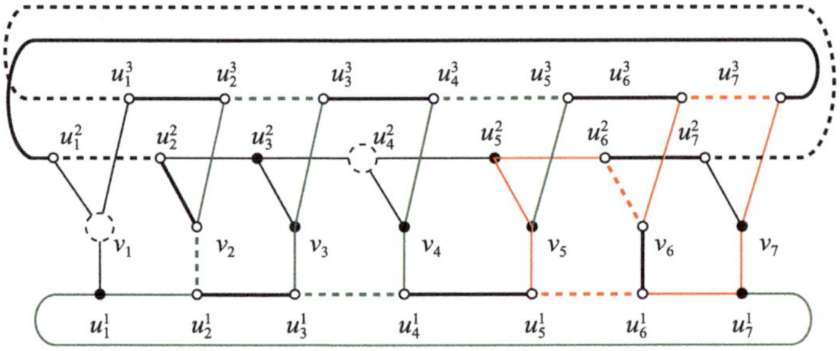

图 4.51　子情况 5.3：$B\setminus M_1$ 其中 $n=7$ 并且 $j=4$

可以选择

$$C_{0,1}=u_5^2u_6^2v_6u_6^3u_7^3v_7u_7^1u_6^1u_5^1v_5u_5^2,\ C_{1,1}=v_3u_3^1u_4^1v_4u_4^3u_5^3v_5u_5^1u_6^1u_7^1u_1^1u_2^1v_2u_2^3u_3^3v_3,$$
$$X_0=C_{0,1},\ X_1=C_{1,1}.$$

根据 Catlin 归约法，可以通过不断收缩小于等于 4 的圈，使得 $\overline{B\setminus M_1}$ 都是（4，*MDS*）-围长-可退化的．

子情况 5.4： $n=5$ 并且 $j=3$.

设

$$Q = u_2^3u_3^3u_4^3v_4u_4^1u_3^1u_2^1v_2u_2^3,$$

并且令 $M_1 \cup M_2 = Q$，其中 $u_3^3u_4^3 \in M_1$，见图 4.52.

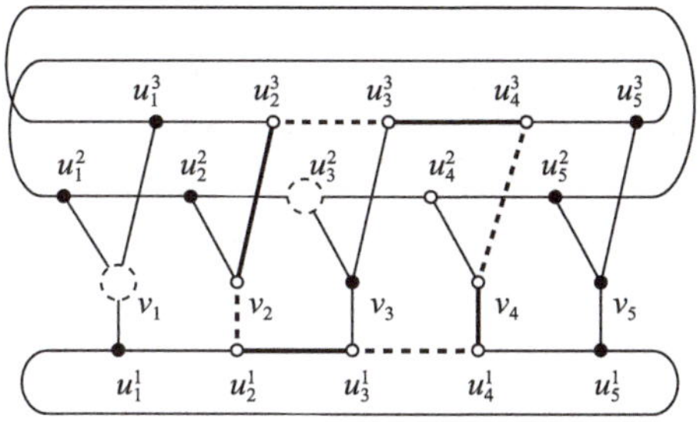

图 4.52 子情况 5.4: $n = 5$ 并且 $j = 3$

分析花形蛇鲨图的结构可知，可知 $\overline{B \setminus M_1} \cong \overline{B \setminus M_2}$，故考虑 $B \setminus M_1$ 即可，见图 4.53.

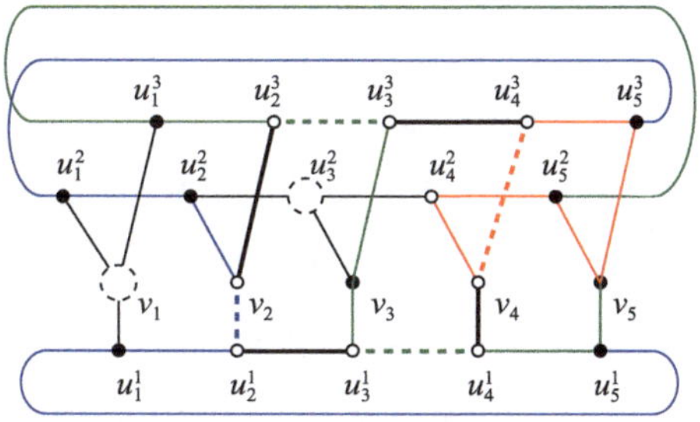

图 4.53 子情况 5.4: $B \setminus M_1$ 其中 $n = 5$ 并且 $j = 3$

选择

$C_{0,1} = u_4^2u_5^2v_5u_5^3u_4^3v_4u_4^2$，$C_{1,1} = u_5^2u_1^3u_2^3u_3^3v_3u_3^1u_4^1u_5^1v_5u_5^2$，$C_{2,1} = u_5^3u_1^2u_2^2v_2u_2^1u_1^1u_5^1v_5u_5^3$，

并且设

$$X_i = C_{i,1}，其中\ i \in \{0, 1, 2\}.$$

根据 Catlin 归约法，可以通过不断收缩小于等于 4 的圈，使得 $\overline{B \setminus M_1}$ 都是 (4, *MS*) -围长-可退化的. □

下面给出叠合蛇鲨图 $K(G, R, \mathscr{V}, \mathscr{E})$ 是花形-可扩的定义.

定义 4.3.3：设 $K(G, R, V, \varepsilon)$ 是基于框架 G 和偶子图 R 的叠合蛇鲨图. 如果 $\mathscr{V} \subseteq \{A, A'\}$ 且 $\mathscr{E} = \mathscr{B}$（定义 4.1.2 和定义 4.3.2），称 $K(G, R, \mathscr{V}, \mathscr{E})$（见定义 4.3.1-（1））是花形-可扩的. 即：

(1) R 的每条边都替换为花形-超边 $B \in \mathscr{E}$，

(2) R 的每个点替换为 A（图 4.1）或 A'（图 4.4）.

图 4.54 是 $K(G, R, \mathscr{V}, \mathscr{E})$ 的一个示例图，其中 G 是花形蛇鲨图 F_5，R 是由Ⅱ层和Ⅲ层顶点诱导的长度为 10 的圈，超点 $\mathscr{V}$ 的集合由 A 和 A' 组成，超边是 $\mathscr{B}$ 中的任一元素 .

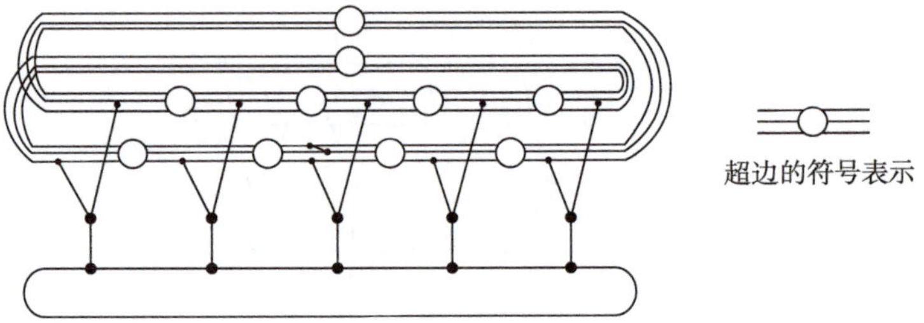

图 4.54　定义 4.3.3 中的图 $K(G, R, \mathscr{V}, \mathscr{E})$

与定理 4.2.1 的证明类似，我们得到了下面的一般结果，证明在此省略 .

定理 4.3.3：设 $K(G, R, \mathscr{V}, \mathscr{E})$ 是定义 4.3.1-（1）中基于框架 G 和偶子图 R 的叠合蛇鲨图，如果满足下列两个条件

（1）子图 $R(\mathscr{V}, \mathscr{E})$ 包含偶子图 $Q = M_1 \cup M_2$，其中 M_1 和 M_2 是匹配，

（2）且对于每一个 $i \in \{1, 2\}$ 和每个超边 B，隐图多极 $\overline{B \setminus M_i}$ 或者是 (4, MS) -围长-可退化的，或者是 (4, MDS) -围长-可退化的，

则对于每个 $i \in \{1, 2\}$，$\overline{K(G, R, \mathscr{V}, \mathscr{E}) \setminus J_i}$ 是 (4, G/R) -围长-可退化的 .

根据引理 2.3.1 或引理 2.3.2，定理 4.2.2 可以在定理 4.3.2 和定理 4.3.3 的基础上进一步推广 .

定理 4.3.4：设 $K(G, R, \mathscr{V}, \mathscr{E})$ 是定义 4.3.1-（1）中基于框架 G 和偶子图 R 的叠合蛇鲨图 . 如果满足下列两个条件

(1) G/R 存在处处非零 4-流，且

(2) $K(G, R, \mathscr{V}, \mathscr{E})$ 是花形-可扩的（见定义 4.3.3），

则 $K(G, R, \mathscr{V}, \mathscr{E})$ 满足 Berge-Fulkerson 猜想 .

定理 4.3.4 的证明类似于定理 4.2.2 证明的最后一步 . 只要 G/R 存在处处非零 4-流，我们就可以对花形-可扩叠合蛇鲨图 $K(G, R, \mathscr{V}, \mathscr{E})$ 证明 Berge-Fulkerson 猜想的正确性 . 许多图 G 满足这样的性质，下面是部分花形-可扩叠合蛇鲨图的列表（包含了主定理中的叠合蛇鲨图，以及 Kochol 在文献［138］和［146］

中构造的圈 6-边连通叠合蛇鲨图）.

定理 4.3.5：设 $K(G, R, \mathscr{V}, \mathscr{E})$ 是基于框架 G 和偶子图 R 的叠合蛇鲨图．如果下列情况之一成立，则 $K(G, R, \mathscr{V}, \mathscr{E})$ 满足 Berge-Fulkerson 猜想．

(1) G 为花形蛇鲨图且 R 为图 4.2 中Ⅱ层点和Ⅲ层点的导出子图．

(2) R 至多有两个分支且 $G\setminus E(R)$ 是无圈的．

(3) R 有 3 个分支，$G\setminus E(R)$ 是无圈的，且 G/R 不是 Petersen 图．

(4) G 是置换图且 R 是无弦 2-因子或者是 2-因子的一个分支．

(5) G 是圈 4-边连通的蛇鲨图且 R 是 G 的 2-因子．

(6) G 是临界的且 R 是 G 的偶子图（如果对任何边 $e\in E(G)$，图 G/e 存在处处非零 4-流，则称图 G 是临界的）．

证明： 对于情况（1）和（4），收缩图 G/R 明显是 4-围长-可退化的．情况（2）和（3）可根据引理 2.3.7. 对于情况（5），根据引理 2.3.8，每个 4-边连通图都存在处处非零 4-流．因为图 G/R 是 4-边连通，所以 G/R 存在处处非零 4-流．对于情况（6），收缩图 G/R 存在处处非零 4-流． □

在本章的研究中，我们深入探讨了图论中一些关键的结构和性质，特别是在 3-正则图的背景下．本章的核心定理是定理 4.2.2，它在图论的多个领域中具有重要意义．值得注意的是，定理 4.2.2 实际上是定理 4.3.5 中情况（1）的一个特殊情形．具体而言，Petersen 图可以通过对花形蛇鲨图 F_3 中的某个三角形进行收缩得到．这种收缩操作不仅保留了图的基本结构特征，还为研究图的连通性和边分布提供了新的视角．

进一步地，如果图中的某个圈 R 是一个控制圈（dominatingcircuit），即该圈的每条边都与图中的其他边相邻，那么这种情况对应于定理 4.3.5 中的情况（2）．控制圈在图论中具有特殊的地位，因为它们的存在往往意味着图具有较高的连通性和特定的结构特征．例如，控制圈可以用来研究图的哈密顿性和边着色问题．

关于控制圈的存在性，Thomassen 在文献［153］中提出了一个著名的猜想：每个圈 4-边连通的 3-正则图都包含一个控制圈．这一猜想如果成立，将为 3-正则图的结构理论提供一个重要的补充，同时也为解决图论中的一些经典问题（如哈密顿回路的存在性）提供了新的思路．尽管这一猜想尚未得到完全证明，但它已经激发了大量的研究工作，并在某些特定图类中得到了验证．

4.4 本章小结

在本章中，首先对叠合蛇鲨图（superpositionsnarks）的构造方法进行了系统性的研究．具体而言，通过将基础图 G 每条边 e 替换为超边 $\mathscr{E}(e)$，以及将每个顶点 v 替换为超点 $\mathscr{V}(v)$，构造出了一类新的图，称为基于 G 的叠合图．这种构造方法不仅保留了基础图的结构特征，还通过引入超边和超点，为图的进一步分析提供了更丰富的结构信息．

在构造叠合图的过程中，我们详细分析了超边和超点的结构性质．超边和超点的引入使得图的结构更加复杂，但也为研究图的连通性、边分布以及特定性质提供了新的视角．通过对这些结构性质的深入分析，我们能够更好地理解叠合图的内在特征及其在图论中的应用潜力．

结合"围长-可退化"的概念，本章进一步证明了 Kochol 花形-超边的某些重要结果．基于 Caltin 的归约方法（在这里指不断收缩长度至多为 4 的圈），我们对 Kochol 在文献中构造的某些无穷类叠合蛇鲨图进行了深入分析，并证明了这些图满足 Berge-Fulkerson 猜想．归约方法是一种通过将复杂问题简化为更简单问题的策略，它在图论研究中具有广泛的应用．通过这种方法，我们能够更有效地验证 Berge-Fulkerson 猜想在特定图类中的成立，从而为解决这一著名猜想提供了新的证据和思路．

最后，本章对主定理进行了推广，提出了花形-可扩叠合蛇鲨图的定义．这种推广不仅丰富了叠合蛇鲨图的理论体系，还为研究更广泛的图类提供了新的框架．我们进一步证明了在特定条件下，这类图满足 Berge-Fulkerson 猜想．这一结果不仅验证了推广后的定理的有效性，还为未来的研究提供了新的方向和挑战．

5 旋转蛇鲨图的 Berge-Fulkerson 猜想

在本章中，我们主要研究一类圈 5-边连通的无穷类旋转蛇鲨图（rotation-snarks），并证明了这些图满足 Berge-Fulkerson 猜想．旋转蛇鲨图作为一类特殊的 3-正则图，因其独特的结构特征（例如对称性）而备受关注．

Máčajová 和 Škoviera 在文献［154］中提出了旋转蛇鲨图的递归构造定义，我们将这类图记作 $\mathscr{R}=\{G_{d+1}: d\geqslant 1\}$．他们的构造方法通过递归地添加特定的图结构，生成了一系列具有不同阶数和复杂性的旋转蛇鲨图．为了证明 Máčajová 等人构造的无穷类旋转蛇鲨图满足 Berge-Fulkerson 猜想，本章采用将 Catlin 归约方法推广到多极（multipole）归约的策略．Catlin 归约是一种经典的图论方法，在第 4 章已做介绍．通过将这种方法推广到多极归约，我们能够更灵活地处理图中的复杂结构，特别是那些涉及多个连接器（connector）的多极结构．

5.1 旋转蛇鲨图的定义

本节给出了 Máčajová-Škoviera 旋转蛇鲨图的递归构造定义．多极是构造这类图的基础结构，见 2.2 节．

以初始边/半边为 a 和终端边/半边为 b 的路 P 称为 (a, b)-路．设一条整边的长度为 1，一条半边的长度为 $\frac{1}{2}$，则 (a, b)-路的长度是路上所有整边和半边的总长度之和．

多极之间是通过连接器的半边相接的，文献［154］给出了一种构造新的多极的方法，简单来说，通过连接两个多极连接器的半边，以及添加一个新的顶点和一条相应的半边．通过这种构造方法可以构造出无穷多个新的多极．

定义 5.1.1[154]：设 $J=J(S_1, S_2, \{r\})$ 和 $J'=J'(S'_1, S'_2, \{r'\})$ 为任意的 (2, 2, 1) -极．通过连接 S_2 和 S'_1 的半边，添加一个新的顶点 a，并将半边 r，r' 和新的半边 r'' 连接到点 a 构成新的 (2, 2, 1) -极 $J''=J\odot J'$．如图 5.1 所示．多极 J'' 的连接器分别为 S_1，S'_2 和 $\{r''\}$．

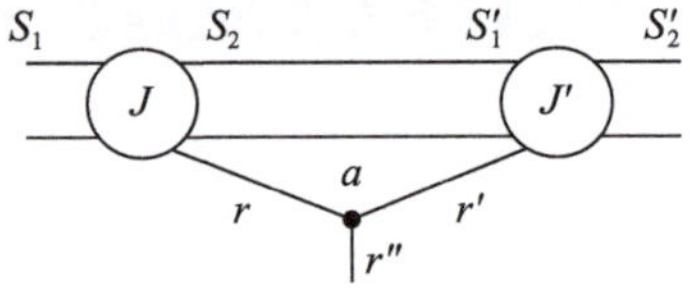

图 5.1　$J''=J\odot J'$

文献 [154] 给出的多极 B_d 的递归构造如下：

(1) 设 $P=v_1v_3v_2$ 是 Petersen 图中长度为 2 的路．通过删除与 P 中顶点相关联的半边，并删除顶点 v_1，v_3 和 v_2 得到的是 (2, 2, 1) -极 B_2. 对于每个 $i\in\{1, 2, 3\}$，连接器 S_i 由 B_2 的半边组成，其对应的每条边都包含在 $E(v_i)\setminus E(P)$ 的边中．(如图 5.2 所示虚线是删除的半边，连接器 $S_1=\{e_2, f_2\}$，$S_2=\{g_2, h_2\}$，$S_3=\{r\}$．)

(2) 当 $d\geqslant 3$ 时，设 $B_d=B_{d-1}\odot B_{d-1}$ (见定义 5.1.1)．B_d 的含有两条半边的连接器分别为 $S_1=\{e_d, f_d\}$ 和 $S_2=\{g_d, h_d\}$，见图 5.3.

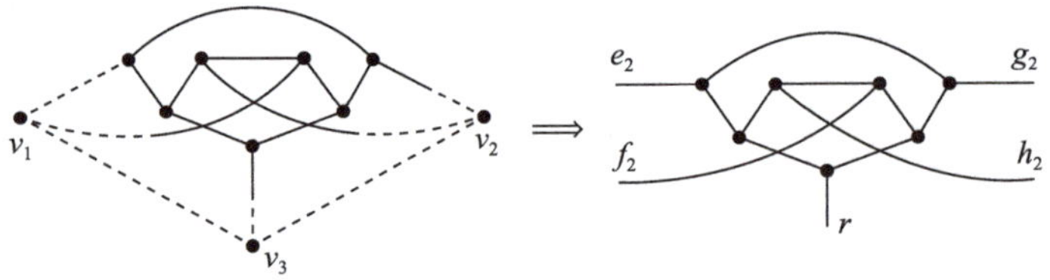

图 5.2　B_2 的构造

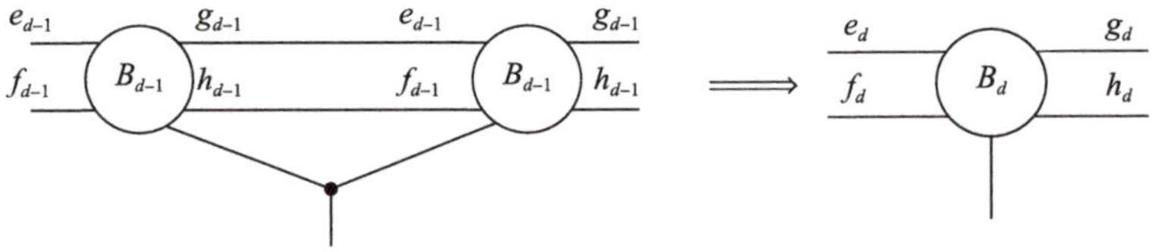

图 5.3　B_d 的构造

文献 [154] 给出的 Máčajová-Škoviera 旋转蛇鲨图的递归构造如下：

(1) 图 G_{d+1} 的构造如图 5.4 所示，对于 $i\in\{0, 1, 2\}$，每个 H^i 是 B_d 的拷贝，其中含有两条半边连接器分别为 $S_1=\{e_i, f_i\}$ 和 $S_2=\{g_i, h_i\}$．

(2) 整边 b_i 由半边 g_i 和 e_{i+1} 构成，整边 d_i 由半边 h_i 和 f_{i+2} 构成（下标的运

算是在模 3 情况下）.

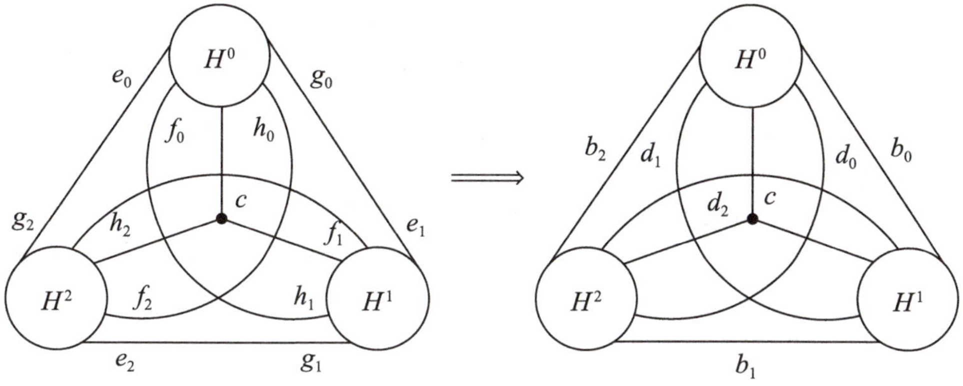

图 5.4　图 G_{d+1}

5.2　旋转蛇鲨图的 Berge-Fulkerson 猜想

为了更清晰地描述和分析图的结构变化，特别是在涉及复杂操作如收缩时，采用算法化的描述方式是非常有效的．因此，在定义 2.3.1 中，我们将收缩过程详细地描述为一个具体的算法，即算法 1. 这种算法化的描述不仅使得收缩过程更加系统化，还便于在实际应用中进行操作和验证．

在算法 1 的执行过程中，我们关注的焦点是多极（multipole）的结构特性．在收缩过程中，多极的结构会发生变化，而这些变化对图的整体性质有着重要影响．最终，算法 1 的执行结果是一个经过收缩处理的多极，我们将其称为算法 1 的最终输出．在本例中，多极 J 称为 (4, W) -围长-可退化的，W 称为算法 1 的最终输出．

算法 1：多极的 4-围长-可退化

输入：多极 $J=(V, E, S)$．

输出：多极 W．

步骤 1：

$$J_0 \leftarrow J;\ i \leftarrow 0.$$

步骤 2：在 J_i 中找到子图 Z_i，使得 Z_i 是 J_i 中长度不超过 4 的圈的并集，并且令

$$J_{i+1} \leftarrow J_i / Z_i.$$

步骤 3：令

$$i \leftarrow i+1.$$

如果 J_i 的围长小于 5，则重复步骤 2，否则停止算法并令 $W \leftarrow J_i$.

根据引理 2. 3. 3 和引理 2. 3. 5，可以直接得到以下结果 .

引理 5. 2. 1：无割边的 3-正则图 G 满足 Berge-Fulkerson 猜想当且仅当 G 满足以下两个条件：

(1) 存在一对边不相交的匹配 M_1，M_2，使得 $M_1 \cup M_2$ 是图 G 的偶子图；

(2) 对于每个 $\mu = 1, 2$，对隐图 $\overline{G \setminus M_\mu}$ 应用算法 1，最终输出的图 W 存在处处非零 4-流 .

如果多极 J 由一个顶点和 n 条与该顶点相关联的半边组成，称 J 为星极，本节记作 $Y_{1,n}$ ，如图 5. 5 所示 .

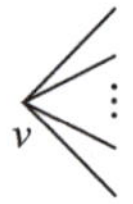

图 5. 5　星极 $Y_{1,n}$

将图的 Catlin 归约推广到多极（multipole）的归约，对于多极 B_d ，有以下结果（定理 5. 2. 1）.

定理 5. 2. 1：设 B_d 为 (2, 2, 1) -极，其中含有两条半边的连接器分别为 $S_1 = \{e_d, f_d\}$ 和 $S_2 = \{g_d, h_d\}$ ，含有一条半边的连接器为 $S_3 = \{r\}$ ，则 B_d 中存在一条 (e_d, g_d) -路 $\mathbb{P}_d = M_1 \cup M_2$ 满足以下条件 (1) 和 (2)，其中 M_1 和 M_2 是匹配且边 $e_d \in M_1$.

(1) (e_3, g_3) -路 $\mathbb{P}_3$ 是奇长的，且对于每个 $i \in \{1, 2\}$ ，隐图 $\overline{B_3 \setminus M_i}$ 是 $(4, Y_{1,4})$ -围长-可退化的；

(2) 当 $d \geqslant 4$ 时，(e_d, g_d) -路 $\mathbb{P}_d$ 是偶长的，隐图 $\overline{B_d \setminus M_1}$ 是 $(4, Y_{1,3})$ -围长-可退化的，隐图 $\overline{B_d \setminus M_2}$ 是 $(4, Y_{1,5})$ -围长-可退化的 .

证明： 采用归纳法 . 对 d 进行归纳 .

(Ⅰ) 考虑 (2, 2, 1) -极 B_3.

设 $\mathbb{P}_3 = e_3 v_{(3,1)} v_{(2,1)} v_{(1,1)} v_{(0,1)} v_{(1,2)} v_{(2,4)} v_{(3,8)} g_3$ 为 (e_3, g_3) -路 . 设 M_1，M_2 是 $\mathbb{P}_3$ 的一对边不交的完美匹配，如图 5. 6 所示，其中虚线是匹配 M_1 中的边，粗线是匹配 M_2 中的边 . 考虑隐图 $\overline{B_3 \setminus M_1}$ ，设

$$C_{0,1} = v_{(3,2)} v_{(2,1)} v_{(3,1)} v_{(3,4)} v_{(2,2)} v_{(3,3)} v_{(3,2)},$$
$$C_{0,2} = v_{(2,3)} v_{(3,6)} v_{(3,7)} v_{(2,4)} v_{(1,2)} v_{(2,3)},$$

$C_{1,1}=v_{(3,2)}v_{(3,7)}v_{(3,6)}v_{(2,3)}v_{(3,5)}v_{(3,4)}v_{(2,2)}v_{(3,3)}v_{(3,2)}$.

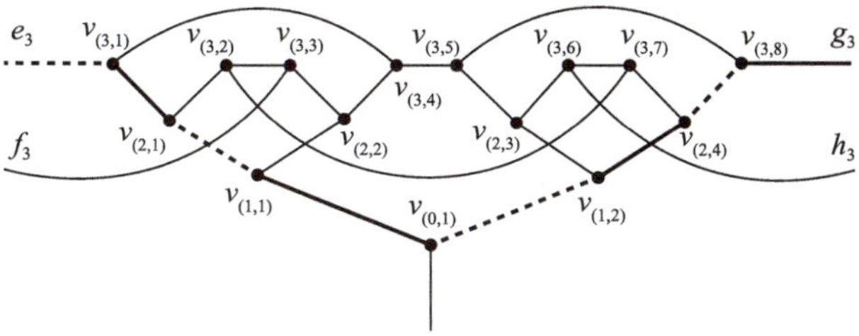

图 5.6　B_3 中的 $(e_3,\ g_3)$-路

因为 $\{v_{(2,1)},v_{(3,1)},v_{(2,4)},v_{(1,2)}\}$ 集合中的每个顶点在 $B_3\setminus M_1$ 中都是 2 度点，并且这些顶点在 J_0 中都被抹去，所以虽然在 $B_3\setminus M_1$ 中圈 $C_{0,1}$ 是一个 6-圈，圈 $C_{0,2}$ 是一个 5-圈，但在隐图 $J_0=\overline{B_3\setminus M_1}$ 中，它们分别对应一个 4-圈 $C'_{0,1}$ 和一个 3-圈 $C'_{0,2}$. 在算法 1 中，$C'_{0,1}$ 和 $C'_{0,2}$ 的并集为 Z_0. 又因为每一个片段 $v_{(3,7)}v_{(3,6)}v_{(2,3)}$ 和 $v_{(3,4)}v_{(2,2)}v_{(3,3)}v_{(3,2)}$ 收缩为一个顶点，因此尽管圈 $C_{1,1}$ 在隐图 $B_3\setminus M_1$ 中长度为 8，但其对应于收缩图 $J_1=J_0/Z_0$ 中的某个 3-圈，记为 Z_1. 根据算法 1，隐图 $\overline{B_3\setminus M_1}/(Z_0\cup Z_1)$ 由一个顶点和 4 条半边组成，因此，隐图 $\overline{B_3\setminus M_1}$ 是 $(4,Y_{1,4})$-围长-可退化的. 由于 $\overline{B_3\setminus M_1}\cong\overline{B_3\setminus M_2}$（见图 5.6），因此隐图 $\overline{B_3\setminus M_2}$ 也是 $(4,Y_{1,4})$-围长-可退化的.

当 $d\geqslant 4$ 时，$\overline{B_d\setminus M_1}\ncong\overline{B_d\setminus M_2}$. 因此，在后续情况中需要分别讨论 $\overline{B_d\setminus M_1}$ 和 $\overline{B_d\setminus M_2}$.

(Ⅱ) 考虑 $B_4=B_3\odot B_3$.

设 $\mathbb{P}_4=R_3\cup R'_3$ 为 $(e_4,\ g_4)$-路，其中 R_3 和 R'_3 是 B_3 中 $\mathbb{P}_3$ 的拷贝. 由（Ⅰ）可知，$\mathbb{P}_3$ 是奇长的，因此路 $\mathbb{P}_4$ 是偶长的. 在图 5.7 中，令 $\mathbb{P}_4=M_1\cup M_2$，其中虚线是匹配 M_1 中的边，粗线是匹配 M_2 中的边. 对于 $i\in\{1,\ 2\}$，对每个隐图 $\overline{B_4\setminus M_i}$ 应用算法 1 两次. 在第一次迭代后，隐图 $\overline{B_3\setminus M_i}$ 的每个拷贝都被归约为星极 $Y_{1,4}$. 因此，通过再次对第一次归约后得到的图（图 5.8 中的 T_1 或 T_2）进行迭代，隐图 $\overline{B_4\setminus M_1}$ 进一步归约为星极 $Y_{1,3}$，隐图 $\overline{B_4\setminus M_2}$ 进一步归约为星极 $Y_{1,5}$.

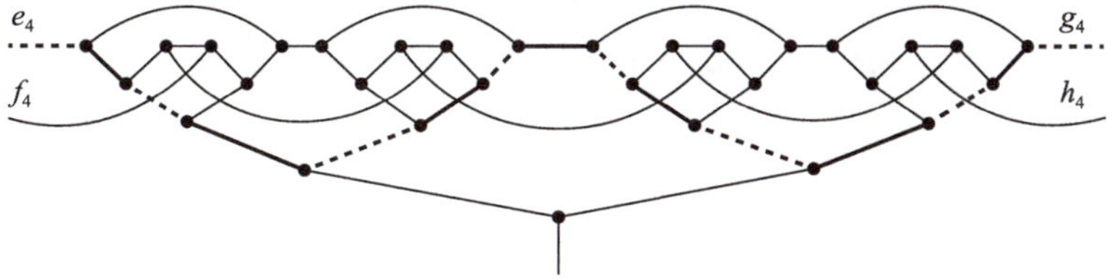

图 5.7　B_4 中的 $(e_4,\ g_4)$-路

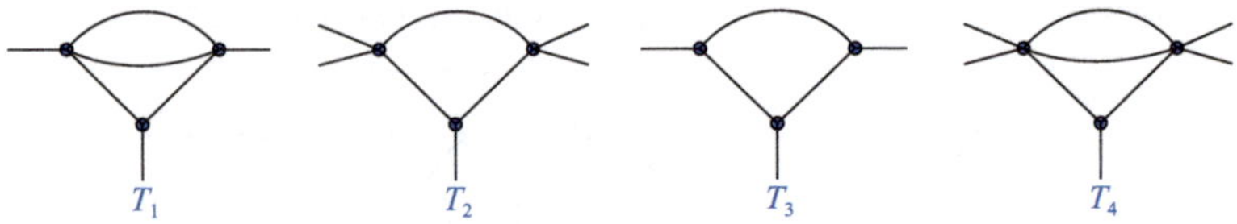

图 5.8　T_1，T_2，T_3 和 T_4

（Ⅲ）对 $d(\geqslant 4)$ 采用归纳法.

由（Ⅱ）可知当 $d=4$ 时，结论成立，因此考虑 $d\geqslant 5$ 的情况.

设 $\mathbb{P}_d=R_{d-1}\cup R'_{d-1}$ 是一条 (e_d, g_d)-路，其中 R_{d-1} 和 R'_{d-1} 是 B_{d-1} 中 $\mathbb{P}_{d-1}$ 的拷贝（由归纳假设给出 $\mathbb{P}_{d-1}$）. 路 $\mathbb{P}_d$ 是匹配 M_1 和 M_2 的并集，对于 $i\in\{1, 2\}$，由归纳假设知 $R_{d-1}\cap M_i$（$R'_{d-1}\cap M_i$）是 $\mathbb{P}_{d-1}$ 的匹配，对每个 $\overline{B_d\setminus M_i}$ 应用算法 1 两次. 在第一次迭代后，每个隐图 $\overline{B_{d-1}\setminus M_1}$ 的拷贝归约为星极 $Y_{1,3}$，每个隐图 $\overline{B_{d-1}\setminus M_2}$ 的拷贝归约为星极 $Y_{1,5}$. 因此，通过再次将算法 1 应用于得到的图（图 5.8 中的 T_3 或 T_4），隐图 $\overline{B_d\setminus M_1}$ 进一步归约为星极 $Y_{1,3}$，隐图 $\overline{B_d\setminus M_2}$ 进一步归约为星极 $Y_{1,5}$. 定理 5.2.1 证明完毕. □

在深入分析旋转蛇鲨图（rotation snarks）的结构特征和性质之后，结合前面定理中得出的关键结论，我们能够进一步证明这类旋转蛇鲨图 G_{d+1} 满足著名的 Berge-Fulkerson 猜想.

定理 5.2.2：旋转蛇鲨图 G_{d+1} 满足 Berge-Fulkerson 猜想，其中 $d\geqslant 1$.

证明： 已知 Berge-Fulkerson 猜想对 G_2（Petersen 图）和 G_3（Loupekine 蛇鲨图）成立，因此证明 $d\geqslant 3$ 的情况即可.

（Ⅰ）首先证明 $d\geqslant 4$ 的情况.

由定理 5.2.1-（2），对于 $\mu\in\{0, 1, 2\}$，每个 H^μ 包含 (e_d^μ, g_d^μ)-路 $\mathbb{P}_d^\mu$ 满足以下条件：(1) $\mathbb{P}_d^\mu$ 是匹配 M_1^μ 和 M_2^μ 的并集，(2) 隐图 $\overline{H^\mu\setminus M_1^\mu}$ 是 $(4, Y_{1,3})$-围长-可退化的且隐图 $\overline{H^\mu\setminus M_2^\mu}$ 是 $(4, Y_{1,5})$-围长-可退化的.

设圈

$$Q=\mathbb{P}_d^0\cup\mathbb{P}_d^1\cup\mathbb{P}_d^2,$$

且匹配

$$M_1^+=M_1^0\cup M_1^1\cup M_1^2,\ M_2^+=M_2^0\cup M_2^1\cup M_2^2.$$

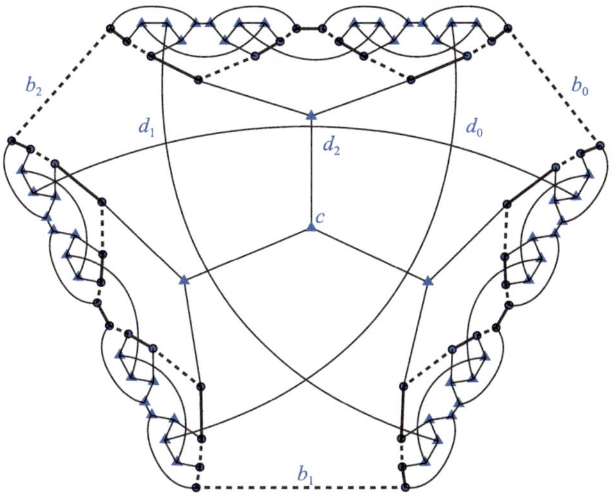

图 5.9　图 G_5

显然圈 Q 是偶长的，M_1^+ 和 M_2^+ 是圈 Q 的一对边不交的完全匹配．以图 5.9 中 G_5 为例，其中虚线是匹配 M_1^+ 中的边，粗线是匹配 M_2^+ 中的边，细线是圈 Q 以外的边，实心圆是 Q 中的顶点，三角形是 Q 之外的顶点．由定理 5.2.1，对于每一个 $i \in \{1, 2\}$ 和 $\mu \in \{0, 1, 2\}$，隐图 $\overline{H^\mu \setminus M_1^+}$ 是 $(4, Y_{1,3})$ -围长-可退化的，星极 $Y_{1,3}$ 中唯一顶点不妨用 x_μ 表示；隐图 $\overline{H^\mu \setminus M_2^+}$ 是 $(4, Y_{1,5})$ -围长-可退化的，唯一的顶点不妨用 y_μ 表示．因此，隐图 $\overline{G_{d+1} \setminus M_1^+}$ 是 $(4, K_4)$ -围长-可退化的，隐图 $\overline{G_{d+1} \setminus M_2^+}$ 是 $(4, D_1)$ -围长-可退化的，见图 5.10. 显然 K_4 和 D_1 均存在处处非零 4-流．因此，根据引理 5.2.1，对于 $i \in \{1, 2\}$，每个隐图 $\overline{G_{d+1} \setminus M_i^+}$ 存在处处非零 4-流，进一步对于每个 $d \geqslant 4$，图 G_{d+1} 满足 Berge-Fulkerson 猜想．

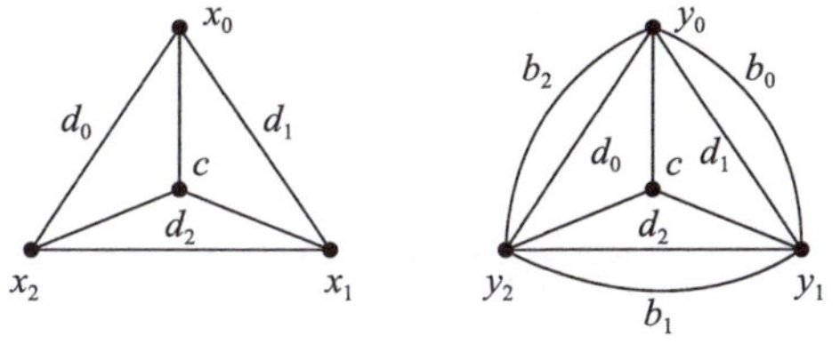

K_4　　D_1

图 5.10　K_4 和 D_1

(Ⅱ) 证明 $d = 3$ 的情况．

因为定理 5.2.1-(1) 中的路径 $\mathbb{P}_3$ 和圈 Q 是奇长的，所以 (Ⅰ) 的证明不能应用于这种情况．在图 H^μ ($\mu \in \{1, 2\}$) 中，设 $\mathbb{P}_3^\mu$ 是定理 5.2.1-(1) 中所

给出的 $\mathbb{P}_3$ 的拷贝．在图 H^0 中，路 $\mathbb{P}_3^0$ 的选择是不同的，它是偶长的．因此，圈 $Q'=\mathbb{P}_3^0\cup\mathbb{P}_3^1\cup\mathbb{P}_3^2$ 是偶长的，其中 M_1^+ 和 M_2^+ 是 Q' 的一对边不交的完全匹配．如图 5.11 所示，虚线是匹配 M_1^+ 中的边，粗线是匹配 M_2^+ 中的边，细线是不在 Q 中的边．

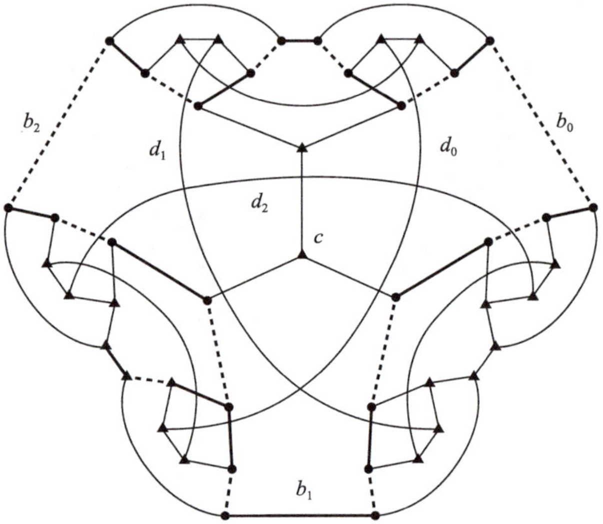

图 5.11　图 G_4 中的圈 Q'

步骤 1：对每个隐图 $\overline{H^{\mu}\setminus M_i^+}$ 应用算法 1，其中 $\mu\in\{1, 2\}$，$i\in\{1, 2\}$．隐图 $\overline{H^1\setminus M_i^+}$ 和 $\overline{H^2\setminus M_i^+}$ 均归约为星极 $Y_{1,4}$（由定理 5.2.1-（1））．

步骤 2：抹去 $H^0\setminus M_i^+$ 中的所有度为 2 的顶点．此时得到的多极 $\overline{H^0\setminus M_i^+}$ 包含 5 个顶点．应用步骤 1 和步骤 2 后，最终得到的图包含 8 个顶点，并且是无割边的．因此，根据引理 2.3.9，最终得到的图存在处处非零 4-流．由引理 5.2.1 可知图 G_4 满足 Berge-Fulkerson 猜想．□

5.3　旋转蛇鲨图的 Berge-Fulkerson 猜想的推广

在 5.2 节的研究中，我们已经证明了文献［154］中提到的圈 5-边连通的无穷类旋转蛇鲨图（rotation snarks）满足 Berge-Fulkerson 猜想．这一结果为研究这类特殊图的结构和性质提供了重要的理论支持．

在本节中，我们进一步推广了文献［154］中构造图类的方法．具体而言，我们在定义 5.3.2 中引入了更一般化的构造方式，并在事实 5.3.1 中验证了其有效性．这种推广不仅丰富了旋转蛇鲨图的构造方法，还为探索更多满足 Berge-Fulkerson 猜想的图类提供了新的途径．通过这种推广，我们能够构造出更广泛的图类，并进一步验证其在 Berge-Fulkerson 猜想中的表现．

5.3.1　广义旋转蛇鲨图的定义

定义 5.3.1[154]：(1) 设 B_2 为图 5.2 中的 (2, 2, 1) -极．

(2) 设 $\mathscr{B}_2=\{B_2\}$．对于 $d\geq 3$，令

$$\mathscr{B}_d=\{B_d=B_{d-1}\odot_i B_{d-1},\ B_{d-1}\in\mathscr{B}_{d-1},\ \text{其中 } i\in\{1,2\}\}.$$

该构造方法如图 5.12 所示，B_d 的含有两条半边的连接器分别为 $S_1=\{e_d,f_d\}$ 和 $S_2=\{g_d,h_d\}$．

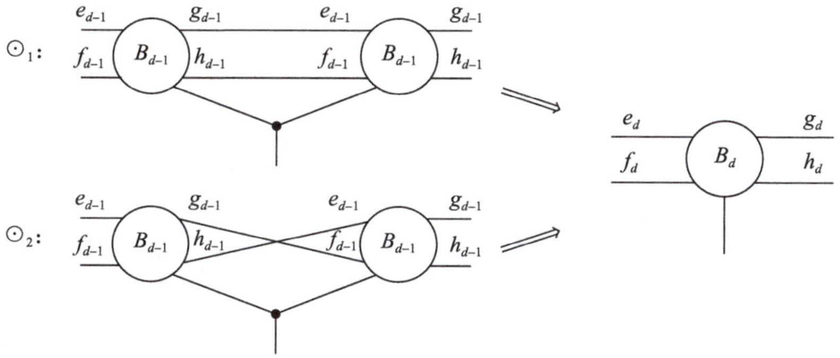

图 5.12　$B_{d-1}\odot_i B_{d-1}$，其中 $i\in\{1,2\}$

我们在下面的定义（定义 5.3.2）中对多极的构造进行了扩展．

定义 5.3.2：扩展图类 $\mathscr{B}$ 的构造如下：

(1) 对于 $d\geq 4$，$\mathscr{B}_d\subset\mathscr{B}$（$\mathscr{B}_d$ 见定义 5.3.1）；

(2) 对于任意 $B, B'\in\mathscr{B}$，$B\odot_i B'$ 也是 $\mathscr{B}$ 中的元素，其中 $i\in\{1,2\}$．

定义 5.3.3：设 G 是由 3 个 (2, 2, 1) -极 H^0，H^1，H^2 和一个 (1, 1, 1) -极构成的图，其中 H^0，H^1，H^2 是 $\mathscr{B}$ 中的任意元素，使得

(1) 对于 $i\in\{0,1,2\}$，$S_1(H^i)$ 和 $S_2(H^i)$ 是 H^i 的两个含有 2 条半边的连接器．

(2) 隐图 $G/(H^0\cup H^1\cup H^2)$ 同构于图 D_1（见图 5.10）．

(3) 多极 H^i 和 H^j 之间的两条边由四条半边组成，这些半边的集合用 $SE(H^i;H^j)$ 表示．对于 $i,j\in\{0,1,2\}$ 和 $\mu\in\{1,2\}$，$|S_\mu(H^i)\cap SE(H^i;H^j)|=1$．

5.3.3 中的图 G 如图 5.13 所示．根据文献［154］，每个（2，2，1）-极 $H^i(\in \mathscr{B})$ 都是真的（proper）．因此，我们有以下结论．

事实 5.3.1： 定义 5.3.3 中的每个图 G 都是非 3-边可染的（蛇鲨图）．

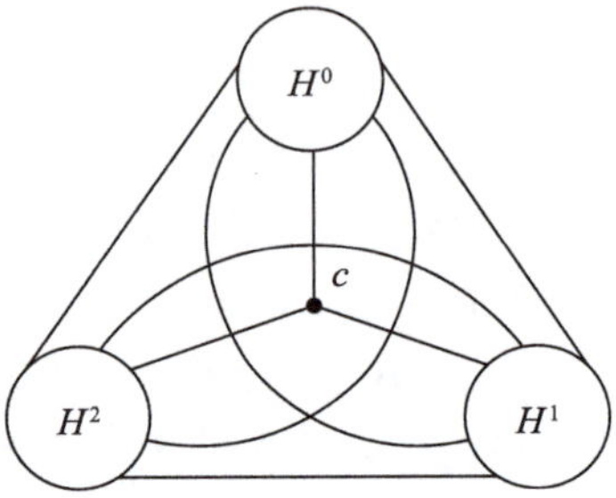

图 5.13　定义 5.3.3 中的图 G

5.3.2　广义旋转蛇鲨图的 Berge-Fulkerson 猜想

我们对 5.3.1 节构造的图类证明 Berge-Fulkerson 猜想成立．

定理 5.3.1：设 $B_d \in \mathscr{B}_d$ 是定义 5.3.1 中的（2，2，1）-极，其中 $d \geqslant 3$，则对于任意 $a \in S_1$ 和 $b \in S_2$，存在一条 (a, b)-路 $\mathbb{P}_d = M_1 \cup M_2$ 满足下列条件（1）和（2），其中 M_1 和 M_2 是匹配且 $a \in M_1$.

（1）对于每个 $i \in \{1, 2\}$，(a, b)-路 $\mathbb{P}_3$ 是奇长的，隐图 $\overline{B_3 \setminus M_i}$ 是 $(4, Y_{1,4})$-围长-可退化的；

（2）当 $d \geqslant 4$ 时，(a, b)-路 $\mathbb{P}_d$ 是偶长的，隐图 $\overline{B_d \setminus M_1}$ 是 $(4, Y_{1,3})$-围长-可退化的，隐图 $\overline{B_d \setminus M_2}$ 是 $(4, Y_{1,5})$-围长-可退化的．

证明： 考虑多极 B_3，根据定义 5.3.1，B_3 有两种类型，分别是 $B_3 = B_2 \odot_1 B_2$ 和 $B_3 = B_2 \odot_2 B_2$. 通过 $a \in S_1$，$b \in S_2$ 的不同选择，以及 $\odot_i$（$i \in \{1, 2\}$）的两种选择，共有 8 种不同的三元组 (B_3, a, b)，如图 5.14 所示．（由于 B_3 的对称性，有些图 (B_3, a, b) 是同构的．）对于任意 $a \in S_1$ 和 $b \in S_2$，存在一条 (a, b)-路 $\mathbb{P}_3 = M_1 \cup M_2$，其中 M_1 和 M_2 是匹配．如图 5.14 所示，虚线是匹配 M_1 中的边，粗线是匹配 M_2 中的边．与定理 5.2.1 的证明类似，对于 $i \in \{1, 2\}$，对隐图 $\overline{B_3 \setminus M_i}$ 应用算法 1，可以证明隐图 $\overline{B_3 \setminus M_i}$ 是 $(4, Y_{1,4})$-围长-可退化的．对于 $d \geqslant 4$，B_d 的证明也类似于定理 5.2.1.

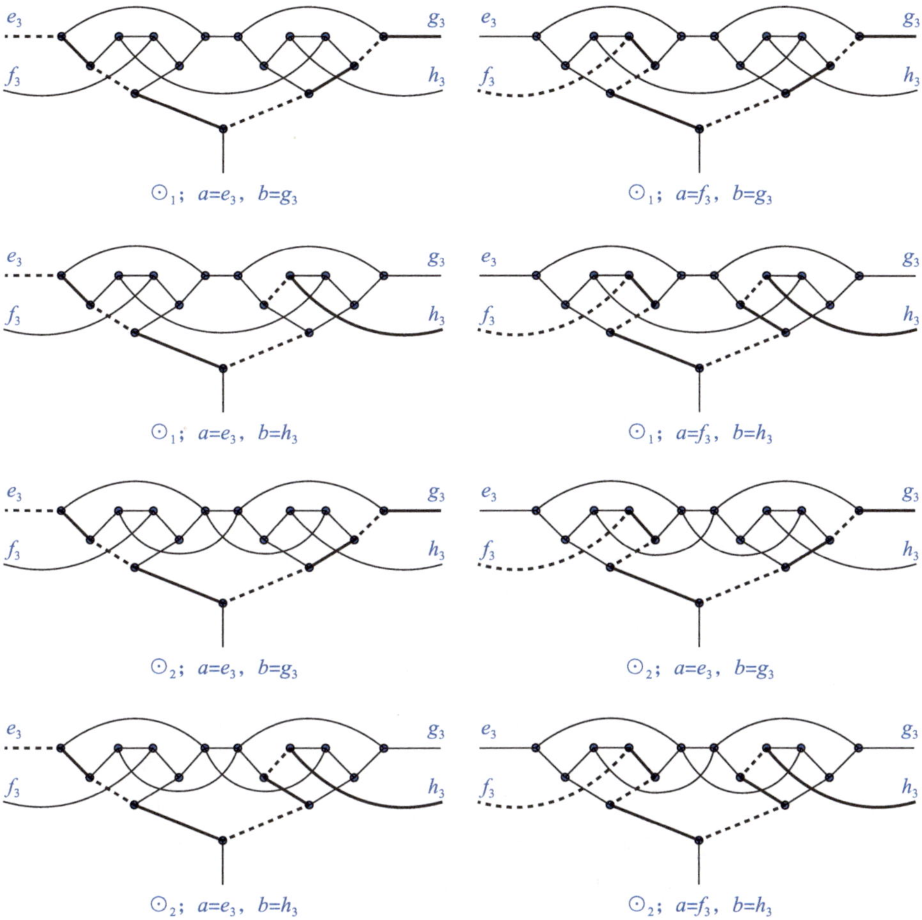

图 5.14 B_3 中的 (a, b) -路

定理 5.3.2：设 $B^* \in \mathscr{B}$ 是定义 5.3.2 中的（2，2，1）-极，则对于任意 $a \in S_1$ 和 $b \in S_2$，存在 (a, b) -路 $\mathbb{P} = M_1 \cup M_2$ 使得隐图 $\overline{B^* \setminus M_1}$ 是（$4, Y_{1,3}$）-围长-可退化的，隐图 $\overline{B^* \setminus M_2}$ 是（$4, Y_{1,5}$）-围长-可退化的，其中 M_1 和 M_2 是匹配且 $a \in M_1$.

在本章的研究中，我们通过综合分析引理 5.2.1 和定理 5.3.2 的内容与结论，得出了一个更为一般性的结果．这一结果不仅整合了两者的理论基础，还进一步拓展了定理 5.3.2 的适用范围和结论深度．具体而言，引理 5.2.1 提供了关键的中间结论，而定理 5.3.2 则在此基础上进一步深化了研究，使得我们能够从更广泛的视角来理解和应用这些理论成果．通过这种结合，我们不仅验证了定理 5.2.2 的正确性，还将其推广到了更广泛的图类和结构中，为后续的研究提供了更坚实的理论支持.

定理 5.3.3：设图 G 为定义 5.3.3 中的蛇鲨图，则图 G 满足 Berge-Fulkerson 猜想.

证明： 证明与定理 5.2.2 类似. □

5.4 本章小结

在本章的研究中，我们首先对 Máčajová 和 Škoviera 在文献［154］中构造的圈 5-边连通无穷类蛇鲨图的结构进行了深入分析. 通过详细研究这些图的性质，我们发现图中存在一些特殊的路径，这些路径的并集能够形成满足引理 2.3.1 中条件的偶长圈. 这一发现为后续的理论推导提供了重要的基础.

基于图中特殊偶长圈的存在性，我们进一步结合了 Catlin 的归约方法和 Tutte 的整数流理论. Catlin 的归约方法是一种有效的工具，用于简化图的结构，从而更容易分析其性质；而 Tutte 的整数流理论则为研究图的边着色和流性质提供了理论支持. 通过这两种方法的结合，我们成功证明了 Máčajová 等在文献［154］中构造的无穷类旋转蛇鲨图满足 Berge-Fulkerson 猜想. 这一结果不仅验证了 Berge-Fulkerson 猜想在这一特定图类中的成立，还展示了归约方法和整数流理论在图论研究中的强大应用潜力.

最后，本章对主定理进行了推广，提出了广义的圈 5-边连通旋转蛇鲨图的定义. 这种推广不仅丰富了蛇鲨图的理论体系，还为研究更广泛的图类提供了新的框架. 同时，我们也证明了这类广义的旋转蛇鲨图同样满足 Berge-Fulkerson 猜想. 这一推广结果进一步拓展了 Berge-Fulkerson 猜想的适用范围，为未来的研究提供了新的方向和挑战.

6 偶子图双覆盖猜想

在本章中，我们深入探讨了图论领域中一个极具挑战性的课题——圈覆盖理论中的偶子图双覆盖猜想．这一猜想是图论中一个尚未完全解决的重要问题，其研究对于理解图的结构和性质具有深远意义．进一步，我们重点关注偶子图的个数，尤其是 5-偶子图双覆盖猜想．

为了更好地推进这一猜想的研究，我们引入了整数流理论这一强大的工具．通过将整数流理论与 5-偶子图双覆盖猜想相结合，我们成功地推导出了一系列图存在 5-偶子图双覆盖的充分条件．这些条件为判断一个图是否具有 5-偶子图双覆盖提供了一种有效的理论依据，也为后续的研究奠定了坚实的基础．

在研究过程中，我们还深入分析了多极的结构性质，这在本书第 3 和 4 章也进行了详细的介绍．基于多极的结构性质，本书分别给出多极的类型Ⅰ、Ⅱ可归约的定义．进一步地，我们运用这些定义和标准，对某些特定的多极进行了可归约类型的判断．通过这一过程，我们不仅验证了所提出定义的有效性，还为解决 5-偶子图双覆盖猜想提供了一些关键的线索和思路．

在理论推导和结构分析的基础上，我们还关注了图的奇分支数这一重要参数．奇分支数是衡量图的复杂性的一个重要指标，对于图的覆盖性质有着直接的影响．根据我们所给出的图存在 5-偶子图双覆盖的充分条件，我们成功地证明了某些具有高奇分支数的叠合蛇鲨图确实存在 5-偶子图双覆盖．

6.1 5-偶子图双覆盖猜想的充分条件

在本节中，将以整数流理论为基础，深入探讨了图的 5-偶子图双覆盖问题．通过将整数流理论与 5-偶子图双覆盖问题相结合，我们发现了一些关键的规律和特征．经过严谨的推导和论证，成功地给出了图存在 5-偶子图双覆盖的充分条件．

定理 6.1.1：设图 G 是无割边的，Q_0，Q_1 是 G 的偶子图．如果 $G\setminus(E(Q_0)\setminus E(Q_1))$ 存在处处非零 4-流，则图 G 存在 5-偶子图双覆盖集合 A 使得 $Q_0\in\mathscr{A}$．

证明： 因为 $G\setminus(E(Q_0)\setminus E(Q_1))$ 存在处处非零 4-流．根据定理 1.2.2，图 $G\setminus(E(Q_0)\setminus E(Q_1))$ 存在 3-偶子图双覆盖 $\mathscr{A}_0$. 设 $\mathscr{A}_0=\{R_1, R_2, R_3\}$，则 $\mathscr{A}_1=\{Q_1, Q_1\Delta R_1, Q_1\Delta R_2, Q_1\Delta R_3\}$ 是图 $G\setminus(E(Q_0)\setminus E(Q_1))$ 的 4-偶子图双覆盖，其中 $Q_1\in\mathscr{A}_1$. 因此

$$\mathscr{A}=\mathscr{A}_1\setminus\{Q_1\}\cup\{Q_1\Delta Q_0, Q_0\}=\{Q_1\Delta R_1, Q_1\Delta R_2, Q_1\Delta R_3, Q_1\Delta Q_0, Q_0\}$$

是 G 的 5-偶子图双覆盖，其中 $Q_0\in\mathscr{A}$． □

6.1.1 可以进一步扩展到图 G 的两个或多个偶子图的图序列．

定义 6.1.1：设图 G 是无割边的，Q_0，Q_1，…，Q_t 是图 G 的偶子图序列，其中 $t\geqslant 1$.

对于每一个 $i\geqslant 1$，令 $G_0=G$ 且 $G_i=G_{i-1}\setminus(E(Q_{i-1})\setminus E(Q_i))$．如果对于每个 $i\in\{1, \cdots, t\}$，Q_i 是 G_{i-1} 的偶子图，且 G_t 存在处处非零 4-流，则 $\{Q_0, Q_1, \cdots, Q_t\}$ 称为图 G 的好序列．

定理 6.1.2：如果图 G 存在好序列，则对于每个好序列 $\{Q_0, Q_1, \cdots, Q_t\}$，图 G 存在 $(4+t)$-偶子图双覆盖 $\mathscr{A}$，其中 $Q_0\in\mathscr{A}$.

证明： 对 t ($t\geqslant 1$) 进行归纳．如果 $t=1$，由定理 6.1.1，结论得证．假设当 $t=k-1$ 时结论成立，其中整数 $k\geqslant 2$. 因为图 G 存在好序列 $\{Q_0, Q_1, \cdots, Q_k\}$，所以 $\{Q_1, \cdots, Q_k\}$ 是图 $G_1=G_0\setminus(E(Q_0)\setminus E(Q_1))$ 的好序列．由归纳假设，图 G_1 存在 $(4+k-1)$-偶子图双覆盖 $\mathscr{A}_1$，其中 $Q_1\in\mathscr{A}_1$. 因此 $\mathscr{A}=\mathscr{A}_1\setminus\{Q_1\}\cup\{Q_1\Delta Q_0, Q_0\}$ 是 G 的 $(4+k)$-偶子图双覆盖，其中 $Q_0\in\mathscr{A}$. □

当然，不但有充分条件，在其他文献我们也找到了一些 3-正则图存在 5-偶子图双覆盖的充要条件．例如 Hoffmann-Ostenhof 在其博士论文中证明了下面的结论．

定理 6.1.3：令 G 是无割边的 3-正则图．则 G 存在 5-偶子图双覆盖当且仅当 G 中存在一个匹配 M 满足下面两个条件

(1) $G\setminus M$ 存在处处非零 4-流（或者 $G\setminus M$ 抹去 2 度顶点后的图是 3-边可染的），

(2) 在 G 中存在一对偶子图 C_1 和 C_2，使得 $E(C_1)\cap E(C_2)=M$.

为了介绍其他的5-偶子图双覆盖猜想的充分条件，我们先来给出一些关于欧拉权分解的定义．首先给出欧拉权图的定义．

定义 6.1.2：令 (G, w) 是一个欧拉带权图（eulerian weighted graph）．一组欧拉带权子图 $\{(G_i, w_i): i=1, \cdots, t\}$ 称作图 (G, w) 的一个欧拉带权分解，如果每个 G_i 都是图 G 的子图，并且对于每条边 $e \in E(G)$，有 $\sum_{i=1}^{t} w_i(e) = w(e)$．（如果 $e \notin E(G_i)$，则 $w_i(e)=0$）．

例如，图6.1图所示为一个图 (G, w) 的欧拉带权分解．

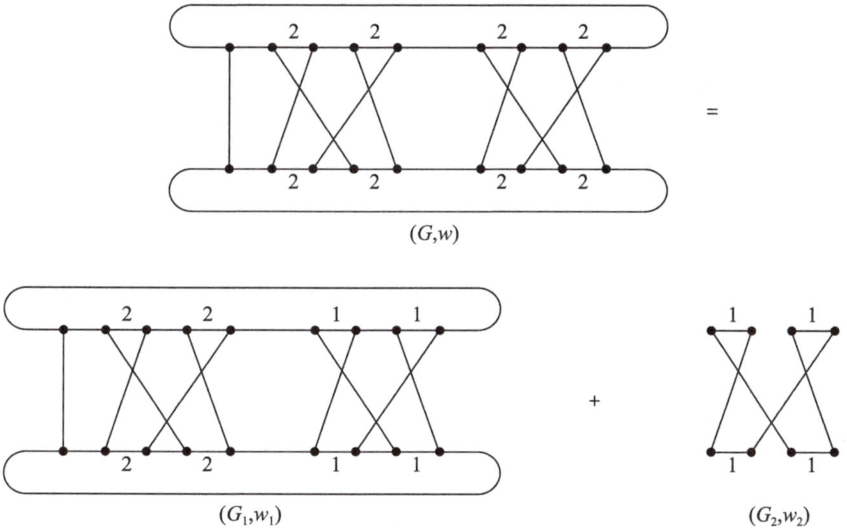

图6.1 图 (G, w) 的欧拉带权分解：$(G, w) = (G_1, w_1) + (G_2, w_2)$

权分解是解决偶子图双覆盖猜想的一种方法：如果能找到 $(G, 2)$ 的权分解 $\sum_{i=1}^{t}(G_i, w_i)$，使得每个 (G_i, w_i) 都有一个可靠偶子图覆盖（faithfulcircuit cover）（其中 $(G, 2)$ 的欧拉权重为常数2）．

回顾之前介绍到，令 G 是一个图．如果图 G 的每条边 e 都精确地包含在集合 $\mathscr{F}$ 的2个元素中，并且满足 $\mathscr{F}$ 的阶不多于 k，则集合 $\mathscr{F}$ 称为 G 的一个 k-偶子图双覆盖．

下面结果给出了3-正则图存在6-偶子图双覆盖的一个充要条件，可见文献［105］的引理4.1.1.

引理 6.1.1：3-正则图 G 存在一个 6-偶子图双覆盖当且仅当 $(G,\ 2)$ 存在一个欧拉带权分解 $(G,\ 2) = (G_1,\ w_1) + (G_2,\ w_2)$，使得隐图 $\overline{G_1}$ 和 $\overline{G_2}$ 都是 3-边可染的．

证明：⇒：令 $\{C_1,\ C_2,\ \cdots,\ C_6\}$ 为 G 的一个 6-偶子图双覆盖．设 $G_1 = G[C_1 \cup C_2 \cup C_3]$，$w_1 = w_{\{C_1,\ C_2,\ C_3\}}$；并且 $G_2 = G[C_4 \cup C_5 \cup C_6]$，$w_2 = w_{\{C_4,\ C_5,\ C_6\}}$（其中 w_1 和 w_2 为由偶子图覆盖导出的欧拉权，简单来说为被几个偶子图覆盖的次数）．根据 Seymour 的 3-边可染和可靠圈覆盖的结果可知（见文献［105］引理 2.2.1），隐图 $\overline{G_1}$ 和 $\overline{G_2}$ 都是 3-边可染的．

⇐：假设隐图 $\overline{G_1}$ 和 $\overline{G_2}$ 都是 3-边可染的，则同样根据 Seymour 的 3-边可染和可靠圈覆盖的结果（文献［105］引理 2.2.1），带权图 $(G_j,\ w_j)$ 存在一个可靠的（faithful）3-偶子图覆盖 $\mathscr{F}_j$．故 $\mathscr{F}_1 \cup \mathscr{F}_2$ 是图 G 的一个 6-偶子图双覆盖．□

结合欧拉带权分解，Zhang 在文献［164］给出了图 G 存在 5-偶子图双覆盖的另一充要条件．

定理 6.1.4[164]：一个无割边存在 5-偶子图双覆盖当且仅当 $(G,\ 2)$ 存在一个欧拉带权分解 $(G,\ 2) = (G_1,\ w_1) + (G_2,\ w_2)$，使得隐图 $\overline{G_1}$ 和 $\overline{G_2}$ 都是 3-边可染的，并且 $E_{w_1} = 2$ 在 $\overline{G_1}$ 的某个 3-边染色中的单色的 1-因子（mono-colored 1-factor）．

其实通过简单分析可知，定理 6.1.3 和定理 6.1.4 是等价的．

回顾第 1 章我们提到了 Huck 和 Kochol 证明了所有奇分支数为 2 的无割边 3-正则图满足 5-偶子图双覆盖猜想，见定理 1.4.2，在这里我们介绍下证明思路，主要是要证明以下两个结论：

（1）边集 $E(G) \setminus E(S)$ 存在一个划分 $P \cup R$，使得 P 是图 G/S 的一个无割边同余子图（其中 S 是图 G 奇分支数为 2 的 2-因子）．即 $G_1 = \overline{S \cup P}$ 的奇分支数至多为 2，$G_2 = \overline{S \cup R}$ 的奇分支数至多为 0.

（2）$G_1 = \overline{S \cup P}$ 和 $G_2 = \overline{S \cup R}$ 都是 3-边可染的．（可见图 6.2 和图 6.3）

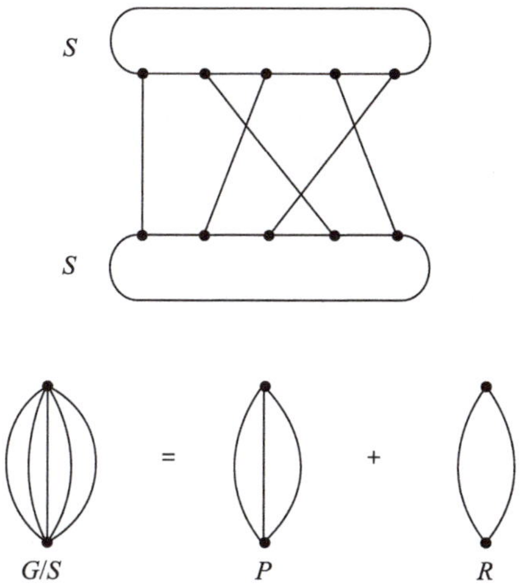

图 6.2 收缩 Petersen 图的一个 2-因子 S

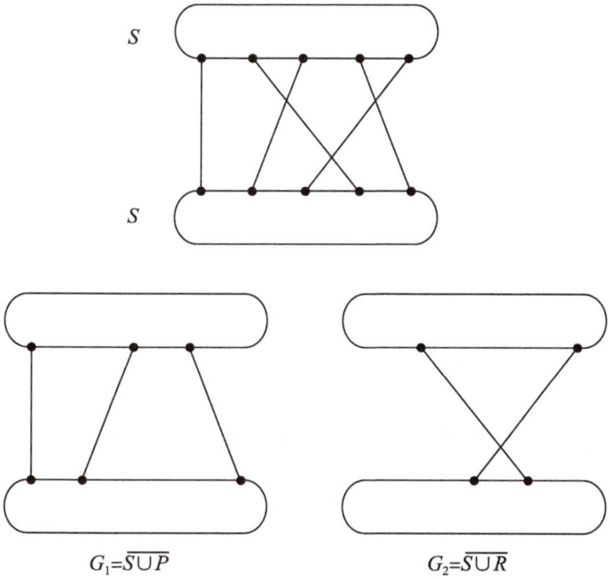

图 6.3 隐图 G_1 和 G_2 都是 3-边可染的

6.1.1 多极的类型Ⅰ、Ⅱ可归约的定义

在本小节中，我们基于多极的定义，进一步引入了两类可归约的概念，即类型Ⅰ可归约和类型Ⅱ可归约．类型Ⅰ可归约和类型Ⅱ可归约的定义是基于多极的结构特征和性质提出的．通过这两种可归约类型的划分，我们可以更清晰

地理解和分析多极在图覆盖问题中的作用.

设 M 为多极，且 $S=\{S'_1, \cdots, S'_\alpha, S''_1, \cdots, S''_\beta\}$ 是 M 连接器的集合，其中对于每个 $i\in\{1, \cdots, \alpha\}$，有 $|S'_i|=1$；对于每个 $j\in\{1, \cdots, \beta\}$，有 $|S''_j|\geqslant 2$.

通过多极 M 构造的 α-极 M^c，构造方法分为以下两步：

(1) 添加新的顶点 $w_1, \cdots, w_\beta$；

(2) 将 $\bigcup_{j=1}^{\beta} S''_j$ 的每条半边 h 替换为整边 h^+. 如果 $h\in S''_j$，则 w_j 是 h^+ 的某个端点（见图 6.4）.

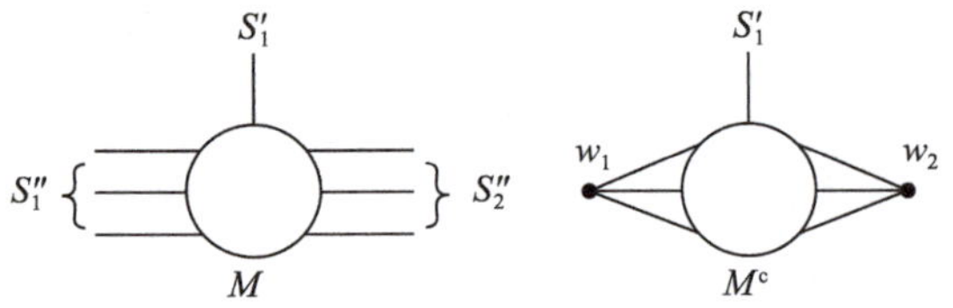

图 6.4　多极 $M=(V, E, S'_1, S''_1, S''_2)$ 和 M^c

已知抹去图 G 中所有 2 度顶点得到的图叫做 G 的隐图，用 $\bar{G}$ 表示，见定义 2.1.25. 令 M 为多极，M 的隐图的构造方法如下：抹去每个不与半边相邻的 2 度顶点，然后对每个与 2 度顶点相邻的半边执行图 6.5 所示的两种操作中的一种，得到的图用 $\bar{M}$ 表示.

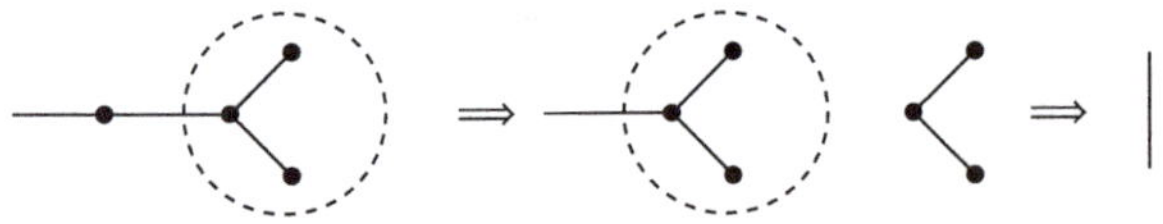

图 6.5　与半边相邻的 2 度点的操作

在下列定义中，我们将详细阐述多极的两种可归约类型，即类型 Ⅰ 可归约与类型 Ⅱ 可归约的定义. 这些定义将明确指出一个多极在何种结构特征下可被归类为类型 Ⅰ 可归约，以及在何种条件下可被视为类型 Ⅱ 可归约.

定义 6.1.3：

(1) 如果 M 包含偶子图 Q_0，Q_1，使得隐图多极 $\overline{M\setminus(E(Q_0)\setminus E(Q_1))}$ 通过 Catlin 收缩方法可归约为星极，则称多极 M 是类型 Ⅰ 可归约的.

(2) 如果 M^c 通过 Catlin 收缩方法可归约为星极，则称多极 M 是类型 Ⅱ 可归约的.

(3) 设 $\mathscr{M}$ 是多极的集合，如果每个 $M\in\mathscr{M}$ 都是类型 Ⅰ 可归约的（或类型 Ⅱ 可归约的），则称集合 $\mathscr{M}$ 是类型 Ⅰ 可归约的（或类型 Ⅱ 可归约的）.

6.1.2 充分条件的证明

基于定理 6.1.1 和 Catlin 归约方法，本节给出图存在 5-偶子图双覆盖的一个充分条件.

定理 6.1.5：设 $\tilde{G}=(G, C, \mathscr{M}_e, \mathscr{M}_v)$ 是满足以下条件（1）和（2）的叠合图：

（1）对于每个 $M \in \mathscr{M}_e$，M 的连接器都是非平凡的.

（2）$\mathscr{M}_e$ 和 $\mathscr{M}_v$ 中的某个集合是类型Ⅰ可归约的，另一个集合是类型Ⅰ可归约的或类型Ⅱ可归约的.

如果 G/C 存在处处非零 4-流，则图 $\tilde{G}$ 存在 5-偶子图双覆盖.

证明：设 $E(C)=\{e_1, e_2, \cdots, e_r\}$ 且 $V(C)=\{v_1, v_2, \cdots, v_s\}$. 对于每一个 $i \in [r]$，令 $M_i \in M_e$ 表示在 C 中取代 e_i 的超边. 对于每一个 $j \in [s]$，设 $N_j \in M_v$ 表示在 C 中取代 v_j 的超点. 根据条件（2），我们考虑以下 3 种情况.

情况 1：$\mathscr{M}_e$ 是类型Ⅰ可归约的，$\mathscr{M}_v$ 是类型Ⅱ可归约的.

（ⅰ）设 $M_i \in \mathscr{M}_e$. 由于 M_i 是类型Ⅰ可归约的，因此 M_i 存在偶子图 Q_0^i 和 Q_1^i，使得 $\overline{M_i \setminus (E(Q_0^i) \setminus E(Q_1^i))}$ 经过 Catlin 收缩可归约为星极. 不妨设 w_i 为该星极的顶点.

（ⅱ）设 $N_j \in \mathscr{M}_v$. 根据条件（1），假设 N_j 是类型Ⅱ可归约的，经过 Catlin 收缩，N_j^c 可以归约为星极，并且星极的每条半边都不与 $\mathscr{M}_e$ 中的任何超边相邻. 令

$$Q_0=\bigcup_{i\in[r]} Q_0^i \text{ 且 } Q_1=\bigcup_{i\in[r]} Q_1^i.$$

根据（ⅰ），对 $\overline{\tilde{G} \setminus (E(\mathscr{Q}_0) \setminus E(\mathscr{Q}_1))}$ 应用 Catlin 归约方法，直到每个 $\overline{M_i \setminus (E(Q_0^i) \setminus E(Q_1^i))}$ 归约为星极，得到的图用 G' 表示（见图 6.6（2））. 注意到每个 w_i 是图 G' 中的某个顶点，并且某些 $N_j^c s$ 的顶点也为 w_i. 由于每个 $N_j \in \mathscr{M}_v$ 是类型Ⅱ可归约的，根据（ⅱ），对每个 N_j^c 应用 Catlin 归约方法，得到的图为 G/C. 因为图 G/C 存在处处非零 4-流，根据定理 6.1.1，$\tilde{G}$ 存在 5-偶子图双覆盖.

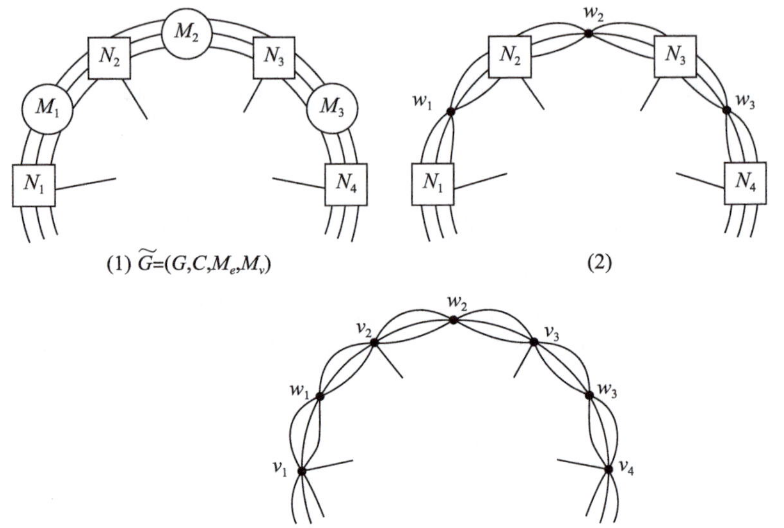

(1) $\widetilde{G}=(G,C,M_e,M_v)$　　(2)

(3)

图 6.6　情况 1 中的收缩步骤

情况 2： $\mathscr{M}_e$ 是类型Ⅱ可归约的，$\mathscr{M}_v$ 是类型Ⅰ可归约的．

情况 2 的证明与情况 1 的证明类似，故本书不做重复叙述．

情况 3： $\mathscr{M}_e$ 和 $\mathscr{M}_v$ 都是类型Ⅰ可归约的．

与情况 1 的（ⅰ）类似，对于每个 $M\in\mathscr{M}_e\cup\mathscr{M}_v$，多极 M 存在偶子图 $Q_{0,M}$，$Q_{1,M}$，使得 $\overline{M\setminus(E(Q_{0,M})\setminus E(Q_{1,M}))}$ 经过 Catlin 收缩方法可以归约为星极．对于每一个 $M_i\in\mathscr{M}_e$，用 w_i 表示星极中心；对于每一个 $N_j\in\mathscr{M}_v$，为了方便起见，我们仍然用 v_j 表示星极的中心．令

$$\mathscr{Q}_0=\bigcup_{M\in M_e\cup M_v}Q_{0,M}\text{ 且 }\mathscr{Q}_1=\bigcup_{M\in M_e\cup M_v}Q_{1,M}.$$

对图 $\overline{\tilde{G}\setminus E(\mathscr{Q}_0)\setminus(E(\mathscr{Q}_1))}$ 采用 Catlin 收缩法，直到每个 $\overline{M\setminus(E(Q_{0,M})\setminus E(Q_{1,M}))}$. 归约为星极，得到的图用 G'' 表示（见图 6.6（3））．

图 G'' 也可以由 G 得到，首先在每条边 $e_i\in E(C)$ 中插入 2 度顶点 w_i，然后用某些平行边替换 C 的细分中的每条边，其中用来替换每条边的平行边数等于 $M_i\in\mathscr{M}_e$ 对应连接器内的边数．根据（1）的条件，用于每条边的平行边的数量必须至少为两条．因此，在 C 的细分上收缩所有平行边后，G'' 可以进一步归约为 G/C．因此通过 Catlin 可归约法，图 $\overline{\tilde{G}\setminus(E(\mathscr{Q}_0)\setminus E(\mathscr{Q}_1))}$ 可以归约为 G/C．因为 G/C 存在处处非零 4-流，根据定理 6.1.1，图 $\tilde{G}$．存在 5-偶子图双覆盖．　□

6.2 几种多极的类型 Ⅰ、Ⅱ 可归约性

在将定理 6.1.5 应用于某个叠合图 $\tilde{G}=(G, C, \mathscr{M}_e, \mathscr{M}_v)$ 之前，首要任务是确保该图满足定理中所规定的条件．具体而言，我们需要逐一验证该叠合图是否符合定理 6.1.5 中的条件（1）和条件（2）．条件（1）相对较为直观，通常可以通过简单的检查和计算来快速验证．然而，条件（2）则更具挑战性，需要我们进行更为细致和深入的分析．

在这一过程中，判断多极的可归约类型显得尤为重要．例如，在图 6.7 中，我们可以清晰地看到 4 个多极．通过对这些多极的结构特征进行分析，我们可以直接判断出它们属于类型 Ⅱ 可归约．

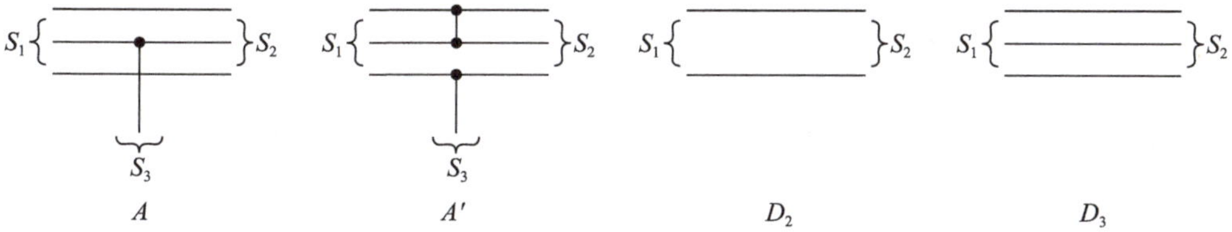

图 6.7　多极 A，A'，D_2，和 D_3

引理 6.2.1：集合 $\{A, A', D_2, D_3\}$ 中的每个多极都是类型 Ⅱ 可归约的．

在本节的后续内容中，我们将深入探讨并证明一些已知的、用于构造蛇鲨图的多极的可归约类型．这些多极在蛇鲨图的结构中扮演着关键角色，其可归约性对于理解蛇鲨图的性质至关重要．通过对这些多极的详细分析，我们将明确它们的可归约类型，为后续的证明某些无穷类叠合蛇鲨图满足 5-偶子图双覆盖猜想提供坚实的基础．

基于这些多极的可归约性分析，我们将进一步利用定理 6.1.1 和定理 6.1.5，在下一节中对某些无穷类叠合蛇鲨图进行深入研究．我们的目标是证明这些叠合蛇鲨图满足 5-偶子图双覆盖猜想的条件，从而验证该猜想在这些特定图类中的正确性．

文献［25］中给出的多极 P_4^v，P_4^e，Z 和 X（见图 6.8）．

P_4^v 是通过在 Petersen 图中删除两个相邻顶点以及与之相关联的半边得到的（2，2）-极．P_4^e 是通过在 Petersen 图中删除两条边 v_2v_3 和 v_4v_5，并添加相应的半边得到的（2，2）-极．Z 通过连接 Z_i 和 Z_{i+1} 之间的半边得到的（3，3，1）-极，其中 $i \in \{1, 2\}$．Z_1 和 Z_3 是在 Petersen 图中删除一个顶点和一条边，并添加相应的半边得到的（2，3）-极．Z_2 是在 Petersen 图中通过删除长度为 2 的路以及与之相关联的半边得到的（2，2，1）-极．X 是在花形蛇鲨图 F_5 中删除 u_1^1 和 u_3^2 以及与之相关的半边得到的（3，3）-极．

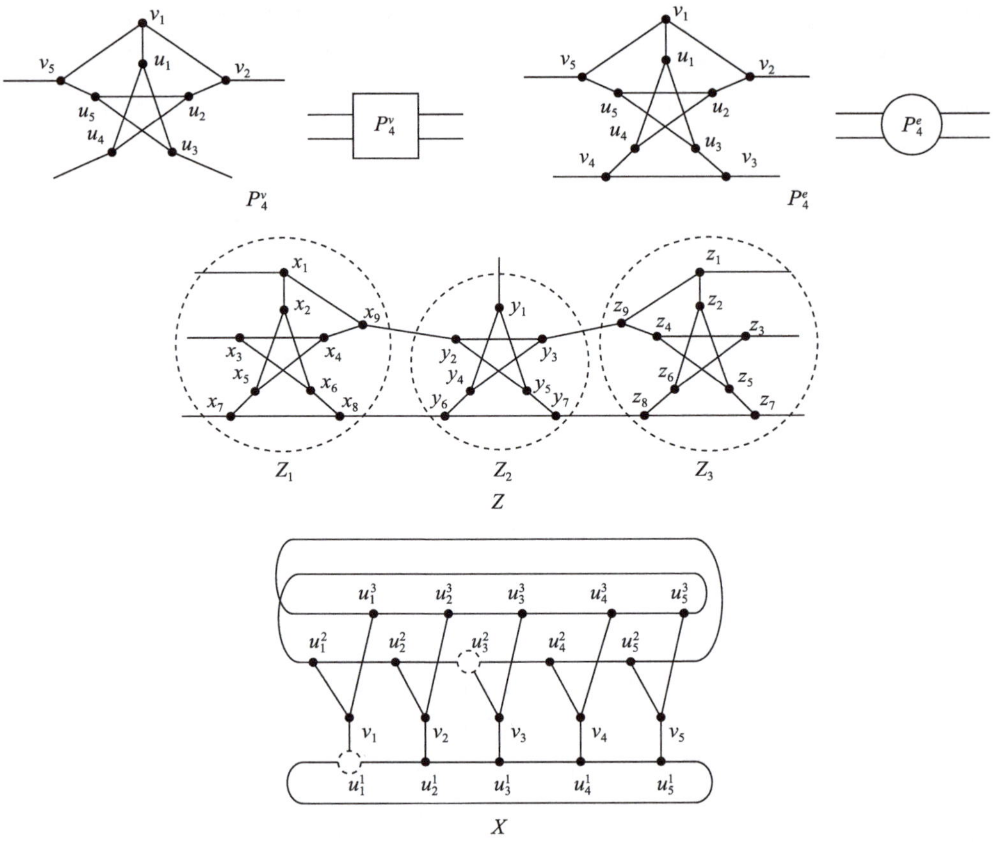

图 6.8　多极 P_4^v，P_4^e，Z 和 X

接下来我们证明图 6.8 中的多极 P_4^v，P_4^e，Z 和 X 是类型 Ⅰ 可归约的．

引理 6.2.2：集合 $\{P_4^v, P_4^e, Z, X\}$ 中的每个多极都是类型 Ⅰ 可归约的．

证明：对于每个多极 $M \in \{P_4^v, P_4^e, Z, X\}$，存在圈 Q_0 和 Q_1，使得 $\overline{M\setminus(E(Q_0)\setminus E(Q_1))}$ 可以通过 Catlin 收缩方法归约为星极. 在多极 P_4^v 中，设 $Q_0 = v_1v_2u_2u_5v_5v_1$，$Q_1 = v_1v_2u_2u_4u_1u_3u_5v_5v_1$. 在多极 P_4^e 中，设 $Q_0 = v_1u_1u_3u_5v_5v_1$，$Q_1 = v_1u_1u_3v_3v_4u_4u_2u_5v_5v_1$. 在多极 Z 中，设 $Q_0 = x_1x_9y_2y_3z_9z_1z_2z_6z_8y_7y_6x_8x_6x_2x_1$，且 $Q_1 = x_1x_9y_2y_5y_1y_4y_3z_9z_1z_2z_5z_4z_3z_6z_8y_7y_6x_8x_6x_3x_4x_5x_2x_1$. 在多极 X 中，设 $Q_0 = u_3^3u_4^3v_4u_4^1u_3^1v_3u_3^3$，且 $Q_1 = u_1^3u_2^3u_3^3v_3u_3^1u_2^1v_2u_2^2u_1^2u_5^3u_4^3v_4u_4^1u_5^1v_5u_5^2u_1^3$. 对于每个多极 $M \in \{P_4^v, P_4^e, Z, X\}$，隐图 $\overline{M\setminus(E(Q_0)\setminus E(Q_1))}$ 的围长是 4. 根据 Catlin 的收缩方法，隐图 $\overline{P_4^v\setminus(E(Q_0)\setminus E(Q_1))}$ 和 $\overline{P_4^e\setminus(E(Q_0)\setminus E(Q_1))}$ 可以归约为星极 $Y_{1,4}$，隐图 $\overline{Z\setminus(E(Q_0)\setminus E(Q_1))}$ 可以归约为星极 $Y_{1,7}$，$\overline{X\setminus(E(Q_0)\setminus E(Q_1))}$ 可以归约为星极 $Y_{1,6}$. □

文献 [154] 中的 (2, 2, 1) -极 B_d，其中 $d \geqslant 3$.

5.1 节已经给出了多极 B_d 的构造的详细定义和图例，本小节证明每个 B_d 是类型 I 可归约的.

定理 6.2.1：对于 $d \geqslant 3$，多极 B_d 中存在偶子图 Q_0，Q_1，使得 $\overline{B_d\setminus(E(Q_0)\setminus E(Q_1))}$ 可归约为星极 $Y_{1,5}$. 因此每个多极 B_d 是类型 I 可归约的.

证明：对 d 采用归纳法.

(i) 当 $d=3$ 时 (见图 6.7)，

设 $Q_0 = C_0 \cup C_1$，其中 $C_0 = v_{(3,1)}v_{(3,4)}v_{(2,2)}v_{(1,1)}v_{(2,1)}v_{(3,1)}$ $C_1 = v_{(3,5)}v_{(3,8)}v_{(2,4)}v_{(1,2)}v_{(2,3)}v_{(3,5)}$.

设 $Q_1 = v_{(3,1)}v_{(3,4)}v_{(3,5)}v_{(3,8)}v_{(2,4)}v_{(3,7)}v_{(3,6)}v_{(2,3)}v_{(1,2)}v_{(0,1)}v_{(1,1)}v_{(2,2)}v_{(3,3)}v_{(3,2)}v_{(2,1)}v_{(3,1)}$. 可知隐图 $\overline{B_3\setminus(E(Q_0), E(Q_1))}$ 通过 Catlin 收缩方法归约为星极 $Y_{1,5}$，因此 B_3 是类型 I 可归约的.

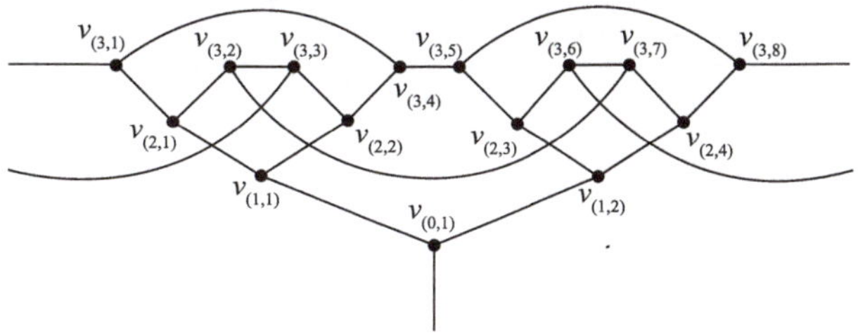

图 6.9 (2, 2, 1) -极 B_3

（ⅱ）假设当 $d \geqslant 4$ 时，引理对 B_{d-1} 成立．我们将证明 B_d 是类型Ⅰ可归约的．已知 B_d 是由两个 B_{d-1} 的拷贝构成，设两个 B_{d-1} 的拷贝分别为 B_{d-1}^1 和 B_{d-1}^2．因为 B_{d-1} 是类型Ⅰ可归约的，所以 B_{d-1} 中存在偶子图 $Q_{0,\ d-1}$ 和 $Q_{1,\ d-1}$，使得 $\overline{B_{d-1} \setminus (E(Q_{0,\ d-1}) \setminus E(Q_{1,\ d-1}))}$ 可归约为星极 $Y_{1,\ 5}$．设 $Q_0 = Q_{0,\ d-1}^1 \cup Q_{0,\ d-1}^2$ 且 $Q_1 = Q_{1,\ d-1}^1 \cup Q_{1,\ d-1}^2$，对于 $i \in \{1,\ 2\}$，$Q_{0,\ d-1}^i$ 和 $Q_{1,\ d-1}^i$ 分别是 B_{d-1}^i 中 $Q_{0,\ d-1}$ 和 $Q_{1,\ d-1}$ 的拷贝．注意到对于每个 $i \in \{1,\ 2\}$，$\overline{B_{d-1}^i \setminus (E(Q_{0,\ d-1}^i) \setminus E(Q_{1,\ d-1}^i))}$ 可以归约为星极 $Y_{1,\ 5}$．因此，通过 Catlin 收缩方法，$\overline{B_d \setminus (E(Q_0) \setminus E(Q_1))}$ 可以进一步归约为星极 $Y_{1,\ 5}$．

根据（i）和（ii），B_d 中存在偶子图 Q_0，Q_1，使得 $\overline{B_d \setminus (E(Q_0) \setminus E(Q_1))}$ 可归约为星极 $Y_{1,\ 5}$．因此，当 $d \geqslant 3$ 时，每个 B_d 都是类型Ⅰ可归约的． □

文献［138］中的（3，3）-极 $\mathscr{B}_K$．

4.1 节中给出了花形蛇鲨图的定义（见定义 4.1.1）．基于花形蛇鲨图，Kochol 在文献［138］给出了 Kochol 花形-超边 $\mathscr{B}_K$ 的定义（见定义 4.1.3）．本节我们证明集合 $\mathscr{B}_K$ 中的多极都是类型Ⅰ可归约的．

定理 6.2.2：集合 $\mathscr{B}_K$ 中的每个（3，3）-极都是类型Ⅰ可归约的．

证明：设 $B \in \mathscr{B}_K$，不失一般性，令 $v = v_1$．基于 $d(u,\ v) \geqslant 3$ 以及花形蛇鲨图的对称性，因此考虑 $u = u_j^1$ 即可，其中 $3 \leqslant j \leqslant \dfrac{n+1}{2}$．当 $n \geqslant 5$ 时，对于 $(F_n)_{u,\ v}$，设

$$Q_0 = u_3^3u_4^3v_4u_4^2u_3^2v_3u_3^3,\ Q_1 = u_2^3u_3^3v_3u_3^2u_2^2v_2u_2^3 \cup u_4^3u_5^3v_5u_5^2u_4^2v_4u_4^3.$$

情况 1：考虑花形蛇鲨图 F_5.

根据上述不等式可知 $j = 3$（见图 6.7），其中红线是 $E(Q_0) \setminus E(Q_1)$ 中的边．

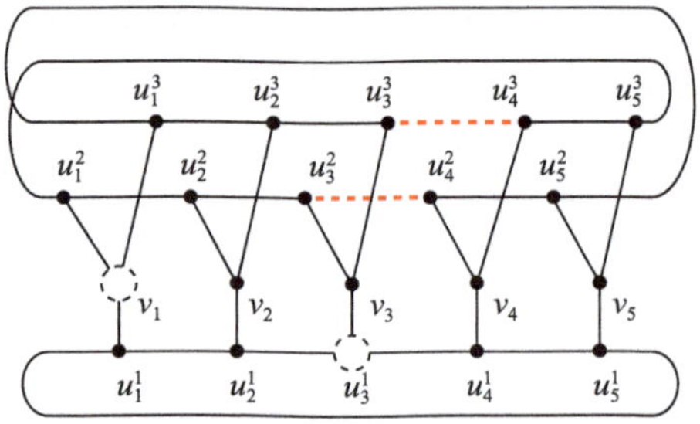

图 6.10　情况 1：$n = 5$ 且 $j = 3$

令 $C_{0,1}=u_2^3u_3^3v_3u_3^2u_2^2v_2u_2^3$，$C_{0,2}=u_4^3u_5^3v_5u_5^2u_4^2v_4u_4^3$，$C_{1,1}=u_4^3u_5^3v_5u_5^1u_4^1v_4u_4^3$，$C_{1,2}=u_5^3u_1^2u_2^2v_2u_2^3u_1^3u_5^2v_5u_5^3$，$C_{2,1}=u_1^1u_5^1v_5u_5^3u_1^2u_2^2v_2u_2^1u_1^1$. 令 $J_0=C_{0,1}\cup C_{0,2}$，$J_1=C_{1,1}\cup C_{1,2}$，$J_2=C_{2,1}$. 图 J_0 对应于 $\overline{B\setminus(E(Q_0)\setminus E(Q_1))}$ 中不相交的 4^--圈的并集. J_1 由两个圈组成，每个圈对应于 $\overline{B\setminus(E(Q_0)\setminus E(Q_1))}/J_0$ 中的某个 4^--圈. 图 J_2 对应于 $\overline{B\setminus(E(Q_0)\setminus E(Q_1))}/(J_0\cup J_1)$ 中的某个 4^--圈. 因为 $\overline{B\setminus(E(Q_0)\setminus E(Q_1))}/(J_0\cup J_1\cup J_2)$ 通过 Catlin 收缩方法可以归约为某个含有 6 条半边的星极，因此，$\overline{B\setminus(E(Q_0)\setminus E(Q_1))}$ 可归约为星极 $Y_{1,6}$.

情况 2：考虑花形蛇鲨图 F_n，其中 $n\geqslant 7$（见图 6.8），红线是 $E(Q_0)\setminus E(Q_1)$ 中的边.

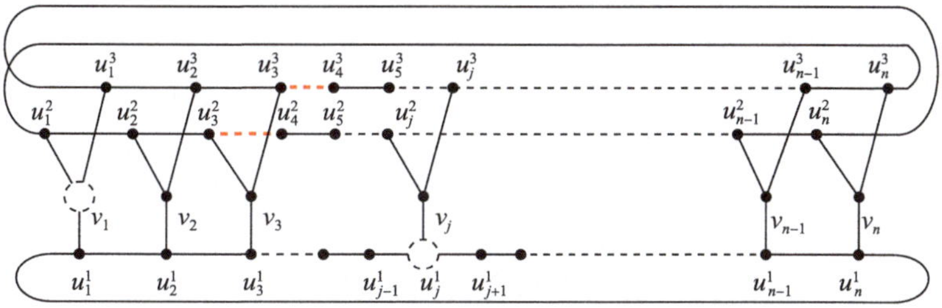

图 6.11　情况 2：$n\geqslant 7$

令 $C_{0,1}=u_2^3u_3^3v_3u_3^2u_2^2v_2u_2^3$，$C_{0,2}=u_4^3u_5^3v_5u_5^2u_4^2v_4u_4^3$，$C_{1,l}=v_lu_l^3u_{l+1}^3v_{l+1}u_{l+1}^2u_l^2v_l$，其中 $l\in\{5,\cdots,n-1\}$. 令 $C_{2,k}=v_ku_k^1u_{k+1}^1v_{k+1}u_{k+1}^2u_k^2v_k$，其中 $k\in\{2,3,\cdots,n-1\}$，$(\{3\}\cup\{j-1,j\})$.

设 $C_{3,1}=u_n^3u_1^2u_2^2v_2u_2^3u_1^3u_n^2v_nu_n^3$，且

$$C_{3,2}=\begin{cases}u_1^1u_n^1v_nu_n^3u_1^2u_2^2v_2u_2^1u_1^1, & \text{若 } j\in\{3,4\};\\ u_1^1u_n^1v_nu_n^3u_{n-1}^3\cdots u_4^3v_4u_4^1u_3^1u_2^1u_1^1, & \text{若 } j\geqslant 5.\end{cases}$$

设 $J_0=C_{0,1}\cup C_{0,2}$，$J_1=\bigcup\limits_{l=5}^{n-1}C_{1,l}$，

$$J_2=\begin{cases}\bigcup\limits_{k=4}^{n-1}C_{2,k}, & \text{若 } j=3;\\ C_{2,2}\cup\left(\bigcup\limits_{k=j+1}^{n-1}C_{2,k}\right), & \text{若 } j\in\{4,5\};\\ C_{2,2}\cup\left(\bigcup\limits_{k=4}^{j-2}C_{2,k}\right)\cup\left(\bigcup\limits_{k=j+1}^{n-1}C_{2,k}\right), & \text{若 } j\geqslant 6,\end{cases}$$

并且令 $J_3=C_{3,1}\cup C_{3,2}$.

图 J_0 对应于 $\overline{B\setminus(E(Q_0)\setminus E(Q_1))}$ 中不相交的 4^--圈的并集，因此我们可将这两个 4^--圈收缩. 然后，在图 $\overline{B\setminus(E(Q_0)\setminus E(Q_1))}/J_0$ 中依次收缩圈 $C_{1,l}$，其中 $l=5,\cdots,n-1$. 接下来，在 $\overline{B\setminus(E(Q_0)\setminus E(Q_1))}/(J_0\cup J_1)$ 中依次收缩

圈 $C_{2,k}$. 又因为可在 $\overline{B\setminus(E(Q_0)\setminus E(Q_1))}/(J_0\cup J_1\cup J_2)$ 中先收缩圈 $C_{3,1}$，然后收缩圈 $C_{3,2}$，因此通过 Catlin 收缩方法，图 $\overline{B\setminus(E(Q_0)\setminus E(Q_1))}$ 可以归约为星极 $Y_{1,6}$. □

6.3 5-偶子图双覆盖猜想充分条件的应用

在本节中，我们借助定理 6.1.3 以及第 6.2 节中所阐述的一系列引理，对几类叠合蛇鲨图进行了深入的分析与论证. 通过这些工具和理论基础，我们成功地证明了这些叠合蛇鲨图满足 5-偶子图双覆盖猜想. 作为这一研究的直接推论，我们进一步验证了文献 [25, 138, 146, 154] 中所构造的蛇鲨图确实满足 5-偶子图双覆盖猜想. 在详细陈述本节的主要定理之前，有必要先对上述文献中提到的几类叠合蛇鲨图进行定义. 这些定义将为后续的证明和分析提供清晰的框架，帮助我们更好地理解这些图的结构特征以及它们为何能够满足 5-偶子图双覆盖猜想. 通过这些定义，我们能够更准确地描述这些图的性质，并为后续的理论推导奠定坚实的基础.

(*) 基图 $\mathscr{H}$ (base graphs) 和扩展偶子图 (extension support) C_0

设 P_3 是通过 Petersen 图删除某个顶点以及与之相关联的半边得到的 (1, 1, 1) -极 (见图 6.9 中右侧). 每个 $G\in\mathscr{H}$ 构造如下:

(1) 将 r ($r\geqslant 2$) 个 P_3 的拷贝排列到一个圈中 (见图 6.9 中的左边), 构造 r -极.

(2) 如果 r 是偶数, 将每对半边连接成一条整边. 如果 r 是奇数, 将其中 3 条半边与一个新顶点相连接, 并且将剩余的每对半边连接成一条整边.

扩展偶子图 C_0 由 P_3 的每个拷贝中对应 $v_5u_5u_3v_3v_2$ 的路和 P_3 的每两个拷贝之间的边组成 (见图 6.9).

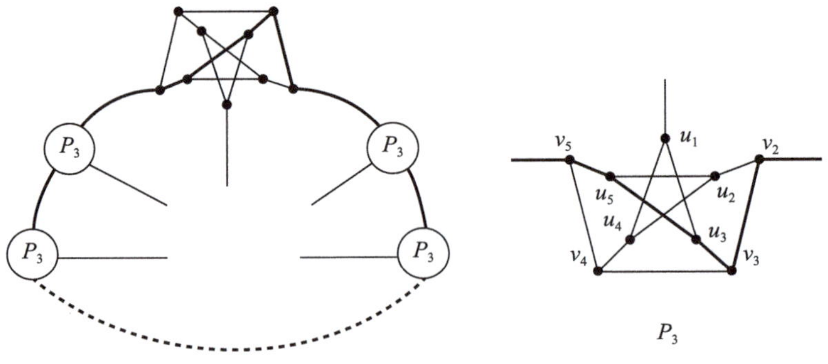

图 6.12 基图的构造和扩展偶子图 C_0

定理 6.3.1：设 $\tilde{G}=(G,\ C,\ \mathscr{M}_e,\ \mathscr{M}_v)$ 是以 G 为基图，以 C 为扩展偶子图的叠合图．如果下列情况之一成立，则 $\tilde{G}$ 存在 5-偶子图双覆盖．

(a) $G=C$ 是圈，$\mathscr{M}_v=\{P_4^v,\ P_4^e\}$ 且 $\mathscr{M}_e=\{D_2\}$（见图 6.10 中例（a））；

(b) G 是哈密顿 3-正则图，或者存在某个顶点 v，使得 $G\setminus\{v\}$ 是哈密顿图，其中 C 是 G 中最长的圈，$\mathscr{M}_v=\{Z\}$ 且 $\mathscr{M}_e=\{D_3\}$（见图 6.10 中例（b1）和（b2））；

(c) $G=K_4$，C 是 G 中 3-圈，$\mathscr{M}_v\subseteq\bigcup_{d\geqslant 3}\mathscr{B}_d$ 且 $\mathscr{M}_e=\{D_2\}$．其中集合 $\mathscr{B}_d$ 由多极 B_d 通过重新分配连接器的半边得到的所有可能的（2，2，1）-极 B_d^* 组成（见图 6.10 中例（c））；

(d) $G=P_{10}$，C 为 G 中 6-圈，$\mathscr{M}_v=\{A,\ A'\}$ 且 $\mathscr{M}_e\subseteq\mathscr{B}$（见图 6.10 中的例（d））；

(e) $G\in\mathscr{H}$，$C=C_0$，$\mathscr{M}_v=\{A\}$ 且 $\mathscr{M}_e=\{X\}$，其中 $\mathscr{H}$ 和 C_0 在（*）中已经描述．

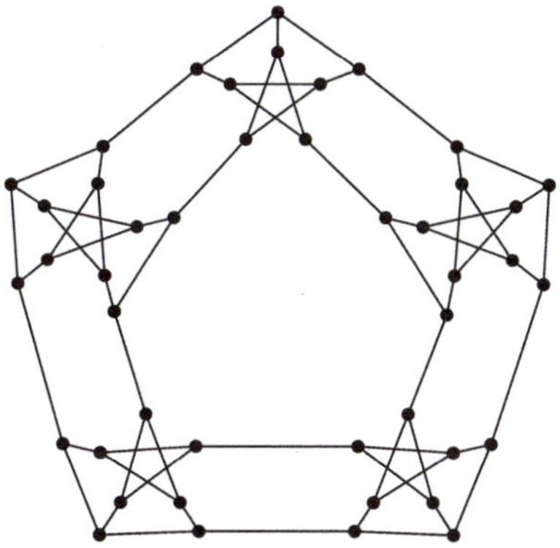

(a)

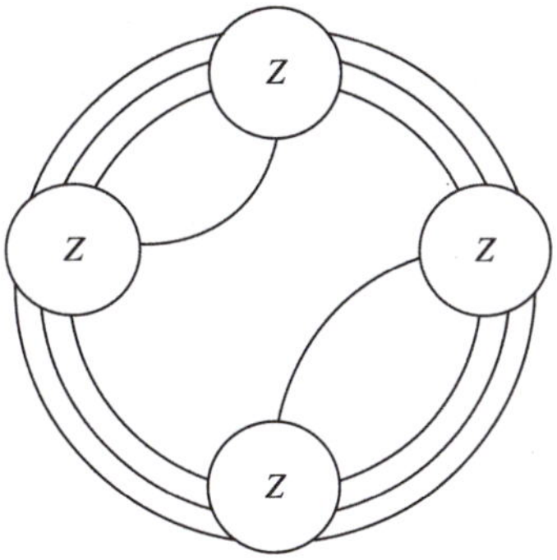

(b₁)

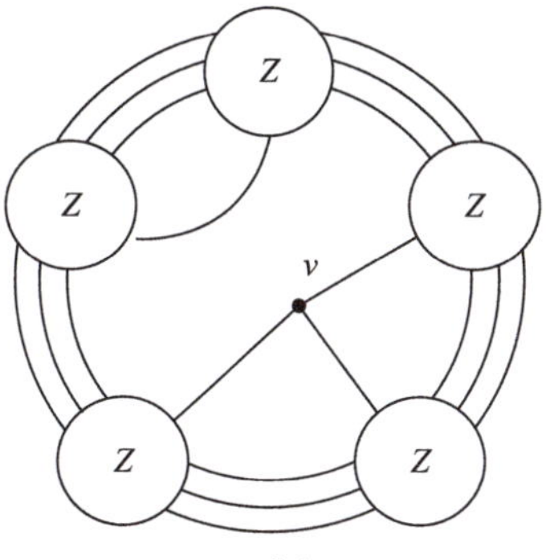

(b₂)

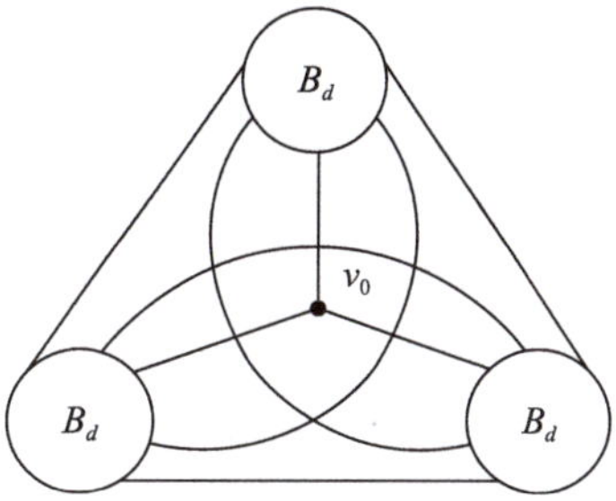

(c)

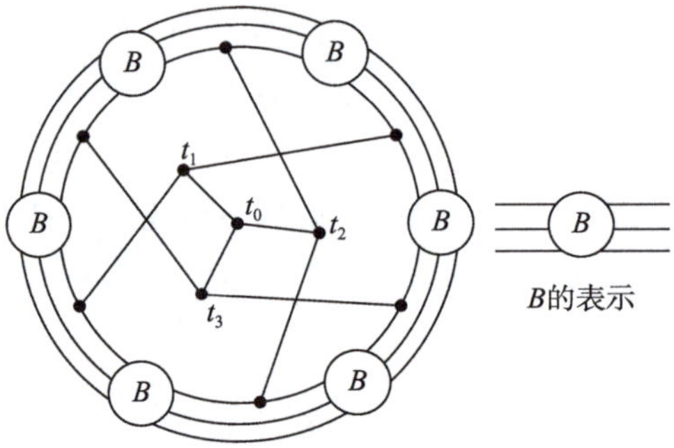

(d)

图 6.13　定理 6.3.1 中例（a），（b），（c）和（d）

事实 6.3.1：

（1）对于每个 $i \in \{4, 5, 6\}$，文献［25］中构造的 LMMS$_i$-蛇鲨图是定理 6.3.1（a）或（b）或（e）中描述的叠合蛇鲨图．

（2）文献［154］中构造的 MŠ 蛇鲨图是定理 6.3.1（c）中描述的一种特殊情况．因为（2，2，1）-极 B_d^* 的连接器是任意选择的，而在文献［154］中它们不是任意选择的．

（3）文献［138］和［146］中构造的 Kochol 叠合蛇鲨图是定理 6.3.1（d）中描述的图．

结合上述事实，我们有如下的推论．

推论 6.3.1：LMMS$_i$-蛇鲨图（$i \in \{4, 5, 6\}$），MŠ 蛇鲨图和 Kochol 叠合蛇鲨图存在 5-偶子图双覆盖．

6.4　本章小结

在本章中，我们首先聚焦于图论领域中的一个核心课题——圈覆盖理论中的 5-偶子图双覆盖猜想．这一猜想作为图论中的一个未解难题，其研究对于深入理解图的结构和性质具有极其重要的意义．为了推进这一猜想的研究，我们综合运用了整数流理论和 Catlin 归约方法，这两种理论工具在图论研究中均具有广泛的应用价值．通过深入分析和严谨的数学推导，我们成功地给出了图存在

5-偶子图双覆盖的充分条件．这些条件的提出，不仅为判断一个图是否具有 5-偶子图双覆盖提供了一种有效的理论依据，也为后续的进一步研究奠定了坚实的基础．

在研究过程中，我们特别关注了多极的结构特性．基于本书对多极的深入分析，我们定义了多极的两种可归约类型，即类型Ⅰ可归约和类型Ⅱ可归约．这两种可归约类型的定义，不仅为多极的分类提供了明确的标准，还为后续的可归约性判断提供了清晰的依据．通过对多极的可归约性进行判断，我们进一步证明了在超边和超点满足一定可归约条件时，叠合蛇鲨图确实存在 5-偶子图双覆盖．

作为本章研究的主要成果之一，我们还对某些具有高奇分支数的叠合蛇鲨图进行了深入分析，并证明了这些图满足 5-偶子图双覆盖猜想．这一推论的证明不仅展示了我们所提出理论和方法的有效性，也为解决 5-偶子图双覆盖猜想这一长期困扰图论研究者的问题提供了有力的证据．

7 最短偶子图覆盖猜想

本章主要研究了圈覆盖理论中的最短偶子图覆盖猜想．这一猜想是图论中一个重要的未解决问题，旨在寻找覆盖图中所有边的最短偶子图集合，其研究不仅具有理论意义，还与许多实际应用密切相关，例如网络设计、集成电路布局等．结合第6章的偶子图双覆盖猜想和整数流理论，本章深入探讨了偶子图双覆盖与最短偶子图覆盖之间的联系．偶子图双覆盖猜想指出，对于某些图类，存在偶子图的集合使得集合中的偶子图可以覆盖图中的每条边恰好两次．结合整数流理论，我们能够从更广泛的视角来理解圈覆盖问题，整数流理论为图的子图覆盖问题提供了强大的工具，例如通过整数4-流的性质来推导图的圈覆盖结构．

基于弱奇分支数为2的3-正则图中特殊路径结构的分析，本章证明了在一定条件下，部分弱奇分支数为2的3-正则图满足最短偶子图覆盖猜想．3-正则图(即每个顶点的度数均为3的图)因其高度对称性和丰富的圈结构而具有独特的性质．在研究过程中，我们发现这类图的特殊结构在满足特定条件时能够支持更短的偶子图覆盖．这一研究成果不仅为最短偶子图覆盖猜想提供了新的理论支持，同时也为探索其他相关图类的圈覆盖问题开辟了新的研究方向．

7.1 图中的特殊路及相关引理

设 U，$W \subseteq V(G)$，用符号 $E(U, W)$ 表示一端在 U 中，另一端在 W 中的边的集合．如果路径 P 的一端在 U 中，另一端在 W 中，且 P 的内部顶点不在 $U \cup W$ 中，则记 P 为一个 U-W 路径．

在本章中，我们首先对文献［87］进行了系统的分析与探讨．在文献［87］中，作者在证明所有奇分支数为2的3-正则图满足Fan-Raspaud猜想（猜想1.4.1）的过程中，创新性地引入了一类特殊路径的定义．这类路径的定义不仅为理解3-正则图的结构特征提供了新的工具，同时也为Fan-Raspaud猜想的证明

奠定了重要基础 . Fan-Raspaud 猜想指出，对于任意无桥的 3-正则图，均存在 3 个完美匹配，且这 3 个完美匹配的交集为空 . 这一猜想揭示了 3-正则图中完美匹配的深刻性质 . 文献［87］通过定义特殊路径，巧妙地构建了证明框架，为猜想的解决提供了一种全新的视角和方法 . 这一工作不仅推动了 Fan-Raspaud 猜想的研究进展，同时也深化了对 3-正则图及其完美匹配性质的理解，为后续相关研究提供了重要的理论支持和技术借鉴 .

下面定义系统地给出了弱奇分支数为 2 的无割边 3-正则图中两种特殊路径的定义，可见文献［87］.

定义 7.1.1：令图 G 是弱奇分支数为 2 的无割边 3-正则图，其中 $\mathscr{S}=\{C_1, C_2, D_1, \cdots, D_t\}$ 是图 G 的生成偶子图，并且 C_1，C_2 是 $\mathscr{S}$ 的两个奇分支，其余的 $\{D_1, \cdots, D_t\}$ 是 $\mathscr{S}$ 中偶分支 . 令 M_S 是 $\cup_{i=1}^{t} D_i$ 的完美匹配 . 设一条 C_1-C_2-路 $P=x_1e_1x_2e_2\cdots x_{2r+1}e_{2r+1}x_{2r+2}$.

（1）如果满足 $\{e_2, e_4, \cdots, e_{2r}\}\subseteq M_S$，则称 C_1-C_2-路 P 为一条 $(\mathscr{S}, M_S)$-路；

（2）若一条 $(\mathscr{S}, M_S)$ 路满足 $\{e_1, e_3, \cdots, e_{2r+1}\}\subseteq E(G)\setminus E(\mathscr{S})$，则称其为一条强 $(\mathscr{S}, M_S)$-路 .

在奇分支数为 2 的 3-正则图中，图 7.1 中上面图所示的是一条 $(\mathscr{S}, M_S)$-路，下面图所示的是一条强 $(\mathscr{S}, M_S)$-路 . 结合图示我们可以简单分析得知，一条强 $(\mathscr{S}, M_S)$-路同时也是 $(\mathscr{S}, M_S)$-路，但是一条 $(\mathscr{S}, M_S)$-路不一定是强 $(\mathscr{S}, M_S)$-路 .

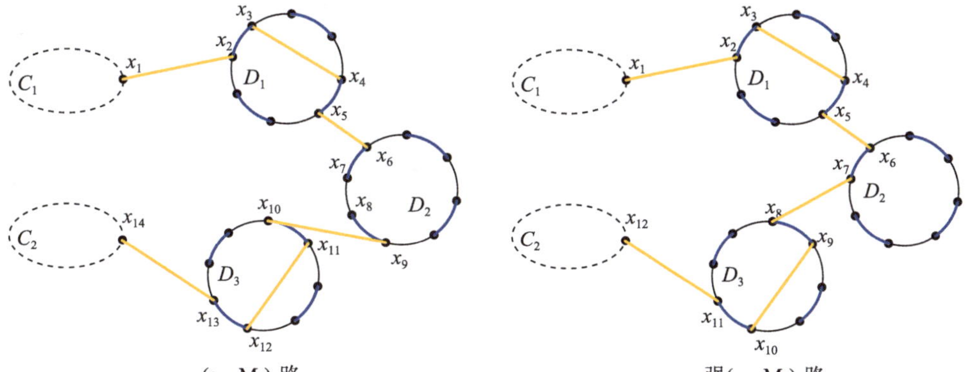

图 7.1　一条 $(\mathscr{S}, M_S)$-路和一条强 $(\mathscr{S}, M_S)$-路

在本章的研究中，我们依据相关文献中关于 $(\mathscr{S}, M_S)$-路和强 $(\mathscr{S}, M_S)$-路

的定义，深入探讨了弱奇分支数为 2 的 3-正则图的结构特征．通过对这些图的细致分析，发现此类图中必然含有奇数条强 $(\mathscr{S}, M_S)$ -路，见下列引理 7.11. 这一结论不仅揭示了 3-正则图中特定路径的分布规律，还为进一步研究其图论性质提供了重要依据．

引理 7.1.1：令图 G 是弱奇分支数为 2 的无割边 3-正则图，其中 $\mathscr{S}=\{C_1, C_2, D_1, \cdots, D_t\}$ 是图 G 的生成偶子图，并且 C_1，C_2 是 $\mathscr{S}$ 中的两个奇分支，其余的 $\{D_1, \cdots, D_t\}$ 是 $\mathscr{S}$ 中偶分支．令 M_S 是 $\cup_{i=1}^{t} D_i$ 的完美匹配．则图 G 中存在奇数条强 $(\mathscr{S}, M_S)$ -路，并且这些强 $(\mathscr{S}, M_S)$ -路互不相交．

证明： 我们不妨假设 C_1，C_2 是 $\mathscr{S}$ 的两个奇圈，若它们中至少一个是 3 度顶点的话，可以将 3 度顶点替换成一个三角形（3-圈）．因为 C_1，C_2 是两个奇圈，则 $E(G) \setminus E(\mathscr{S})$ 是图 G 的一个完美匹配．我们给 $E(G) \setminus (E(C_1) \cup E(C_2))$ 进行如下染色：

(1) M_S 中的边染成蓝色；

(2) $\bigcup\limits_{i=1}^{t} E(D_i) \setminus M_S$ 中的边染成红色；

(3) $E(G) \setminus E(\mathscr{S})$ 中的边染成黄色．

基于以上染色，可以观察得知对于每个 $v \in V(G) \setminus (V(C_1) \cup V(C_2))$ 中的顶点，3 条与点 v 相关联的边分别染成了红色、蓝色和黄色；对于 $v \in V(C_1) \cup V(C_2)$ 中的每个顶点，三条与点 v 相关联的边仅仅有一条边被染成了黄色，且这条边不在 $E(C_1) \cup E(C_2)$ 中．因此被染成黄色和蓝色的边由一些顶点不交的 C_i - C_j -路组成，其中 $\{i, j\}=\{1, 2\}$，或者 $\{1, 1\}$，或者 $\{2, 2\}$，也由一些偶长的子图（圈）组成，并且这些偶长的子图不包含 $V(C_1) \cup V(C_2)$ 中的顶点．

记这些黄色和蓝色的边组成的 C_i - C_j -路的集合为 $\mathscr{P}$，则集合 $\mathscr{P}$ 包含了图 G 中所有的强 $(\mathscr{S}, M_S)$ -路．因为圈 C_1，C_2 都是奇数长的，则集合 $\mathscr{P}$ 的阶为奇数，故图 G 中存在奇数条强 $(\mathscr{S}, M_S)$ -路．并且由定义 7.1.1 可知，任何两条不同的 P 中的强 $(\mathscr{S}, M_S)$ -路都是边不交且顶点不交的．此引理得证． □

7.2 主要结果及其证明

在本节中，我们将系统地阐述本章关于最短偶子图覆盖问题的核心研究成果及其详细的证明过程．为确保读者能够更好地理解主定理的证明逻辑与方法，我们将在正式介绍主定理之前，首先对整数流的基本概念及相关性质进行简要介绍．整数流作为图论中的一个重要工具，与偶子图覆盖问题有着深刻的联系．此外，我们还将回顾在主定理证明过程中所依赖的关键引理和已有结论，这些内容不仅为证明提供了必要的理论基础，还揭示了整数流与图的结构特征之间的内在关系．

设 G 是一个图，Γ 是一个以“0”为单位元的加法群．一个群流（或流）是一个有序对 (D, f)，其中 D 是图 G 的一个方向，f: $E(G) \mapsto \Gamma$，使得对于每个顶点 $v \in V(G)$，有

$$\sum_{e \in E^+(v)} f(e) = \sum_{e \in E^-(v)} f(e)$$

其中 $E^+(v)$ 是在 D 中以 v 为尾的弧的集合，$E^-(V)$ 是以 v 为头的弧的集合．权值 f 的支持度（support）是 G 的 $f(e) \neq 0$ 的所有边的集合，一般用 supp（f）表示．如果对于每条边 e，有 $f(e) \neq 0$，则称群流 (D, f) 为处处非零流．如果 $\Gamma = Z_k$，则称 (D, f) 为模 k-流．如果 $\Gamma = Z$ 且对于每条边 e，有 $|f(e)| \leqslant k-1$，则称 (D, f) 为 k-流．关于整数流方面，一个著名的猜想是 Tutte 的 5-流猜想，即

猜想 7.2.1[2]：每个无割边的图都存在一个处处非零 5-流．

与此同时，也有 Tutte 的 4-流猜想，即

猜想 7.2.2[166]：每个不包含 Petersen 图细分的图都存在处处非零 4-流．

猜想 7.2.3[15]：每个不包含 Petersen 图细分的无割边 3-正则图都存在处处非零 4-流．

令 $U \subseteq V(G)$，记 $f^+(U) = \sum_{v \in U} f^+(v)$，$f^-(U) = \sum_{v \in U} f^-(v)$．即 $f^+(U) - f^-(U) = \sum_{v \in U} [f^+(v) - f^-(v)]$．令 U_1 和 U_2 分别为 $V(G)$ 的两个不交的点集合，记 $[U_1, U_2]$ 为 $D(G)$ 的弧集，其中尾部在 U_1 中，头部在 U_2 中．下列系列事实在整数流问题的讨论中很有用，具体可见文献［4］．

事实 7.2.1：令 $G = (V, E)$ 为一个图，且 D 是图 G 的一个方向且 f 是 G 的权满足：$E(G) \mapsto \Gamma$，其中 Γ 是一个阿贝尔群．则 $f^+(V(G)) = f^-(V(G))$，对于每个 $U \subseteq V(G)$，有

$$f^+(U) - f^-(U) = \sum_{e \in [U,\ V(G) \setminus U]} f(e) - \sum_{e \in [V(G) \setminus U,\ U]} f(e),$$

$$f^{+}(U)-f^{-}(U)=f^{-}(V(G)\setminus U)-f^{+}(V(G)\setminus U).$$

令 $G=(V, E)$ 为一个图，且 D 是图 G 的一个方向且 f 是 G 的权满足：$E(G)\mapsto R$，其中 R 是实数集合．如果点 v 处满足 $f^{+}(v)-f^{-}(v)>0$，则称 v 为 (D, f) 的一个源（source）；若满足 $f^{+}(v)-f^{-}(v)<0$，则称 v 为 (D, f) 的一个汇（sink）．

事实 7.2.2：令 $G=(V, E)$ 为一个图，且 D 是图 G 的一个定向且 f 是 G 的权，其满足：$E(G)\mapsto R$，其中 R 是实数集合．如果 (D, f) 存在一个源，则其存在一个汇，反之亦然．此外，如果 f 是一个非负值权值，那么，对于 (D, f) 的每个源 u，存在一个从 u 到汇 v 的有向路径 P，这样 P 的所有边都包含在 supp（f）中．

证明： 设 u 为 (D, f) 的一个源，则根据事实 7.2.1 中 $f^{+}(V(G))=f^{-}(V(G))$，汇是存在的．忽略所有权值为零的边，假设 f 是 $E(G)$ 上的一个正权值，并且我们将找到一个从 u 到一个汇的有向路径．设 $U\subseteq V(G)$ 是所有顶点的集合，每个顶点都存在一个有向路径（在方向 D 下）．假设 U 中没有一个顶点是 (D, f) 的汇．即对于每个点 $x\in U$，都有 $f^{+}(x)-f^{-}(x)\geqslant 0$. 根据 U 的定义有

$$[U, V(G)\setminus U]=\varnothing$$

根据事实 7.2.1，有

$$\sum_{v\in U}[f^{+}(v)-f^{-}(v)]=f^{+}(U)-f^{-}(U)=-\sum_{e\in[V(G)\setminus U, U]}f(e)$$

因为对于每条边 $e\in E(G)$，$f(e)>0$，有

$$\sum_{v\in U}[f^{+}(v)-f^{-}(v)]<0.$$

因为 $f^{+}(x)-f^{-}(x)\geqslant 0$，并且对于每个顶点 $x\in U\setminus\{u\}$ 和 $f^{+}(u)-f^{-}(u)>0$，故矛盾，命题得证． □

事实 7.2.3：如果 (D, f) 是 G 的一个流，则对每个 $U\subseteq V(G)$，有 $f^{+}(U)=f^{-}(U)$ 并且 $\sum_{e\in[U, V(G)\setminus U]}f(e)=\sum_{e\in[V(G)\setminus U, U]}f(e)$.

根据上述事实，下列结论是显然的．

事实 7.2.4：对于 G 的每个流，割边上的权值一定是 0.

因此，对于允许处处非零流的图，无割边的条件是必要的．这就是为什么本书中考虑的大多数图都是无割边的．根据整数流的定义，下列事实显然．

事实 7.2.5[2]：如果图 G 存在一个处处非零 k-流，则图 G 存在一个处处非零 h-流且 $h \geqslant k$．

事实 7.2.6：令 (D, f) 是 G 的一个流，并且 E_0 是 $E(G)$ 是子集．令 D' 为由 D 通过转换弧集 E_0 方向得到的一个定向，令 f' 为 $E(G)$ 的一个权，满足：

$$f'(e)=\begin{cases} f(e), & \text{若 } e \notin E_0; \\ f(e), & \text{若 } e \in E_0. \end{cases}$$

则 (D', f') 也是 G 的一个流．

根据上述事实，可以推知下列结论．

事实 7.2.7：令 G 是一个图，并且 D 是 $E(G)$ 的一个定向．则图 G 在定向 D 下存在处处非零 k-流当且仅当图 G 在任意一个定向下存在处处非零 k-流．

以上内容主要总结了整数流和模流领域的一些基本结论与核心性质．整数流和模流作为图论中重要的研究方向，在图的着色、圈覆盖以及匹配理论等领域具有广泛的应用．感兴趣的读者可以进一步阅读文献［4］及其他相关文献，其中对整数流和模流的理论基础、关键定理及其证明过程进行了系统而全面的阐述．文献［4］不仅涵盖了流的基本概念，还深入探讨了其与图的结构性质、组合优化问题之间的联系，为读者提供了深入学习和研究流理论的宝贵资源．通过系统的学习，读者可以更好地掌握整数流和模流的理论框架，并为进一步探索相关领域的前沿问题奠定坚实的理论基础．

通过简单分析图的结构，下面的命题是显而易见的．

事实 7.2.8：令 C 是一个奇圈，并且 v_1，v_2，v_3 是圈 C 上的 3 个顶点，这 3 个点或者全部相同或者互不相同．则存在一个映射 σ：$E(C) \to \{a, b\}$ 使得

（1）对于每个点 $u \in \{v_1, v_2, v_3\}$，与点 u 相关联的两条边被映射到 $\{a, b\}$ 相同的元素．

（2）对于每个点 $v \in V(C) \setminus \{v_1, v_2, v_3\}$，与点 v 相关联的两条边其中一条被映射到 a，另外一条边映射到 b．

在本章中，我们的研究重点首先聚焦于5-偶子图双覆盖猜想——这一图论领域的重要问题．作为偶子图覆盖理论中的核心猜想之一，5-偶子图双覆盖猜想不仅具有重要的理论价值，同时也为研究图的拓扑结构和组合性质提供了新的视角．关于该猜想的具体表述及其在图论研究中的重要意义，我们已在第6章中进行了系统性的阐述，并展示了本书在该领域取得的主要研究成果．在此基础上，本节将深入探讨5-偶子图双覆盖猜想与最短偶子图覆盖猜想之间的内在联系及其相互作用机制．通过建立这两个猜想之间的桥梁，我们不仅能够更深入地理解图论中偶子图覆盖问题的结构特征和本质属性，还能够为解决相关猜想提供新的研究视角和方法论工具．这种关联性的研究将有助于我们构建更为系统的偶子图覆盖理论框架，为未来相关领域的研究工作奠定坚实的理论基础．

引理 7.2.1：令图 G 是一个无割边的3-正则图，并且其存在一个偶子图双覆盖 $\mathscr{F}=\{F_1, \cdots, F_t\}$．对于每个 i，令 $\mathscr{F}_i=\mathscr{F}\setminus\{F_i\}$．则 $\mathscr{F}_i$ 是一个 $(t-1)$-偶子图 (1, 2)-覆盖，并且总长度为

$$2|E(G)|-|E(F_i)|.$$

另外，

(1) 如果对于某个 $i\in[t]$，有 $|E(F_i)|\geqslant\frac{9}{10}|V(G)|$，则 $\mathscr{F}_i$ 中所有元素的总长度至多为 $\frac{21}{15}|E(G)|$；

(2) 如果对于某个 $i\in[t]$，有 $|E(F_i)|\geqslant|V(G)|-2$，则 $\mathscr{F}_i$ 中所有元素的总长度至多为 $\frac{20}{15}|E(G)|+2$.

证明：因为 $\mathscr{F}=\{F_1, \cdots, F_t\}$ 是图 G 的一个偶子图双覆盖，则对于每个 $\mathscr{F}_i\in\mathscr{F}$，都有 $\mathscr{F}_i=\mathscr{F}\setminus\{F_i\}$ 是一个图 G 的 $(t-1)$-偶子图 (1, 2)-覆盖，并且总长度为 $2|E(G)|-|E(F_i)|$．

如果 $|E(F_i)|\geqslant\frac{9}{10}|V(G)|$，则 $|E(F_i)|\geqslant\frac{9}{10}|V(G)|=\frac{9}{10}\cdot\frac{2}{3}|E(G)|=\frac{3}{5}|E(G)|$．

因此 $\mathscr{F}_i$ 中所有元素的总长度至多为

$$2|E(G)|-\frac{3}{5}|E(G)|=\frac{21}{15}|E(G)|.$$

如果 $|E(F_i)|\geqslant|V(G)|-2$，则 $|E(F_i)|\geqslant|V(G)|-2=\frac{2}{3}|E(G)|-2$.

因此$\mathscr{F}_i$中所有元素的总长度至多为

$$2|E(G)|-(\frac{2}{3}|E(G)|-2)=\frac{20}{15}|E(G)|+2. \qquad \square$$

Huck 和 Kochol 在文献［117］中取得了重要成果，他们证明了所有奇分支数为 2 的无割边 3-正则图均存在 5-偶子图双覆盖．这一结论不仅为相关猜想的研究提供了有力支持，其证明方法也极具启发性，值得我们深入学习和借鉴．

基于此，本书特别整理并列出了文献［117］中部分关键引理及其详细的证明过程．这些引理在本章的研究中发挥了至关重要的作用，尤其是在证明所有奇分支数为 2 且围长至少为 30 的无割边 3-正则图满足最短偶子图覆盖猜想的过程中，这些结论为我们的论证提供了坚实的基础和清晰的思路．

引理 7.2.2（文献［117］或者［105］中的引理 4.2.6）：令 H 为一个无割边的图，其中 v_1 和 v_2 为 H 的两个奇度数的顶点．如果 P 是 H 的一个最小的无割边的同余子图，则 P 是连接 v_1 和 v_2 的 3 条边不交的路的并．

证明： 由题设，因为同余子图 P 仅仅含有两个奇度顶点 v_1 和 v_2，故图 H 中每个阶为偶数的边割不能将点 v_1 和 v_2 分开（可以根据顶点度数和边割集的奇偶性分析得出）．根据 Menger’s 定理（可见图论经典书籍），令 Q_1，Q_2 和 Q_3 分别是同余子图 P 中连接点 v_1 和 v_2 的 3 条边不交的路．因为 Q_1，Q_2 和 Q_3 的并集也是 P 的一个无割边的同余子图，故根据 P 的极小性，我们有

$$P=Q_1\cup Q_2\cup Q_3.$$

如果在 P 中存在一条边 e 使得边 e 不包含在任何一个 P 的边割集中，则在 $P-\{e\}$ 中，v_1 和 v_2 的局部边连通度至少为 3. 因此，在 $P-\{e\}$ 中可以找到另外 3 条连接点 v_1 和 v_2 的边不交的路，分别记为 Q'_1，Q'_2 和 Q'_3. 因此 Q'_1，Q'_2 和 Q'_3 的并集可以组成一个 P 的更小的无割边的同余子图，与 P 的极小性矛盾．则原结论成立． $\square$

引理 7.2.3（文献［117］或者［105］中的引理 4.2.7）：令图 G 是一个奇分支数为 2 的无割边 3-正则图，并且 S 是图 G 的一个生成子图，并且这个生成子图仅包含两个奇分支．令 P 是 G/S 的一个最小的无割边的同余子图，则 $G[E(S)\cup E(P)]$ 存在处处非零 4-流．

证明： 根据定理 1.4.1，图 $G[E(S)\cup E(P)]$ 存在处处非零 4-流与图 $G[E(S)\cup E(P)]$ 抹去所有 2 度顶点后得到的图是 3-边可染的等价．设图 G 是该引理条件成立，但结论不成立的最小反例．所以 $P=G/S$ 并且 $E(G)=E(S)\cup E(P)$．设 v_1 和 v_2 为 P 的两个奇度数的顶点，这两个奇度数顶点是由图 G 收缩 S 的两个奇分支，分别设为 X_1 和 X_2 得到的．

（1）断言图 G 中没有非平凡的 2-边割或者 3-边割 T，其中 $T\subseteq E(P)$ 并且此边割 T 在 G/S 中将点 v_1 和 v_2 分开．

因为点 v_1 和 v_2 是 G/S 中仅有的两个奇度顶点，则每个可以将点 v_1 和 v_2 分开的边割的阶一定是偶数．假设图 G 中存在一个非平凡的 3-边割 $T(\subseteq E(P))$ 将点 v_1 和 v_2 分开，并且分成的两个分支分别设为 Q_1 和 Q_2，其中 $v_1\in Q_1$，$v_2\in Q_2$.

对于每个 $\{i, j\}=\{1, 2\}$，令 G_i 为在图 G 中收缩 Q_i 得到的 3-正则图（见图 7.2），S_i 是通过将 Q_j 中包含的所有 S 分支收缩为单个顶点分支而得到的 G_i 的生成偶子图（spanning even subgraph）．通过再删除 Q_j 的所有边，从 P 中得到 $P_i=G_i/S_i$．显然，对于每一个 $\{i, j\}=\{1, 2\}$，每一对 G_i 和 S_i 都满足引理的描述，并且 P_i 仍然是 G_i/S_i 的最小无割边同余子图．

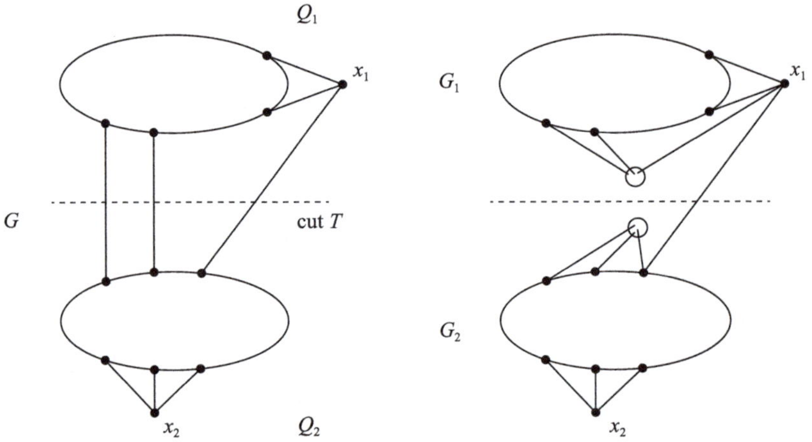

图 7.2 图 G 和相应的收缩图 $G_1=G/Q_2$ 和 $G_2=G/Q_1$

因此，由于 G 是最小的反例，并且 G_i 比 G 小，所以 3-正则图 G_i 是 3-边可染的．正确地重命名 G_1 的颜色（如果必要的话），G_1 和 G_2 的 3-边染色组合产生 G 的 3-边染色．这与 G 是一个反例相矛盾．

（2）注意到，G/S 满足引理 7.2.2（通过将 G/S 视为图 H）．由于 P 是 G/S 的一个最小的无割边同余子图，通过引理 7.2.2，我们可以得到下列结论：

（ⅰ）$P(P=G/S)$ 是在 G/S 中连接点 v_1 和 v_2 的 3 条边不相交路径的并集，

（ⅱ）$P(P=G/S)$ 的每条边都包含在 $P=G/S$ 的 3 个边切割中，并且这个

3-边割分离了点 v_1 和 v_2.

(3) 通过应用 Ⅰ 和 Ⅱ，我们对图 G 的结构进行了以下描述．

(a) 根据 (2)-(ⅰ)，对于每个 $i \in \{1, 2\}$ 有 $|E_{G/S}(x_i)| = 3$.

(b) 根据 (1)，每个奇分支 $X_i = \{x_i\}$ 都是 S 的一个单个顶点分支．即，x_i 是 G 的一个顶点．

(c) 根据 (2)-(ⅱ) 和 (1)，对于某个 $i \in \{1, 2\}$，P 的每条边都包含在一个平凡的 3-边切割 $E_{G/S}(x_i) = E_G(x_i)$ 中．因此，

$$E(P) = E(G/S) = E_G(x_1) \cup E_G(x_2).$$

(d) 因为图 G 是 3-正则的，根据 (c)，$G - \{x_1, x_2\}$ 的每个顶点都与 $E(P) = E(G/S) = E_G(x_1) \cup E_G(x_2)$ 的一条边和 S 的两条边重合．

因此，根据 (d)，

$$|V(G) - \{x_1, x_2\}| \leqslant |E(x_1)| + |E(x_2)| = 6.$$

即，此无割边的 3-正则图 G 至多含有 8 个顶点．因为最小的非 3-边可染的 3-正则图是 Petersen 图，故图 G 是 3-边可染的，与题设 G 是反例矛盾． □

下面的定理 7.2.1 是本章的主要结果之一．

定理 7.2.1：令图 G 是弱奇分支数为 2 的无割边 3-正则图，其中 $\mathscr{S}$ 是图 G 的生成偶子图，M_S 是生成偶子图 $\mathscr{S}$ 的完美匹配．如果图 G 存在两条不同的强 $(\mathscr{S}, M_S)$-路，分别记为 P_1，P_2，并且满足 P_1 的长度为 1，则我们有如下结果：

(1) 图 G 存在一个 5-偶子图双覆盖 Q，并且 $|V(Q)| \geqslant |V(G)| - 2$;

(2) $SCC_4^*(G) \leqslant \dfrac{20}{15}|E(G)| + 2$.

通过简单分析，可以得知定理 7.2.1 的结论 (2) 可以由结论 (1) 和引理 7.2.1 得到，因此证明定理 7.2.1 的结论 (1) 即可．我们将给出一个比定理 7.2.1 更强的结果，并且给出详细证明．由此结论可以直接推出定理 7.2.1 成立．下面的引理是证明定理 7.2.2 的关键，我们先介绍这个引理以及相应的证明．

令 $\sigma: E(G) \to A$ 是一个映射．设 $\alpha \in A$．记符号 $E_{\sigma=\alpha} = \{e: \sigma(e) = \alpha\}$．

引理 7.2.4：令图 G 是弱奇分支数为 2 的无割边 3-正则图，其中 $\mathscr{S} = \{C_1, C_2, D_1, \cdots, D_t\}$ 是图 G 的生成偶子图，并且 C_1，C_2 是 $\mathscr{S}$ 中的两个奇分支，其余的 $\{D_1, \cdots, D_t\}$ 是 $\mathscr{S}$ 中偶分支．令 M_S 是 $\cup_{i=1}^{t} D_i$ 的完美匹配．如果图 G 中存在 3 条边不交的 $(\mathscr{S}, M_S)$-路 P_1，P_2，P_3，则在 G 中存在一个偶子图 Q_0，使得 $|V(Q_0)| \geqslant |V| - 2$，并且 $G \setminus (E(Q_0) \setminus E(\mathscr{S})) = \mathscr{S} \cup P_1 \cup P_2 \cup P_3$.

证明： 对于每条路 P_i，令 x_i，y_i 分别为路 P_i 的两个端点，并且 $x_i \in V(C_1)$，$y_i \in V(C_2)$. 因为图 G 是3-正则的，所以这3条路在 C_1（在圈 C_2 上同理）中的端点要么重合（意味着奇圈是一个顶点），要么互不相同.

令 σ_1: $E(G) \to Z_2 \times Z_2$ 为一个映射，定义如下：

$$\sigma_1(e)=\begin{cases}(0,\ 1), & \text{当 } e \in M_S;\\ (1,\ 0), & \text{当 } e \in \bigcup_{i=1}^{t} D_i \setminus M_S;\\ (1,\ 1), & \text{当 } e \in E(G) \setminus E(\mathscr{S});\\ (0,\ 0), & \text{当 } e \in E(C_1) \cup E(C_2).\end{cases}$$

令 σ_2: $E(G) \to Z_2 \times Z_2$ 为一个映射，定义如下：

$$\sigma_2(e)=\begin{cases}(1,\ 1) \text{ 当 } e \in (\bigcup_{i=1}^{3} E(P_i));\\ (1,\ 1) \text{ 当 } e \text{ 为其他边}.\end{cases}$$

根据事实7.31，令 σ_3: $E(G) \to Z_2 \times Z_2$ 是一个满足如下条件的映射：

(a) 当 $e \in E(C_1) \cup E(C_2)$ 时，令 $\sigma_3(e) \in \{(1,\ 0),\ (0,\ 1)\}$；当 e 取其他边时，令 $\sigma_3(e) = (0,\ 0)$；

(b) 对于 $u \in V(C_1) \cup V(C_2)$ 中的点 u，如果点 u 满足 $u \notin \{x_1,\ x_2,\ x_3,\ y_1,\ y_2,\ y_3\}$，则两条与点 u 相关联的在 $E(C_1) \cup E(C_2)$ 中的边被映射到不同的流值，否则映射到相同的流值.

(c) 基于 (a) and (b)，$|E_{\sigma_3=(0,\ 1)}| \leqslant |E_{\sigma_3=(1,\ 0)}|$.

因为圈 C_1 是奇数长的圈，则其上的3个顶点 x_1，x_2，x_3 将圈 C_1 分成3个片段，并且奇数长片段的个数要么是1个要么是3个. 所以根据映射 σ_3 的定义，如果这3个片段中奇数长片段的个数是3个，则在圈 C_1 上与点 x_1，x_2，x_3 相关联的两条边都被映射到 $(1,\ 0)$，可以见图7.3中第一幅图片；此外，如果这3个片段中奇数长片段的个数是1个，则圈 C_1 上与点 x_1，x_2，x_3 相关联的两条边仅仅有两条边被映射到 $(0,\ 1)$，可以见图7.3中第二幅图片. 因此，我们可以得到如下事实，无论以上哪种情况，在圈 C_1 上与点 x_1，x_2，x_3 相关联的边中，至多有两条边被映射到 $(0,\ 1)$. 同理可知，在圈 C_2 上，至多有两条关联 $\{y_1,\ y_2,\ y_3\}$ 中的某个点的边被映射到 $(0,\ 1)$.

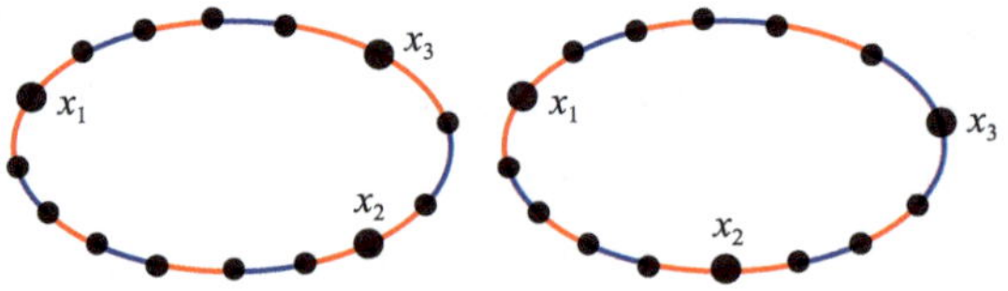

图7.3　在圈 C_1 上的映射 σ_3（其中蓝色是 $(0,\ 1)$，红色是 $(1,\ 0)$）

令映射 $\sigma_4 = \sigma_1 + \sigma_2 + \sigma_3$. 根据映射 σ_1, σ_2, σ_3 和以上的事实，可以得到如下断言.

断言: σ_4 是一个流，至多可能存在 $V(C_1) \cup V(C_2)$ 上的两个点，使得它们关联的边被映射成了 $(1, 0)$ 或者 $(1, 1)$.

令 $Q_0 = \{e \in E(G): \sigma_4(e) = (1, \varepsilon), \varepsilon \in \{0, 1\}\}$. 基于以上断言，因为 σ_4 是一个流，Q_0 是图 G 的一个偶子图. 由断言的后半句话可知，$|V(Q_0)| \geq |V(G)| - 2$.

又，通过观察可以看出 $E(\mathscr{S}) \subseteq G \setminus (E(Q_0) \setminus E(\mathscr{S}))$. 由以上映射 σ_1, …, σ_4 的定义，对于每条边 $e \in E(G) \setminus E(\mathscr{S})$，有 $\sigma_4(e) \in \{(0, 0), (1, 1)\}$ 和 $\sigma_4(e) = (0, 0)$ 当且仅当 $e \in \bigcup_{i=1}^{3} E(P_i)$. 因此，

$$G \setminus (E(Q_0) \setminus E(\mathscr{S})) = \mathscr{S} \cup P_1 \cup P_2 \cup P_3.$$

此引理得证. □

根据上面描述，我们在此给出一个比定理 7.2.1 更强的结果，并且给出详细证明. 故定理 7.2.1 可以由下列结果直接推出.

定理 7.2.2: 令图 G 是弱奇分支数为 2 的无割边 3-正则图，其中 $\mathscr{S}$ 是图 G 的生成偶子图，M_S 是生成偶子图 $\mathscr{S}$ 的完美匹配. 如果图 G 存在 3 条边不交的 $(\mathscr{S}, M_S)$-路，分别记为 P_1, P_2, P_3，并且满足 P_1 的长度为 1，则图 G 存在一个 5-偶子图双覆盖包含偶子图 Q，并且满足 $|V(Q)| \geq |V(G)| - 2$.

证明: 根据引理 7.2.4，令 Q_0 是图 G 的一个偶子图，并且满足 $|V(Q_0)| \geq |V(G)| - 2$ 和 $G \setminus (E(Q_0) \setminus E(\mathscr{S})) = \mathscr{S} \cup P_1 \cup P_2 \cup P_3$. 对于每个 $i = 1, 2, 3$，设 $x_i \in V(C_1)$ 和 $y_i \in V(C_2)$ 分别为路 P_i 的两个端点. 因为路 P_1 的长度为 1，所以有 $P_1 = x_1y_1$. 接下来我们要证明图 G 存在一个 5-偶子图双覆盖包含 Q_0. 根据第 6 章的结果（定理 6.1.1），我们只需要证明图 $G \setminus (E(Q_0) \setminus E(\mathscr{S}))$ 存在一个处处非零 4-流即可.

注意到顶点 x_1, x_2, x_3 将奇圈 C_1 分成 3 个片段，分别记为 C_{12}^1, C_{23}^1 和 C_{31}^1，并且 C_{ij}^1 是一个以 x_i 和 x_j 为端点的片段但是不包含圈 C_1 上 $\{x_1, x_2, x_3\}$ 中的第三个顶点. 同理类似有，令 C_{12}^2, C_{23}^2 和 C_{31}^2 分别为顶点 y_1, y_2 和 y_3 在圈 C_2 上分成的 3 个片段（见图 7.3）.

设 $C_3 = \{x_1y_1\} \cup C_{12}^2 \cup P_2 \cup C_{12}^1$ 并且 $C_4 = \{x_1y_1\} \cup C_{31}^2 \cup P_3 \cup C_{31}^1$. 则 $\{C_3, C_4, H\}$ 是图 $S \cup P_1 \cup P_2 \cup P_3$ 的一个 3-偶子图 $(1, 2)$-覆盖. 故根据定理 1.4.1，图 $S \cup P_1 \cup P_2 \cup P_3$ 存在处处非零 4-流. 故此定理得证. □

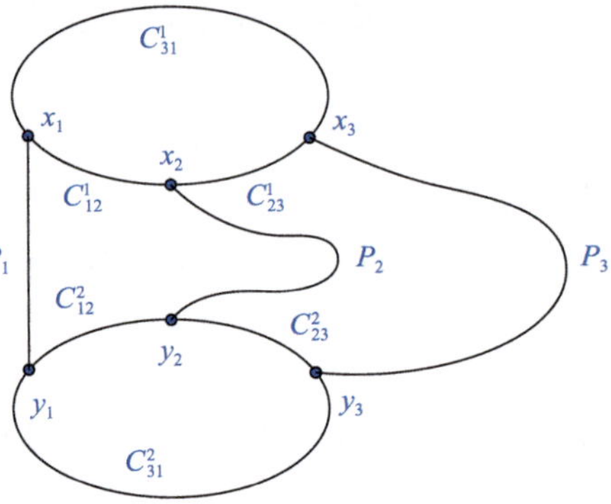

图 7.4　定理 7.2.2 中的图 $G\setminus(E(Q_0)\setminus E(\mathscr{S}))$

在奇分支数为 2 的无割边 3-正则图上，我们得到了定理 7.2.2 的结果，但是这对图 G 的结构进行了限制，要求图 G 中要含有 3 条强 $(\mathscr{S},\ M_S)$ -路．迄今为止，只能证明奇分支数为 2 的无割边 3-正则图 G 当固定 2-因子，并且固定偶圈的完美匹配后，图中所含强 $(\mathscr{S},\ M_S)$ -路为奇数条，作者认为要证明至少含有 3 条是相对来说较为困难的．证明这也是一个值得探索的问题．

下面的定理从另外一个角度来证明奇分支数为 2 的无割边 3-正则图当满足一定条件（如限制图的围长）时，也满足最短偶子图覆盖猜想．

定理 7.2.3：令图 G 是一个奇分支数为 2 的无割边 3-正则图，并且满足围长至少为 30. 则有如下结论：

(1) 图 G 存在一个 5-偶子图双覆盖，且包含一个偶子图 Q 使得 $|V(Q)|\geqslant\frac{9}{10}|V(G)|$；

(2) $SSC_4^*(G)\leqslant\frac{21}{15}|E(G)|$.

证明：注意到定理 7.2.3 的第（2）条可以由第（1）条和引理 7.2.1 得到，所以我们证明图 G 存在一个 5-偶子图双覆盖，且包含一个偶子图 Q_0 并且满足 $|V(Q_0)|\geqslant\frac{9}{10}|V|$ 即可．

设 $S=\{C_1,\ C_2,\ D_1,\ D_2,\ \cdots,\ D_t\}$ 是奇分支数为 2 的无割边 3-正则图 G 的一个 2-因子，其中 C_1 和 C_2 为两个奇圈．因为图 G 是无割边的，则 G/S 也是无割边的，并且仅含有两个奇度顶点，分别设为 c_1 和 c_2. 设 $\mathscr{P}$ 是 $G/\mathscr{S}$ 的一个最小的无割边的同余子图．根据引理 7.2.2, $\mathscr{P}$ 是 $G/\mathscr{S}$ 中连接点 c_1 和 c_2 的 3 条边不交的路，分别记为 P'_1，P'_2，P'_3. 令 $M'=P'_1\cup P'_2\cup P'_3$ 并且 M_1 为图 G 中对应于 M' 的那些边.

设 $M=E(G)\setminus E(\mathscr{S})$ 并且 $M_2=M\setminus M_1$. 则 M 是图 G 的一个完美匹配并且 $M_1\subseteq M$.

令 $G_1=G\setminus M_1$. 则 G_1 包含了 $\mathscr{S}$ 的2-因子，也包含了匹配 M_2（可以说就由二者组成）. 除此之外，C_1 和 C_2 都是奇圈，并且在图 G_1 中包含3个2度顶点；每个 D_i 都是偶子图并且在图 G_1 中包含6个2度顶点.

所以图 G_1 存在一个处处非零4-流 σ 使得对于每条边 $e\in E(C_1)\cup E(C_2)$，有 $\sigma(e)\in\{(0,1),(1,0)\}$；对于每条边 $e\in M_2$，有 $\sigma(e)=(1,1)$. 进一步地，我们可以选择一个 σ 使得 $|E_{\sigma=(0,1)}\cap E(H)|\leqslant|E_{\sigma=(1,0)}\cap E(H)|$ 在 $\mathscr{S}$ 的每个分支 H 中. 这意味着在 $\mathscr{S}$ 的每个分支 H 中，至多存在3个2度顶点使得与这些顶点相关联的边被映射到流值 $(0,1)$.

设 $Q_1=\mathscr{S}$ 并且 $Q_0=E_{\sigma=(1,0)}\cup E_{\sigma=(1,1)}$. 因为 σ 是一个流并且 $\mathscr{S}$ 中的每个偶子图长度至少为30（因为由于前提假设：图的围长至少为30），Q_0 是 G_1 的一个偶子图并且满足 $|V(Q_0)|\geqslant(1-\frac{3}{30})|V(G_1)|=\frac{9}{10}|V(G_1)|$. 所以可以得出 Q_0 是图 G 的一个偶子图并且满足 $|V(Q_0)|\geqslant\frac{9}{10}|V(G)|$ 和 $E(Q_0)\setminus E(Q_1)=M_2$.

注意到 M_1 是图 G 中对应于 $M'=P'_1\cup P'_2\cup P'_3$ 的一些边. 因此 $G\setminus(E(Q_0)\setminus E(Q_1))=Q_1\cup M_1=\mathscr{S}\cup E(P'_1)\cup E(P'_2)\cup E(P'_3)$.

根据引理7.2.3，$G\setminus(E(Q_0)\setminus E(Q_1))$ 存在一个处处非零4-流. 由第6章的结果（定理6.1.1），G 存在一个5-偶子图双覆盖 $\mathscr{F}$ 使得 $Q_0\in\mathscr{F}$. 此定理得证.

□

根据定理7.2.2的结果，定理7.2.1也显然成立，我们可以得到一些定理7.2.1的推论（见推论7.2.1）.

推论 7.2.1：设图 G 是弱奇分支数为2的无割边3-正则图，并且 $\mathscr{S}$ 为其中的一个弱奇分支数为2的偶子图. 设 C_1 和 C_2 为 $\mathscr{S}$ 的两个奇分支. 如果 $|E(C_1,C_2)|\geqslant 2$，则图 G 存在一个5-偶子图双覆盖包含一个偶子图 Q，并且有 $|V(Q)|\geqslant|V(G)|-2$ 和 $SCC_4^*(G)\leqslant\frac{20}{15}|E(G)|+2$.

推论7.2.1中的3-正则图包含置换图、近似哈密顿图等. 在第3章中我们简单介绍了置换图的定义，从图的结构直观来看，如果一个3-正则图 G 存在一个无弦2-因子，使得这个无弦2-因子中包含两个等长的圈 C_1 和 C_2，则称此图为一个置换图. 我们知道哈密顿图的定义（可见第2章），如果一个图 G 中存在一个点 v 使得 $G\setminus v$ 包含一个哈密顿圈，则称此图为近似哈密顿的. 由于本书中考虑的大部分图类都是 3-正则的，所以这里的近似哈密顿图我们也只考虑 3-正则的 .

最短 4-偶子图（1，2）-覆盖和完美匹配覆盖也息息相关 . 可以覆盖图 G 所有边的完美匹配最少的个数称为图 G 的完美匹配覆盖指数，记作 $\tau(G)$. Celmins 在文献［108］，Hou 等在文献［13］，以及 Steffen 在文献［67］中分别给出如下结果 .

定理 7.2.4：对于一个 3-正则图 G，$\tau(G)=4$ 当且仅当 G 存在一个 5-偶子图双覆盖使得其中一个偶子图是 G 的 2-因子 .

结合本节内容，也可以得到最短 4-偶子图覆盖和完美匹配覆盖指数之间的关系之一 .

推论 7.2.2：$SSC_4^*(G)=\frac{20}{15}|E(G)|$ 当且仅当 $\tau(G)=4$.

Fan 和 Raspaud 在文献［79］中给出了许多满足 $SCC_3(G) \geqslant \frac{22}{15}|E(G)|$ 的图 . 但是我们并不知道它们是否满足 $SCC_4(G) > \frac{21}{15}|E(G)|$. 我们给出下面的猜想，其比最短偶子图覆盖猜想（猜想 1.4.8）要强一点 .

猜想 7.2.4：每个无割边的 3-正则图 G 存在一个 4-偶子图覆盖，并且长度不超过 $\frac{21}{15}|E(G)|$.

当然，我们也提出了一个比猜想 7.2.1 更弱一些的猜想，见猜想 7.2.2.

猜想 7.2.5：存在一个整数 t，使得每个无割边的 3-正则图 G 存在一个 t-偶子图覆盖并且总长度不超过 $\frac{21}{15}|E(G)|$.

7.3 本章小结

本章聚焦于圈覆盖中的最短偶子图覆盖猜想，重点研究了弱奇分支数为 2 的无割边 3-正则图．首先，我们对这类图中的两类特殊路径进行了系统分析．通过确定弱奇分支数为 2 的偶子图结构及其所有偶圈的完美匹配，图中存在两种特征鲜明的路径类型，可见文献［87］：其一，由图的完美匹配与非完美匹配交替构成的路径；其二，由完美匹配与偶圈中的特定边交替组成的路径．值得注意的是，这两类路径均具有相同的拓扑特征：它们均起始并终止于不同的奇圈，且路径的内部顶点均不位于奇圈上，仅端点与奇圈相交．基于对这两类特殊路径的深入分析，本章进一步探讨了此类图的最短偶子图覆盖猜想．

本章进一步探讨了偶子图双覆盖猜想与最短偶子图覆盖猜想之间的内在联系，特别是在无割边图类中建立了 5-偶子图双覆盖与最短偶子图覆盖之间的深刻关联．基于这一理论框架，我们证明了在弱奇分支数为 2 的无割边 3-正则图中，若存在 3 条满足特定条件的路径，则该图满足最短偶子图覆盖猜想．此外，我们还拓展了研究范围，证明了所有围长至少为 30 且奇分支数为 2 的无割边 3-正则图均满足最短偶子图覆盖猜想，从而为该猜想提供了更广泛的图类支持．

本章关于奇分支数为 2 的无割边 3-正则图的研究结果建立在其存在 3 条特殊路径的基础上，然而，受限于作者的研究能力，目前仅能证明此类图中存在一条所需的特殊路径，尚无法完全证明 3 条路径的存在性．因此，进一步探索并证明所有（弱）奇分支数为 2 的图满足最短偶子图覆盖猜想，仍然是一个具有重要理论意义且值得深入研究的课题．

插图索引

参考文献

[1] TutteW T. On the imbedding of linear graphs in surfaces [J]. Proceedings of the London Mathematical Society, 1949, 51 (2): 474-483.

[2] Tutte W T. A contribution to the theory of chromatic polynomial [J]. Canadian Journal of Mathematics, 1954, 6 (80): 80-91.

[3] Seymour P D. On Tutte' s extension of the four-colour problem [J]. Journal of Combinatorial Theory, Series B, 1981, 31: 82-94.

[4] Zhang C Q. Integer Flows and Cycle Covers of Graphs [M]. New York: Marcel Dekker Inc., 1997.

[5] Cayley A. On the colouring of maps [J]. Proceedings of the London Mathematical Society, 1878, 9: 148.

[6] Tait P G. Remarks of the coloring of maps [J]. Proceedings of the Royal Society of Edinburgh, 1880, 10: 729.

[7] Petersen J. Die theorieder reguären graphs [J]. Acta Mathematica, 1891, 15: 193-220.

[8] Tutte W T. The factorization of linear graphs [J]. Journal of the London Mathematical Society, 1947, 22: 107-111.

[9] Fulkerson D R. Blocking and anti-blocking pairs of polyhedra [J]. Mathematical Programming, 1971, 1: 168-194.

[10] Seymour P D. On multi-colourings of cubic graphs, and conjectures of Fulkerson and Tutte [J]. Proceedings of the London Mathematical Society, 1979, 38 (3): 423-460.

[11] Mazzuoccolo G. The equivalence of two conjectures of Berge and Fulkerson [J]. Journal of Graph Theory, 2011, 68: 125-128.

[12] Jensen T R, Toft B. Graph Coloring Problems [M]. Wiley Interscience, 1995.

[13] Hou X M, Lai H J, Zhang C Q. On perfect matching coverings and even subgraph coverings [J]. Journal of Graph Theory, 2016, 81 (1): 83-91.

[14] 秦兰珺. 非意义的意义——德勒兹论“Snark” [J]. 外国文学, 2013, 5:

120-130.

[15] Tutte W T. A geometrical version of the four color problem [C]//Bose R C, Dowling T A. Combinatorial Mathematics and its Applications. Chapel Hill, NC: University of North Carolina Press, 1967.

[16] Robertson N, Sanders D, Seymour P D, et al. The 4-color theorem [J]. Journal of Combinatorial Theory, Series B, 1997, 70: 2-44.

[17] Robertson N, Seymour P D, Thomas R. The Tutte' s 3-edge-coloring conjecture [J]. Journal of Combinatorial Theory, Series B, 1997, 70: 166-183.

[18] Watkins J J, Wilson R J. A survey of snarks [C]//Alavi Y, Chartrand G, Oellermann O R, Schwenk A J. (eds), Graph Theory, Combinatorics, and Applications, Proceeding of the Sixth Quadrennial International Conference on the Theory and Applications of Graphs. New York: John Wiley & Sons, Inc., 1991, 1129-1144.

[19] Abreu M, Labbate D, Rizzi R, et al. Odd 2-factored snarks [J]. European Journal of Combinatorics, 2014, 36: 460-472.

[20] Brinkmann G, Goedgebeur J, Hägglund J, et al. Generation and properties of snarks [J]. Journal of Combinatorial Theory, Series B, 2013, 103 (4): 468-488.

[21] Celmins U A, Swart E R. The construction of snarks [C]//Research Report CORR, Department of Combinatorics and Optimization, University of Waterloo, 1979.

[22] Goldberg M K. Construction of class 2 graphs with maximum vertex degree 3 [J]. Journal of Combinatorial Theory, Series B, 1981, 31: 282-291.

[23] Hägglund J, Hoffmann-Ostenhof A. Construction of permutation snarks [J]. Journal of Com-binatorial Theory, Series B, 2017, 122: 55-67.

[24] Isaacs R. Infinite families of nontrivial trivalent graphs which are not Tait colorable [J]. American Mathematical Monthly, 1975, 82: 221-239.

[25] Lukot' ka R, Máčajová E, Mazák J, et al. Small snarks with large oddness [J]. Electronic Journal of Combinatorics, 2015, 22 (1): #P1. 51.

[26] Watkins J J. Snarks [C]//Graph Theory and Its Applications. East and West: Proceedings of the First China-USA International Graph Theory Conference, Annals of the New York academy of sciences, 1989, 576: 606-622.

[27] Watkins J J. On the construction of snarks [J]. Ars Combinatoria, 1983, 16: 111-123.

[28] Szekeres G. Polyhedral decompositions of cubic graphs [J]. Bulletin of the Aus-

tralian Mathematical Society, 1973, 8: 367-387.

[29] Máčajová E, Škoviera M. Cubic graphs that cannot be covered with four perfect matchings [J]. Journal of Combinatorial Theory, Series B, 2021, 150: 144-176.

[30] Goedgebeur J, Máčajová E, Škoviera M. The smallest nontrivial snarks of oddness 4 [J]. Discrete Applied Mathematics, 2020, 277: 139-162.

[31] Bradley R C. Snarks from a Kászonyi perspective: a survey [J]. Discrete Applied Mathematics, 2015, 189: 8-29.

[32] Allie I, Máčajová E, Škoviera M. Snarks with resistance n and flow resistance $2n$ [J]. Electronic Journal of Combinatorics, 2022, 29 (1): #P1. 44.

[33] Karabáš J, Máčajová E, Nedela R, et al. Girth, oddness, and colouring defect of snarks [J]. Discrete Mathematics, 2022, 345: 113040.

[34] Máčajová E, Škoviera M. Perfect matchings index versus circular flow number of a cubic graph [J]. SIAM Journal on Discrete Mathematics, 2021, 35 (2): 1287-1297.

[35] Goedgebeur J, Mattiolo D, Mazzuoccolo G. A unified approach to construct snarks with circular flow number 5 [J]. Journal of Graph Theory, 2021, 97: 47-69.

[36] Goedgebeur J, Máčajová E, Škoviera M. Smallest snarks with oddness 4 and cyclic connectivity 4 have order 44 [J]. Ars Mathematica Contemporanea, 2019, 16: 277-298.

[37] Allie I. Oddness to resistance ratios in cubic graphs [J]. Discrete Mathematics, 2019, 342: 387-392.

[38] Lukot' ka R, Mazák J. Weak oddness as an approximation of oddness and resistance in cubic graphs [J]. Discrete Applied Mathematics, 2018, 244: 223-226.

[39] Cordeiro L, Dantas S, Sasaki D. On type 2 snarks and dot products [J]. Electronic Notes in Discrete Mathematics, 2017, 62: 207-212.

[40] Hägglund J. On snarks that are far from being 3-edge colorable [J]. Electronic Journal of Combinatorics, 2016, 23 (2): #P2. 6.

[41] Goldwasser J L, Zhang C Q. Uniquely edge-3-colorable graphs and snarks [J]. Graph and Combinatorics, 2000, 16: 257-267.

[42] Hoffmann-Ostenhof A, Jatschka T. Snarks with special spanning trees [J]. Graph and Combinatorics, 2019, 35: 207-219.

[43] Hoffmann-Ostenhof A, Noguchi K, Ozeki K. On homeomorphically irreducible spanning trees in cubic graphs [J]. Journal of Graph Theory, 2018, 89:

93-100.

[44] Celmins U A. A study of three conjecture on an infinite family of snarks [C]. Technical Report CORR-79-19, Department of Combinatorics and Optimization, University of Waterloo, 1979.

[45] Hao R X, Niu J B, Wang X F, et al. A note on Berge-Fulkerson coloring [J]. Discrete Mathematics, 2009, 309: 4235-4240.

[46] Chen F Y, Fan G H. Fulkerson-covers of hypohamiltonian graphs [J]. Discrete Applied Mathematics, 2015, 186: 66-73.

[47] Doyen J, Diest V V. New families of hypohamilton graphs [J]. Discrete Mathematics, 1975, 13: 225-236.

[48] Chvátal J. Flip-flops in hypohamiltonian graphs [J]. Canadian Mathematical Bulletin, 1973, 16: 33-41.

[49] Collier J B, Schmeichel E F. New flip-flop constructions for hypohamiltonian graphs [J]. Discrete Mathematics, 1977, 18: 265-271.

[50] Thomassen C. Hypohamiltonian and hypotraceable graphs [J]. Discrete Mathematics, 1974, 9: 91-96.

[51] Máčajová E, Škoviera M. Constructing hypohamiltoniansnarks with cyclic connectivity 5 and 6 [J]. Electronic Journal of Combinatorics, 2007, 14: #R18.

[52] Fouquet J L, Vanherpe J M. On Fulkerson conjecture [J]. Discussiones Mathematicae Graph Theory, 2011, 31 (2): 253-272.

[53] Karam K, Campos C N. Fulkerson' s conjecture and Loupekine snarks [J]. Electronic Notes in Discrete Mathematics, 2013, 44: 333-338.

[54] Karam K, Campos C N. Fulkerson' s conjecture and Loupekine snarks [J]. Discrete Mathematics, 2014, 326: 20-28.

[55] Esperet L, Mazzuoccolo G. On cubic bridgeless graphs whose edge-set cannot be covered by four perfect matchings [J]. Journal of Graph Theory, 2014, 77 (2): 144-157.

[56] Chen F Y. A note on Fouquet-Vanherpe' s question and Fulkerson conjecture [J]. Bulletin of the Iranian Mathematical Society, 2016, 42 (5): 1247-1258.

[57] Zheng T, Hao R X. Berge-Fulkerson coloring for infinite families of snarks [J]. Bulletin of the Iranian Mathematical Society, 2018, 44: 277-290.

[58] Manuel P, Shanthi A S. Berge-Fulkerson conjecture on certain snarks [J]. Mathematics in Computer Science, 2015, 9: 209-220.

[59] Miao Z K, Wang X F, Zhang C Q. Unique Fulkerson coloring of Petersen minor-free cubic graphs [J]. European Journal of Combinatorics, 2015, 43: 165-171.

[60] Jaeger F. Taits theorem for graphs with crossing number at most one [J]. Ars Combinatoria, 1980, 9: 283-287.

[61] Hao R X, Zhang Z Q, Zheng T. Berge-Fulkerson coloring for C (8) -linked graphs [J]. Journal of Graph Theory, 2018, 88: 46-60.

[62] Máčajová E, Mazzuoccolo G. Reduction of the Berge-Fulkerson conjecture to cyclically 5-edge-connected snarks [J]. Proceedings of the American Mathematical Society, 2020, 148: 4643-4652.

[63] Hörsch F, Szigeti Z. Connectivity of orientations of 3-edge-connected graphs [J]. European Journal of Combinatorics, 2021, 94: 103292.

[64] Mazzuoccolo G. An upper bound for the excessive indexof an r-graph [J]. Journal of Graph Theory, 2013, 73 (4): 361-482.

[65] Belcastro S M, Kaminski K. Families of dot-product snarks on orientable surfaces of low genus [J]. Graph and Combinatorics, 2007, 23: 229-240.

[66] Hägglund J, Markstrm K. Cycle double covers and spanning minors I [J]. Journal of Combinatorial Theory, Series B, 2006, 96: 183-206.

[67] Steffen E. 1-factor and cycle covers of cubic graphs [J]. Journal of Graph Theory, 2015, 78 (3): 195-206.

[68] Sun W Y. Covering a cubic graph by 5 perfect matchings [J]. Discrete Mathematics, 2017, 340: 1889-1896.

[69] Sun W Y, Wang F. Perfect matching covers of cubic graphs of oddness 2 [J]. Electronic Journal of Combinatorics, 2019, 26 (1): #P1. 42.

[70] Sun W Y, Wang F. A class of cubic graphs satisfying Berge conjecture [J]. Graph and Combinatorics, 2022, 38: 66.

[71] Fouquet J L, Vanherpe J M. On the perfect matching index of bridgeless cubic graphs [J/OL]. (2009-04-08), https: doi: 10. 48550/arXiv. 0904. 1296.

[72] Abreu M, Kaiser T, Labbate D, et al. Treelike snarks [J]. Electronic Journal of Combinatorics, 2016, 23 (3): #P3. 54.

[73] 郑婷. 关于 Berge-Fulkerson 猜想的研究 [D]. 北京: 北京交通大学理学院, 2018.

[74] Kaiser T, Král D, Norine S. Unions of perfect matchings in cubic graphs [J]. Electronic Notes in Discrete Mathematics, 2005, 22: 341-345.

[75] Patel V. Unions of perfect matchings in cubic graphs and implications of the Berge-Fulkerson conjecture [R]. CDAM Research Report LSE-CDAM-2006-06, 2006.

[76] Mazzuoccolo G. Covering a cubic graph with perfect matchings [J]. Discrete

Mathematics, 2013, 313: 2292-2296.

[77] Esperet L, Mazzuoccolo G. On the maximum fraction of edges covered byt perfect matchings in a cubic bridgeless graph [J]. Discrete Mathematics, 2015, 338: 1509-1514.

[78] Zhu Q, Tang W L, Zhang C Q. Perfect matching covering, the Berge-Fulkerson conjecture, and the Fan-Raspaud conjecture [J]. Discrete Applied Mathematics, 2014, 166: 282-286.

[79] Fan G H, Raspaud A. Fulkerson' s conjecture and circuit covers [J]. Journal of Combinatorial Theory, Series B, 1994, 61: 133-138.

[80] Máčajová E, Škoviera M. Fano colourings of cubic graphs and the Fulkerson conjecture [J]. Theoretical Computer Science, 2005, 349: 112-120.

[81] Holroyd F, Škoviera M. Colouring of cubic graphs by steiner triple systems [J]. Journal of Combinatorial Theory, Series B, 2004, 91: 57-66.

[82] Král D, Máčajová E, Pangrác O, et al. Projective, affine, and abelian colorings of cubic graphs [J]. European Journal of Combinatorics, 2009, 30: 53-69.

[83] Máčajová E, Raspaud A, Škoviera M. Abelian colourings of cubic graphs [J]. Electronic Notes in Discrete Mathematics, 2005, 22: 333-339.

[84] Kaiser K, Raspaud A. Non-intersecting perfect matchings in cubic graphs (Extended abstract) [J]. Electronic Notes in Discrete Mathematics, 2007, 28: 293-299.

[85] Kaiser K, Raspaud A. Perfect matchings with restricted intersection in cubic graphs [J]. Euro-pean Journal of Combinatorics, 2010, 31: 1307-1315.

[86] Máčajová E, Škoviera M. On a conjecture of Fan and Raspaud [J]. Electronic Notes in Discrete Mathematics, 2009, 34: 237-241.

[87] Máčajová E, Škoviera M. Sparsely intersecting perfect matchings in cubic graphs [J]. Combinatorica, 2014, 34 (1): 61-94.

[88] 陈金凯. 特殊三正则图 Fan 猜想研究 [D]. 郑州：郑州大学数学与统计学院, 2019.

[89] 宋晓新. 关于 Fulkerson 猜想的若干结果 [D]. 北京：中国科学院研究生院, 2002.

[90] 宋晓新. 关于 3 正则图的三匹配交猜想 (I) [J]. 数学研究, 2002, 35 (4).

[91] Song X X. On the three-matchings' conjecture of cubic graphs (Ⅱ) [J]. Chinese Quarterly Journal of Mathematics, 2002, 17 (4).

[92] Wang X M, Lin Y X. Three-matching intersection conjecture for perfect matching polytopes of small dimensions [J]. Theoretical Computer Science,

2013, 482: 111-114.

[93] Wang X M, Shang W P, Lin Y X, et al. A characterization of PM-compact claw-free cubic graphs [J]. Discrete Mathematics, Algorithms and Applications, 2016, 6 (2): 1450025.

[94] Wang X M, Lin Y X. Core index of perfect matching polytope for a 2-connected cubic graph [J]. Discussiones Mathematicae Graph Theory, 2018, 38: 189-201.

[95] Lin H, Wang X M. Three matching intersection property for matching covered graphs [J]. Discrete Mathematics and Theoretical Computer Science, 2017, 19 (3): 16.

[96] Mkrtchyana V V, Vardanyan G N. On two consequences of Berge-Fulkerson conjecture [J]. AKCE International Journal of Graphs and Combinatorics, 2020, 17 (1): 584-586.

[97] Mazzuoccolo G, Zerafa J P. An equivalent formulation of the Fan-Raspaud conjecture and related problems [J]. Ars Mathematica Contemporanea, 2020, 18: 87-103.

[98] Formanowicz P, Tanas K. The Fan-Raspaud conjecture: a randomized algorithmic approach and application to the pair assignment problem in cubic networks [J]. International Journal of Applied Mathematics and Computer Science, 2012, 22 (3): 765-778.

[99] Jin L G, Steffen E. Petersen cores and the oddness of cubic graphs [J]. Journal of Graph Theory, 2017, 84 (2): 109-120.

[100] Jin L G, Steffen E. Cores, joins and the Fano-flow conjectures [J]. Discussiones Mathematicae Graph Theory, 2018, 38: 165-175.

[101] Fan G H. Integer flows and cycle covers [J]. Journal of Combinatorial Theory, Series B, 1992, 54: 113-122.

[102] Jaeger F. Nowhere-zero flow problems [C]//Beineke L W, Wilson R J. (eds), Selected Topics in Graph Theory (3). London: Academic Press, 1988, 71-95.

[103] Bermond J C, Jackson B, Jaeger F. Shortest coverings of graphs with cycles [J]. Journal of Combinatorial Theory, Series B, 1983, 35: 297-308.

[104] Fan G H. Covering graphs by cycles [J]. SIAM Journal on Discrete Mathematics, 1992, 5 (4): 491-496.

[105] Zhang C Q. Circuit Double Covers of Graphs [M]. Cambridge University Press, 2012.

[106] Seymour P D. Sums of circuits, graph theory and related topics [M]. Bondy J A, Murty U S R (eds), New York: Academic Press, 1979, 342-355.

[107] Preissmann M. Sur les colorations des arêtes des graphs cubiques [D]. Thèse de Doctorat de 3eme, Ph. D. Thesis, Université de Grenoble, France, 1981.

[108] Celmins U A. On cubic graphs that do not have an edge 3-coloring [D]. Ph. D. Thesis, University of Waterloo, Waterloo, Canada, 1985.

[109] Jaeger F. A survey of the cycle double cover conjecture [J]. Annals of Discrete Mathematics, 1985, 27: 1-12.

[110] Alspach B, Goddyn L A, Zhang C Q. Graphs with the circuit cover property [J]. Transactions of the American Mathematical Society, 1994, 344: 131-154.

[111] Xu R. Note on cycle double covers of graphs [J]. Discrete Mathematics, 2009, 29 (5): 1041-1042.

[112] Goddyn L A. Cycle covers of graphs [D]. University of Waterloo, Ontario, Canada, 1988.

[113] Hoffmann-Ostenhof A, Zhang C Q, Zhang Z. Cycle double covers and non-separating cycles [J]. European Journal of Combinatorics, 2019, 81: 276-284.

[114] Hägglund J, Markström K. Cycle double covers and spanning minors Ⅱ [J]. Discrete Mathematics, 2006, 306: 762-778.

[115] Ye D, Zhang C Q. Cycle double covers and the semi-kotzig frame [J]. European Journal of Combinatorics, 2012, 33 (4): 624-631.

[116] Fleischner H, Häggkvist R, Hoffmann-Ostenhof A. Cycle double covers via kotzig graphs [J]. Journal of Combinatorial Theory, Series B, 2019, 135: 212-226.

[117] Huck A, Kochol M. Five cycle double covers of some cubic graphs [J]. Journal of Combinato-rial Theory, Series B, 1995, 64: 119-125.

[118] Huck A. On cycle-double covers of graphs with small oddness [J]. Discrete Mathematics, 2001, 229: 125-165.

[119] Häggkvist R, McGuinness S. Double covers of cubic graphs with oddness 4 [J]. Journal of Combinatorial Theory, Series B, 2005, 93: 251-277.

[120] Tarsi M. Semi-duality and the cycle double cover conjecture [J]. Journal of Combinatorial Theory, Series B, 1986, 41: 332-340.

[121] Goddyn L A. Cycle double covers of graphs with hamilton paths [J]. Journal of Combinatorial Theory, Series B, 1989, 46: 253-254.

[122] Alspach B, Zhang C Q. Cycle covers of cubic multigraphs [J]. Discrete Mathematics, 1993, 111: 11-17.

[123] Huck A. Reducible configurations for the cycle double cover conjecture [J]. Discrete Applied Mathematics, 2000, 99: 71-90.

[124] Hoffmann-Ostenhof A. A note on 5-cycle double covers [J]. Graph and Combinatorics, 2013, 29 (4): 977-979.

[125] Fleischner H, Häggkvist R. Circuit double covers in special types of cubic graphs [J]. Discrete Mathematics, 2009, 309: 5724-5728.

[126] Ye D. Perfect matching and circuit cover of graphs [D]. Morgantown West Virginia University, 2012.

[127] Häggkvist R, Markström K. On stable cycles and cycle double covers of graphs with large circumference [J]. Discrete Mathematics, 2012, 312: 2540-2544.

[128] Wang X F, Xu R, Ye D. Cycle double covers and long circuits of graphs [J]. Journal of Combinatorics, 2017, 8 (2): 341-347.

[129] Shi L S, Zhang Z. Signed cycle double covers [J]. Electronic Journal of Combinatorics, 2018, 25 (4): 63.

[130] Miao Z K, Tang W L, Zhang C Q. Strong circuit double cover of some cubic graphs [J]. Journal of Graph Theory, 2015, 78 (2): 81-156.

[131] Fleischner H, Häggkvist R. Cycle double covers in cubic graphs having special structures [J]. Journal of Graph Theory, 2014, 77 (2): 89-170.

[132] Hušek R, Šámal R. Homomorphisms of Cayley graphs and cycle double covers [J]. Electronic Notes in Discrete Mathematics, 2017, 61: 639-645.

[133] Fleischner H, Häggkvist R, Hoffmann-Ostenhof A. Cycle double covers via Kotzig graphs [J]. Journal of Combinatorial Theory, Series B, 2019, 135: 212-226.

[134] Miao Z K, Ye D, Zhang C Q. Circuit extension and circuit double cover of graphs [J]. Discrete Mathematics, 2013, 313: 2055-2060.

[135] Kriesell M. Contractions, cycle double covers, and cyclic colorings in locally connected graph-s [J]. Journal of Combinatorial Theory, Series B, 2006, 96: 881-900.

[136] Xie D Z, Zhang C Q. Flows, flow-pair covers and cycle double covers [J]. Discrete Mathematics, 2009, 309: 4682-4689.

[137] Ellingham M N, Zha X Y. Orientable embeddings and orientable cycle double covers of projective-planar graphs [J]. European Journal of Combinatorics, 2011, 32: 495-509.

[138] Kochol M. Superposition and constructions of graphs without nowhere-zero k-flows [J]. Euro-pean Journal of Combinatorics, 2002, 23: 281-306.

[139] Bondy J A, Murty U S R. Graph Theory [M]. London: Springer, 2008.
[140] Diestel R. Graph Theory [M]. Springer-Verlag Heidelberg, New York, 2005.
[141] West D. Introduction to Graph Theory [M]. London: Prentice Hall, 2002.
[142] Kochol M. Snarks without small cycles [J]. Journal of Combinatorial Theory, Series B, 1996, 67: 34-47.
[143] Kochol M. Construction of cyclically 6-edge-connected snarks [R]. Report TR-II-SAS-07/93-5, Slovak Academy of Sciences, Bratislava, Slovakia, 1993.
[144] Fiol M A. Some contributions to the theory of regular graphs [D]. P. F. C. (Master Dissertation), Universitat Politcnica de Barcelona, 1979.
[145] Fiol M A. C-critical graphs with maximum degree three [C]//Graph Theory, Combinatorics, and Applications (Proc. 7th Int. Conf. on the Theory and Appl. of Graphs, Kalamazoo' 92), New York 1995, 1: 403-411.
[146] Kochol M. A cyclically 6-edge-connected snark of order 118 [J]. Discrete Mathematics, 1996, 161: 297-300.
[147] Catlin P A. Double cycle covers and the Petersen graph [J]. Journal of Graph Theory, 1989, 13: 465-483.
[148] Catlin P A. A reduction method to find spanning eulerian subgraphs 4 [J]. Journal of Graph Theory, 1988, 12: 29-45.
[149] Catlin P A. Supereulerian graphs: a survey [J]. Journal of Graph Theory, 1992, 16: 177-196.
[150] Cameron P J, Chetwynd A C, Watkins J J. Decomposition of snarks [J]. Journal of Graph Theory, 1987, 11 (1): 13-19.
[151] Nedela R, Škoviera M. Decompositions and reductions of snarks [J]. Journal of Graph Theory, 1996, 22 (3): 253-279.
[152] Jaeger F. Flows and generalized coloring theorems in graphs [J]. Journal of Combinatorial Theory, Series B, 1979, 26: 205-216.
[153] Thomassen C. Reflections on graph theory [J]. Journal of Graph Theory, 1986, 10: 309-324.
[154] Máčajová E, Škoviera M. Superposition of snarks revisited [J]. European Journal of Combinatorics, 2021, 91: 103220.
[155] Alon N, Tarsi M. Covering multigraphs by simple circuits [J]. SIAM Journal on Algebraic Discrete Methods, 1985, 6: 345-350.
[156] Jamshy U, Tarsi M. Shortest cycle covers and the cycle double cover conjecture [J]. Journal of Combinatorial Theory, Series B, 1992, 56: 197-204.
[157] Itai A, Rodeh M. Covering a graph by circuits in Automata, Languages and

Programing, Lecture Notes in Computer Science [M]. Berlin: Springer-Verlag. 1978, 62: 289-299.

[158] Thomassen C. On the complexity of minimum cycle covers of graphs, MAT-Report 1994-18, Mathematical Institute [R]. Technical University of Denmark, April 1994.

[159] Fleischner H. Eine gemeinsame basis für die theorie der eulerschen graphen und den satz von Petersen [J]. Monatsh Math, 1976, 81: 267-278.

[160] Jamshy U, Raspaud A, Tarsi M. Short circuit covers for regular matroids with a nowhere-zero 5-flow [J]. Journal of Combinatorial Theory, Series B, 1987, 43: 354-357.

[161] Fan G. Tutte's 3-flow conjecture and short cycle cover [J]. Journal of Combinatorial Theory, Series B, 1993, 57: 36-43.

[162] Tarsi M. Personal communication, 2010.

[163] Kaiser T, Král′ D, Lidicky B, Nejedly P, sámal R. Short cycle covers of graphs with minimum degree three [J]. SIAM Journal on Discrete Mathematics, 2010, 24: 330-355.

[164] Zhang C Q. Nowhere-zero 4-flows and cycle double covers [J]. Discrete Mathematics, 1996, 154: 245-253.

[165] Ellingham M N. Petersen subdivisions in some regular graphs [J]. Congressus Numerantium, 1984, 44: 33-40.

[166] Tutte W T. On the algebraic theory of graph colourings [J]. Journal of Graph Theory, 1996, 1: 15-50.